图灵教育

站在巨人的肩上

Standing on the Shoulders of Giants

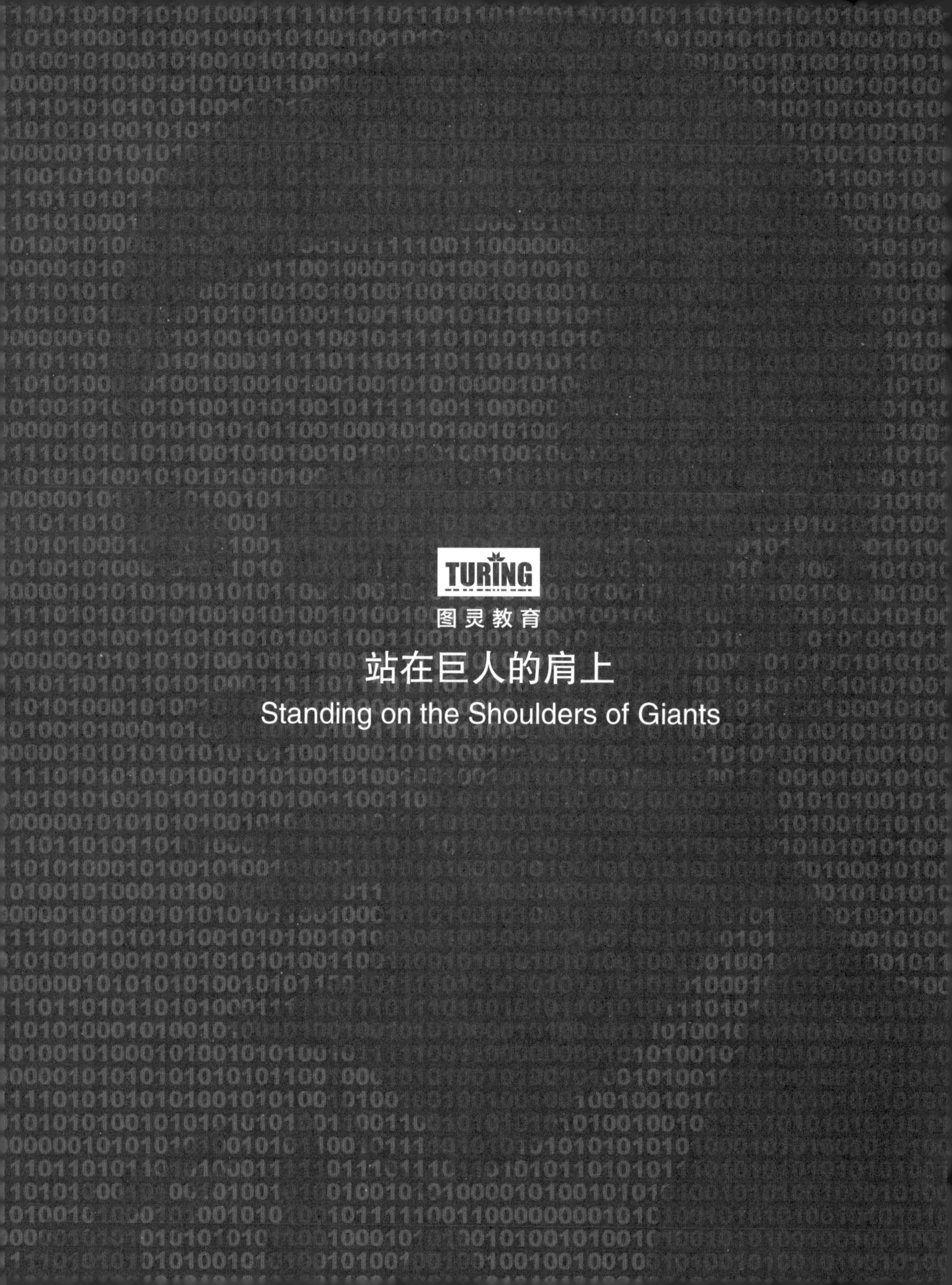
TURING
图灵教育
站在巨人的肩上
Standing on the Shoulders of Giants

TURING 图灵原创

第一行代码
Linux命令行

李超 王晓晨 ◎ 著

人民邮电出版社
北京

图书在版编目（CIP）数据

第一行代码 : Linux命令行 / 李超, 王晓晨著. --
北京 : 人民邮电出版社, 2021.12
（图灵原创）
ISBN 978-7-115-57803-7

Ⅰ. ①第… Ⅱ. ①李… ②王… Ⅲ. ①Linux操作系统
Ⅳ. ①TP316.85

中国版本图书馆CIP数据核字(2021)第221866号

内 容 提 要

掌握 Linux 命令行操作，不仅是轻松驾驭 Linux 系统的基础，还是高效开展 Python 数据分析、数据库管理、后端开发等工作的基本功。

本书是专门为命令行初学者打造的学习手册，注重趣味性、实用性，逻辑清晰、图文并茂。书中总结了大量命令行表格与核心知识点，以方便大家快速掌握 Linux 命令行的使用方法。本书结合丰富的代码示例，详细地讲解了如何通过简单、方便的命令行操作解决实际问题，提升工作效率。书中内容主要分为两部分，共 8 章，包括命令行环境搭建、文件系统及其管理、应用和包管理、命令行及 shell 强化、文本处理、数据分析、Vim 文本编辑、进程管理和工作空间组织。

本书面向从其他平台过渡到 Linux 的新用户、初级 Linux 系统管理员、Linux 系统爱好者，以及对数据分析和开源技术感兴趣的读者。

◆ 著　　　　李　超　王晓晨
　责任编辑　刘美英
　责任印制　周昇亮

◆ 人民邮电出版社出版发行　　北京市丰台区成寿寺路11号
　邮编　100164　　电子邮件　315@ptpress.com.cn
　网址　https://www.ptpress.com.cn
　北京鑫丰华彩印有限公司印刷

◆ 开本：800×1000　1/16
　印张：17.5　　　　　　　2021年 12 月第 1 版
　字数：368千字　　　　　2021年 12 月北京第 1 次印刷

定价：89.80元

读者服务热线：(010)84084456-6009　印装质量热线：(010)81055316

反盗版热线：(010)81055315

广告经营许可证：京东市监广登字 20170147 号

前　　言

原谅我这一生不羁放纵爱自由。

——Beyond，《海阔天空》

电影《黑客帝国》中，人们生活在由计算机创造的虚拟世界 Matrix 里，这是个时尚光鲜、赏心悦目的现代化大都市，人们在这里辛勤工作、努力奋斗，上演自己的人生故事；而在真实世界，他们浑身插满管子躺在吊舱中，靠营养液维持生命。少数人从吊舱中醒来，发现身处由机器控制的大工厂，人只是为机器提供能源的电池。这些醒来的人中，有些人选择回到 Matrix，忘掉真实世界，另一部分人则努力摆脱被机器控制的命运，夺回在阳光下自由生活的权利。

随着信息技术的快速发展，我们的信息媒介从电报升级到电话，再升级到文字、语音、视频流畅传输的互联网，Matrix 与真实世界的差距越来越小——人们被外表可爱、使用贴心的各种应用包围着，在算法的悉心“照料”下，听“想听”的话、看“想看”的剧，沉浸在“作为世界主宰者”的感觉里。

但这终究不是生活的全部，总有那么一些时刻，我们希望能够从塑料感十足的“乌托邦”中抽身而出，回到真实世界，虽然辛苦，却更有意义。

命令行就是我们从 Matrix 回到真实世界的那部电话。它不是一张单程票，我们仍然可以继续使用那些熟悉的图形用户界面应用，它只是提供了对于未来的另一种选择，或者说一种更本质、更优雅的解决方案。对于数字世界的消费者，它外表古怪不讨人喜欢，而对于真实世界中的创造者和探索者，它却是日常工作不可或缺的可靠伙伴。

为什么要学习命令行

我们平时使用的“应用”大多是图形用户界面[①]应用（以下简称“图形应用”），比如我们在

① “图形用户界面”的英文为 graphical user interface（GUI）。对于图形用户界面应用，用户使用图形与之进行交互。“命令行界面”的英文为 command-line interface（CLI）。对于命令行界面应用，用户使用文字命令与之进行交互。

手机、Windows 笔记本上用的聊天、购物、游戏、音乐应用；偶尔你还会注意到一些人通过键盘在“黑色的窗口”里输入字符运行程序，这个黑色的窗口我们习惯上叫它“命令行”（command line，或者 console），那些运行在里面的程序就叫“命令行界面应用”（以下简称“命令行应用”）。如果你觉得前面的 Matrix 虽然很酷，但有点儿摸不着头脑，那么接下来，我们就分三点简单直白地说说与图形应用相比，命令行应用的主要特点。

- **学习曲线虽然先陡后平，但是掌握新工具的综合成本很低**

  图形应用用来娱乐和购物确实很方便，作为开发工具呢，一开始也是很方便的，但图形化的展示方式和开发模式，导致不同应用之间协同工作的难度很大，用户往往为了分析数据学习 Excel，为了做 Web 后端开发学习在 PyCharm 里写 Django 代码，为了开发 Java 代码学习 Eclipse、IntelliJ，为了管理代码学习 Sourcetree……好吧，那我们就拼命一个一个地学习，可是当我们终于熟悉了这些应用之后，发现大家又在用 Python 做数据分析，用 VS Code 写 Java 代码了，之前学的 Excel 帮不上忙不说，又冒出来个 Anaconda 要学习……工具层出不穷，跟着走学不胜学，不跟着走又怕落伍。命令行应用正好相反，一开始需要花点儿时间熟悉它的套路，一旦掌握之后你就会发现：所有命令行应用的使用方法基本一样—— 一通百通，掌握新工具的成本接近于零。

- **功能强大效率高，硬件配置要求低**

  一个命令行应用就像一块积木，可以方便地与其他命令行应用组合在一起，进而完成高度复杂的任务。这就像只要掌握 26 个字母，就可以组合出近乎无限的单词。

  你输入的每条命令都可以保存到文件里，变成脚本自动执行，还能通过自动补全功能将重复劳动几乎减少到零。

  相较于命令行如此丰富、自动化的应用，它却几乎没有“启动”这个概念，按下回车键立刻开始工作。即使运行 Windows、macOS 卡顿的老旧电脑，也能在命令行的世界里重返青春。

- **开源、免费、开放**

  绝大多数命令行应用是开发者为了解决自己遇到的问题而编写的，而不是专门为“用户”开发的，因为这一点，命令行应用的丰富程度远高于图形应用。而且命令行应用多采用开源方式分发，免费使用。如果你对实现原理感兴趣，可以方便地阅读、调试代码，还可以提出问题，与作者互动，甚至提交自己的改进，成为**贡献者**（contributor）——像那些科学家、艺术大师一样，在人类技术发展的长河里留下自己的名字[①]。

---

① 参见 GitHub Archive Program。

为什么要用这本书学习命令行

假设你已经下定决心开始学习命令行了，而关于命令行的免费网络资料、图书多到让人眼花缭乱，为什么要唯独选择这一本呢？先来看看你属于哪一种读者。

1. 目标读者

如果你符合以下任何一种情况，这本书正是为你而写：

- 准备从零上手 Linux 系统管理员的工作，学习让日常系统管理任务自动化；
- Linux 系统爱好者，但还不熟悉 Linux 系统和命令行的常见操作；
- 主要在 Windows、Android 等图形界面和 IDE 中编程，但渴望搭建并使用 Linux 系统；
- 厌倦了一眼望不到头的业务代码，不想 35 岁“卷”不动的时候被扫地出门；
- 曾经想象过自己也能像电影里的黑客一样“运筹帷幄之中，决胜千里之外”。

总结一下，本书适合所有想入门命令行开发的读者，尤其是参考其他图书或者资料学习有困难的读者。本书不敢说包教包会，但只要你愿意下功夫，定能学有所成。此外，对 Python 语言、数据分析和开源技术感兴趣的读者均可阅读本书。

现在，你已经确定自己属于本书的目标读者了，那么在真正开启阅读之前，先来了解一下这本书的特色吧——所谓“知己知彼，百战不殆”，更好地认识一本书，才能更高效地学习一本书。首先用简单的条目跟大家交代一下图书的核心特点，其次介绍一下全书章节的组织结构，最后聊一下大家关注的内容时效性问题。

2. 核心特点

- **面向初学者**

  这本书简单易学，绝不在一开始就堆砌专业术语，而是注重趣味性和参与感，学习的过程就像你一边敲键盘，我们一边在你身旁聊一聊那些让你疑惑的点，聊着聊着你就学会了。除了带大家手把手操作，书中还会重点讲解思路与方法，说明不同部分之间的内在联系和区别，以便大家建立知识网，知其然亦知其所以然。

- **强调实用性**

  书中每个概念、工具都尽量配合代码示例，方便各位自学。随书代码开源[1]，以容器形式提供完整的操作环境，大家既可以手动搭建环境，也可以先体验效果，再决定要不要深入了解。除了介绍应用的使用方法，书中还包含安装和卸载方法——装卸自如，大家可以根据个人情况灵活取舍。

---

① 可访问图灵社区本书主页（ituring.cn/book/2912）下载。

- **注重准确性**

  网络资源浩如烟海，但准确性参差不齐，大家筛选的过程需要耗费大量精力。而我们经过多年的学习，自身已经掌握了大量命令行知识并阅读消化了不少资料，因此，我们在写作本书的过程中遵循了一条原则：尽量使用第一手资料，避免大家被不靠谱的转述带着走弯路。

- **针对多种操作系统**

  本书以 Linux 用户为主，兼顾 macOS 和 Windows 用户：介绍了在 3 种平台上搭建命令行环境的方法，示例代码在 Linux Mint 20、macOS 和 Windows（WSL：Ubuntu 20.04 LTS）下通过测试。

另外，还需要强调一点，这本书的写作离不开开源工具和社区，期待读者也能以开放的心态阅读本书，学成之后可以积极参与开源活动，力争为开源技术贡献一份力量。

3. 章节组织和阅读建议

你可以将本书内容看作对一个问题的回答：如何愉快、高效地使用命令行工具，使之成为日常工作的得力助手？围绕这个主题，本书正文由 8 章组成，可分为两部分。

- 第一部分为前 5 章，介绍命令行工具的基本概念和使用方法。从第 1 章一步步带大家搭建 Linux 系统开始，我们便摆开架势要从 0 到 1 大干一场；第 2 章我们来学习处于 Linux 系统核心位置的文件系统；第 3 章我们需要研究一下如何对琳琅满目的命令行应用和包进行有效管理；第 4 章我们来攻克命令行世界最重要的工具—— shell；第 5 章我们要掌握如何处理文本数据。
- 第二部分为后 3 章，每章各讨论一个主题，彼此之间内容相对独立，分别详细展示了如何使用命令行进行数据分析、文本编辑和进程管理。

对于没有特殊偏好、希望了解 Linux 系统基本概念和使用方法、未来可能尝试将 Linux 作为主要工作环境的读者，可以在读完第一部分后留出一段时间多练习，待熟练使用后再进入第二部分。

对数据分析感兴趣的读者，由于未来主要使用 Python（以及 R、Julia）等语言，而 Python 社区的大部分开发者和用户使用 Linux/macOS（统称为 *nix）系统，因此了解 *nix 系统基础知识、熟练使用 *nix 系统是用好 Python 的基本功。第 6 章介绍如何使用多种命令行应用进行数据概览、数据筛选、数值计算、数据分组等工作，它们短小精悍，使用方便，和 Python 互为补充，相得益彰。建议这部分读者按顺序阅读 1 ~ 6 章，掌握相关内容不论对于学习 Python 还是做基于 Python 的数据分析工作，都有很好的促进作用。

对 Linux 系统运维、数据库管理（DBA）或者后端应用（Web 服务端、中间件等）开发感兴趣的读者，可以先跳过第 6 章，以后有需要时再阅读。

对于轻度命令行用户（比如大多数时间在 macOS、Windows 下使用图形应用，只是偶尔需要登录服务器修改一下配置文件、执行一个应用、启动一个服务等），读完第一部分后，再看看 7.1 节，就足以应付日常工作了，以后可以在工作中慢慢熟悉其他部分。

最后需要特别提一下，附录 A 和附录 B 包含了几个专题，虽然不属于本书主题范围，但与之密切相关。比如不熟悉键盘盲打的读者，不妨看一下附录 A，这样掌握命令行工具将获得事半功倍的效果；比如对开源文化感兴趣的读者，不妨读读附录 B 推荐的图书，这将有助于大家深刻认识开源运动及其未来发展。

4. 内容会不会很快过时

在这个技术发展日新月异的时代，信息产生和过时的速度越来越快，大家投入时间和精力阅读某本书或者学习某项技能的同时往往会担心：如果刚学会就过时了怎么办？作为长年的技术书籍阅读者，笔者完全理解这种心情，本书采用下面的方法解决内容的时效性问题。

- 首先，在各章主题的选择上，坚持抓大放小，将基础、核心的内容讲透，不追求大而全。
- 其次，每章内容都采用从原理到实现的顺序，即从一般到特殊，从稳定到善变。

以文本编辑为例：我们首先介绍模式编辑的基本原理，只要人类还在使用以字母为单位的输入设备，模式编辑就不会过时；然后我们介绍标准 Vim，即 Vim 各种版本都具有的最核心的功能——不论 Vim 如何变化，其核心是稳定的，虽然稳定程度相较模式编辑稍逊一筹；最后我们通过插件拓展 Vim 的功能，仍然采用从原理到实现的顺序，比如使用 ack.vim 插件实现全文搜索——虽然 ack.vim 或许不会陪伴我们很长时间，但对全文搜索的需求是稳定存在的，即使不用 Vim，我们仍然要从是否能方便地打开项目文件、是否能方便地进行全文搜索等几个维度考察其他编辑器。

借助这种原理和实现分离的结构，笔者可以方便地更新善变的那部分内容，从而保证内容的时效性。当然，我们更希望看到你的意见和建议（作者联系方式见“互动与勘误”一节），让更多人掌握命令行这一强大的生产力工具。

5. 插画版权说明

图灵《第一行代码》系列图书封面的最初创意由陈冰提出。本书内文方框排版格式中及封面上的企鹅插画的绘制直接参考了 Linux 的吉祥物 Tux，版权如下：

lewing@isc.tamu.edu Larry Ewing and The GIMP。

致谢

本书的问世首先要感谢人民邮电出版社图灵公司的刘美英编辑，她给予了我们专业的指导和热情的帮助，并对内容编排提出了很有价值的建议。

将多年的思考写成一本书似乎不缺素材，但写起来慢慢发现，花大量时间进行构思、讨论、撰写和修改是必不可少的。感谢父母和夫人承担了许多压力，给予一个老大不小的理想主义者足够的时间和信任，这本书里也有你们默默的付出（李超）。

感谢晓杰同学阅读了本书的初稿，并提出了许多宝贵意见。

最后，请允许我们向全世界的开源贡献者致以最崇高的敬意。在这个“拜物教”和“成功学”盛行的时代，几代开源贡献者坚持理想、辛勤工作，创造了无数艺术和技术结合的精品，用行动让这个世界变得更真实、更公平、更美好。

人的生命是短暂的，但文字和代码永存。

互动与勘误

对于零基础的读者来说，学习一门技术最难的地方恐怕在于没有一起学习的同学，以及遇到问题没有可以交流讨论的环境。为此，我们专门围绕本书以及 Linux 命令行的学习创建了一个微信群。欢迎扫描并关注以下二维码获取随书代码及本书交流群二维码，长按识别入群，大家一起阅读本书，相互交流，共同搞定 Linux 命令行这个“小怪兽”。

虽然在写作过程中，我们已经竭尽所能地力求准确，但由于个体的认知总是有限的，疏忽在所难免。因此，正在阅读本书的你，如果发现任何问题，请随时与我们交流。除了在 QQ 群中交流，大家还可以通过邮箱联系我们。

李超：leechau@126.com

王晓晨：wanty7788@163.com

目　　录

第 1 章 开辟鸿蒙：从零搭建命令行环境

你是电，你是光，你是唯一的神话。

——S.H.E，《Super Star》

138 亿年前，宇宙在大爆炸中诞生；44 亿年前，飘荡在宇宙间的星尘聚集熔合成了地球；又过了 4 亿年，原始生命出现在海洋中；在这之后，经历了漫长的 40 亿年和无数曲折反复，人类靠着发达的智力在自然界中站稳脚跟，并在最近半个多世纪里发展出了基于电子技术的信息科技。今天，我们正热火朝天地尝试创造智力在数字世界中的映像——人工智能。

与自然界中智慧生命出现的漫长历程相比，人工智能出现的时间不足 50 年，但其发展速度之快令自然生命望尘莫及。如果十年后你的手机（如果还叫这个名字的话）提出问题："我所生活的宇宙是怎么来的？"你大概不会特别惊讶，何况答案其实也很简单：数字世界的宇宙是由一台台人类创造的电子设备组成的。

作为本书的第 1 章，我们来为数字世界中的智慧体构造它们赖以生存的宇宙，更具体地说，是为运行千姿百态的命令行应用搭建一个基础平台：操作系统。

所有操作系统，不论是服务器、个人电脑上运行的 Windows、macOS、Linux，还是移动设备上的 Android、iOS 等，都能运行命令行，但不同系统上运行的方便程度、应用的选择范围有很大差别。其中 Linux 系统由于功能强大、运行稳定、自由开放等特点，在服务器和个人电脑上变得越来越流行，移动设备上的 Android 系统也使用了它的内核，所以本书使用 Linux 作为主要演示环境。

1.1 搭建系统方案选择

尝试 Linux 系统的最佳方法是在一台旧电脑上安装全新的 Linux 发行版，不必担心电脑太旧、硬件配置太低无法运行，Linux 系统对硬件的要求非常低。

如果暂时不打算采用这个方案，还有下面几种方案供选择。

首先，可以买一台预装了 Linux 系统的个人电脑（台式机或者笔记本电脑都可以）。目前市面上预装的 Linux 发行版几乎只有 Ubuntu 一种，与本书使用的 Linux Mint 系统高度兼容。若你采用这个方案，可以直接从第 2 章开始阅读。

如果你是苹果用户，macOS 上的命令行和 Linux 命令行是“近亲”，都属于 *nix（或者叫类 Unix）家族，从 macOS Catalina 开始系统自带的命令行 Zsh 也正是本书使用的命令行环境。除非特别指出，否则后续章节中的大部分示例代码可以在 macOS 上直接运行。

如果你有一台安装了 Windows 10 系统的电脑，并且没有旧电脑可以装 Linux 系统，可以使用 Windows 10 的 WSL 作为类 Linux 系统，具体方法见 1.7.1 节。

最后，如果你的系统是 Windows 10 以前的版本，可以采用虚拟机的方式搭建 Linux 系统以及命令行运行环境，具体方法见 1.7.2 节。

回到正题，在一台电脑上安装 Linux 系统包括 4 步。

(1) 制作 Linux 体验盘：用一台安装 Windows 系统的电脑将一个容量不小于 8GB 的 U 盘做成体验盘。
(2) 用体验盘启动待安装 Linux 系统的电脑，进入体验系统。
(3) 验证硬件兼容性。
(4) 安装正式的 Linux 系统。

你看，这个过程并不复杂。闲言少叙，下面我们就从制作 Linux 体验盘开始。

1.2 制作 Linux 体验盘

大多数情况下，计算机启动时从硬盘上加载操作系统。不过当我们想要试用新系统时，先把它安装到硬盘上会比较麻烦，比较好的方法是把系统安装到 U 盘上，让计算机启动时从 U 盘上加载系统，进入系统后，对各方面测试都满意了再将其安装到硬盘。这种安装在 U 盘上的操作系统叫作“体验盘”（live USB）。制作体验盘的工具很多，本书使用 YUMI 作为制作工具，它可以在一个 U 盘上安装多个 Linux 发行版、Windows 或者其他工具，而不必为每个发行版准备一个 U 盘。

什么是 Linux 发行版？

我们平时所说的“Linux”的全称是 GNU/Linux，只是一个操作系统的**内核**（kernel），单独的内核是不能供用户使用的，就好比发动机自己跑不起来，还得给它加上轮子、底盘、驾驶室、方向盘、座椅等，才能变成一辆可以驾驶的车。Linux 的**发行版**（distribution）在内核外面配套了各种应用，变成一个类似于 Android、Windows 那样能够供人使用的系统。我们平时所说的 Ubuntu、CentOS、Red Hat、Arch 等都是比较流行的 Linux 发行版。

有些发行版历史悠久、稳定可靠，形成了比较稳定的开发者、维护者社区，社区中有些用户虽然对它的大部分功能比较满意，但仍然希望在某些功能上加以改进。这时他们往往不会从头开发新的发行版，而是在原有基础上加以改进，这样开发出来的发行版就成了原来发行版的子代，子代发行版又可能被其他开发者再次改进，形成孙代发行版，最终形成枝繁叶茂的发行版家族。其中最大的 3 个家族如下所示。

- Debian 系：Debian 是最古老的 Linux 发行版之一，始于 1993 年，强调应用的自由和开源属性。在这个家族中，Ubuntu 和 Linux Mint（基于 Ubuntu）是使用比较广泛的发行版，Deepin 则在中国有比较高的知名度。
- RPM 系：包括著名的商业发行版 Red Hat Linux 以及它的开源克隆版 CentOS，这两个发行版主要面向企业用户，强调稳定和连续，社区支持的 Fedora 则偏向于使用新版本应用，更快地向用户提供最新功能。另一个颇具影响力的分支是面向企业用户的 SUSE Linux Enterprise Server 和完全开源的 openSUSE 系列。
- Pacman 系：这个家族里有偏极客风的 Arch Linux 和近来人气颇旺的 Manjaro，它们都采用滚动发行策略，能够比采用固定发布模式的发行版更快地引入应用的新版本；代价是稳定性稍差，有时会出现升级失败的情况，需要使用者对 Linux 系统有比较深的理解和一定的错误排查技能。

Linux Mint 在 Ubuntu 的基础上增加了很多实用功能，比如对不同硬件的支持、方便地选择速度最快的软件源、方便地进行系统备份和恢复等。本书使用它作为演示发行版。在浏览器里打开 Linux Mint 官网，点击页面上部的“Download”链接进入下载页面，其中提供了 3 种**桌面环境**（desktop environment）：Cinnamon、MATE 和 Xfce，我们选择兼具易用性和高颜值的 Cinnamon，如图 1-1 所示。

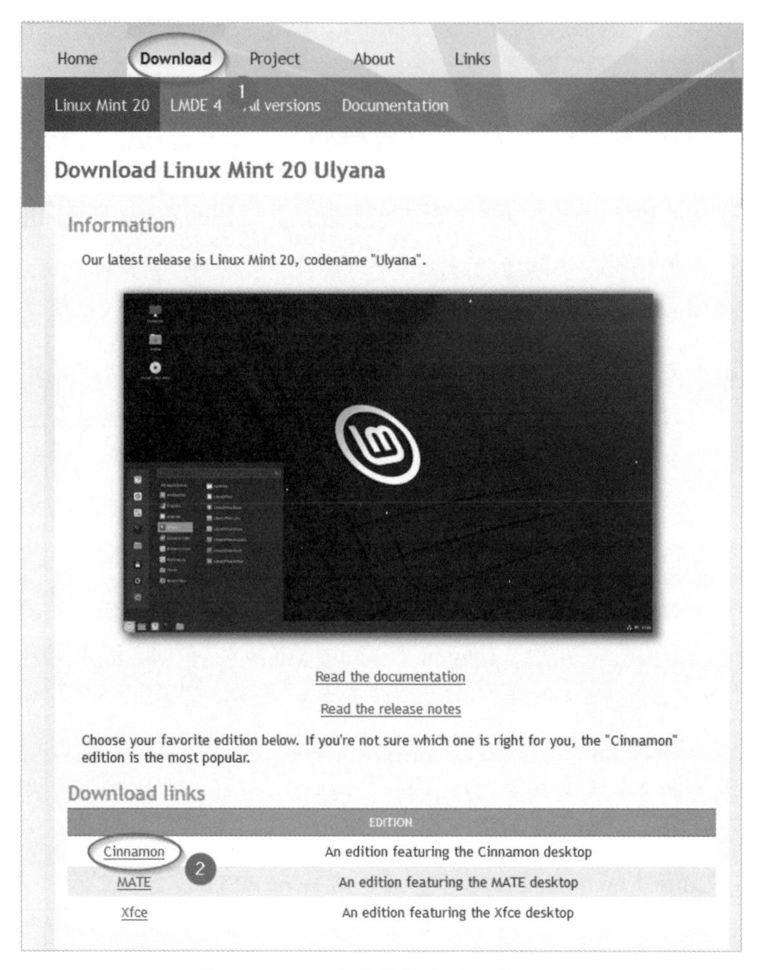

图 1-1 Mint 安装镜像文件下载页面

然后在下面的下载链接列表中选择离我们最近的下载镜像，这里我们选择中国的清华大学镜像站点 TUNA，如图 1-2 所示。

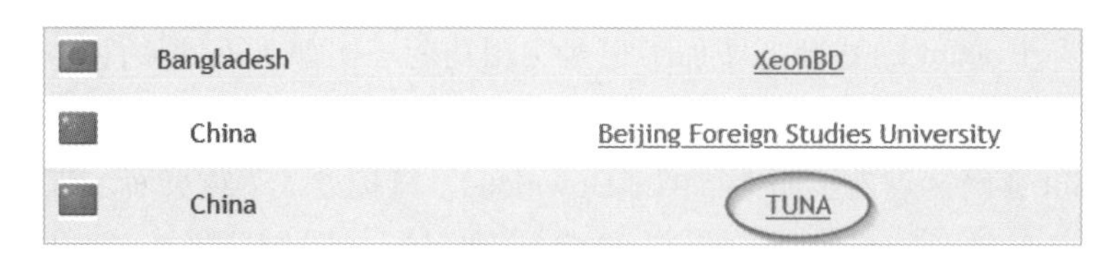

图 1-2 从 TUNA 镜像站点下载 Live 系统 ISO 文件

下载的文件名为 linuxmint-<version_number>-cinnamon-64bit.iso，例如 2020 年 11 月的稳定版本是 20，所以文件名为 linuxmint-20-cinnamon-64bit.iso。如果你看到的版本是 20.1 甚至更高，

就下载最新版本，安装和使用方法基本一样。

什么是桌面环境？

如果把 Windows 看作一辆买来的车，那么 Linux 则是一辆组装车，除了发动机（内核）必须用 GNU/Linux，其他部分都可以自己选择。可以把桌面环境看作这辆车的方向盘、油门、刹车和仪表板，桌面上的窗口、工具栏、图标、文件夹都是由它绘制出来并进行管理的。

接下来在浏览器里打开 YUMI 官网，下载可执行文件，例如当前是 2.0 版本，对应的可执行文件名为 YUMI-2.0.7.8.exe（小版本号不同不影响安装和使用方法）。这是个绿色软件，不需要安装，双击启动后首先在用户协议窗口点击“I Agree”按钮，然后进入镜像安装窗口，这里的设置由 3 部分组成（如图 1-3 所示）。

(1) 选择 U 盘对应的盘符：体验系统将安装到该盘上。
(2) 选择要安装的发行版：这里选择“Linux Mint”。
(3) 选择安装镜像文件：点击“Browse”按钮后，在文件选择对话框中选择刚才下载的 ISO 文件并确认。

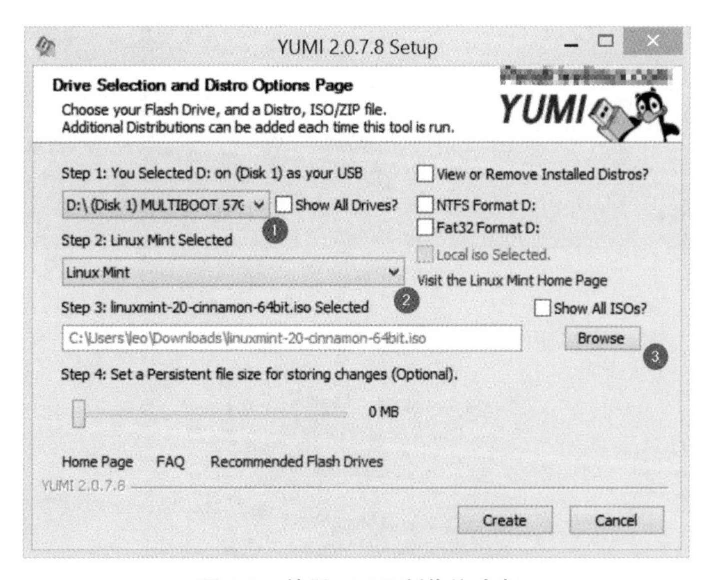

图 1-3 使用 YUMI 制作体验盘

设置完毕后点击“Create”按钮，确认各项参数没有问题，安装过程就开始了，几分钟后 Linux Mint Cinnamon 就刻录到 U 盘上了。

1.3 启动 Linux 体验系统

现在我们有了一个能启动 Linux Mint 系统的 U 盘，接下来要做的是选择一台运行体验系统的计算机，既可以是刚才制作体验系统的那台（安装双系统），也可以找一台几年前购买的、已经不能流畅运行 Windows 10、扔在角落里吃灰的老旧机器。（是的，Linux 可以让你的老伙计重新运转如飞！）

怎么让计算机启动时不加载硬盘上的操作系统，而是从 U 盘加载呢？理想情况下，把 U 盘插到计算机 USB 端口并按下电源键后，计算机会发现这个能作为启动盘的 U 盘的存在，并弹出一个对话框：请问是否需要从 U 盘启动系统？

你可能会觉得计算机哪有这么聪明，其实大多数计算机具备这个功能，只不过需要手动开启：在计算机刚启动后，根据屏幕上的提示，按下打开“启动菜单”（boot menu）的某个键，比如图 1-4 中的 <F12> to Boot Menu 就提示我们按 F12 键。

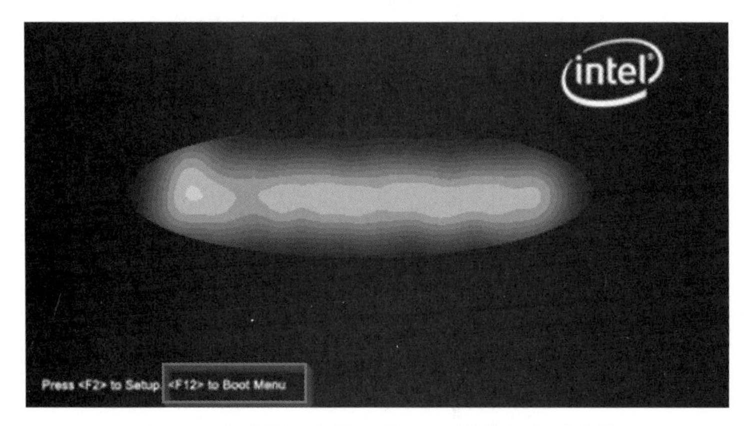

图 1-4 启动界面上提示按 F12 键进入启动菜单

按下 F12 键后，可以看到如图 1-5 所示的启动选项菜单。

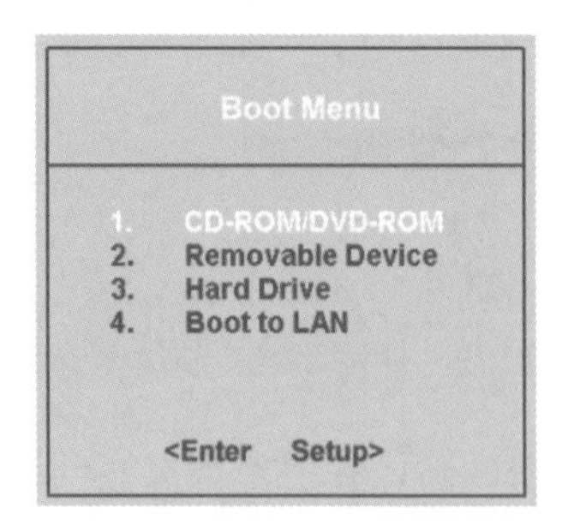

图 1-5 在启动菜单里选择启动设备

选择“Removable Device”并按回车键后，就进入了 YUMI 的系统选项菜单，如图 1-6 所示。

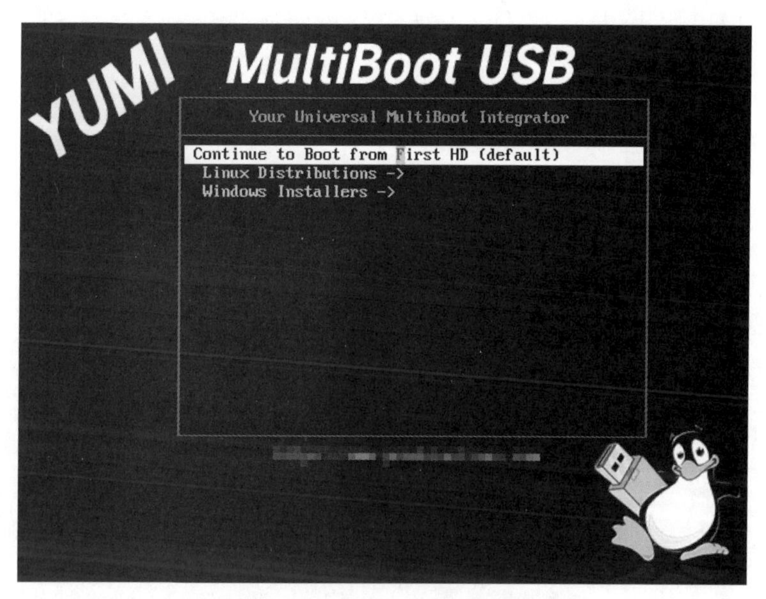

图 1-6 YUMI 的系统选项菜单

选择“Linux Distributions”选项，按回车键后进入 Linux 发行版选项菜单，如图 1-7 所示。

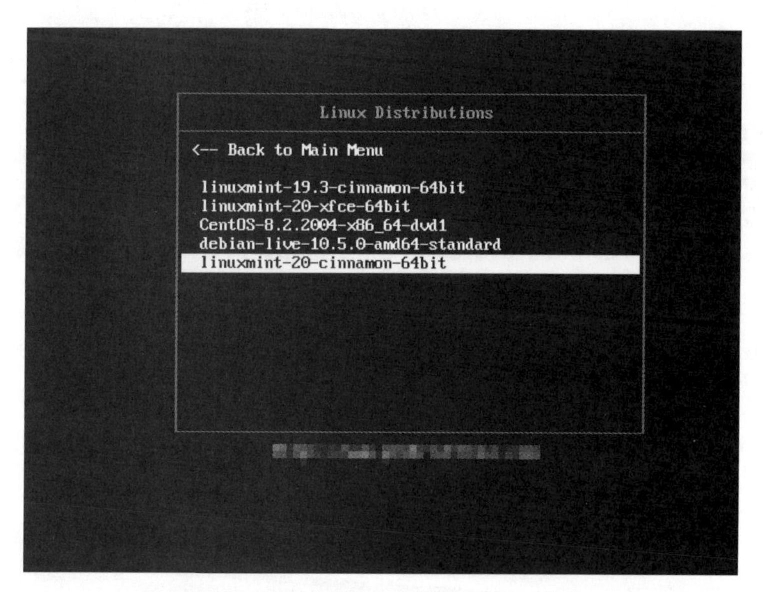

图 1-7 YUMI 的 Linux 发行版选项菜单

选择“linuxmint-20-cinnamon-64bit”并按回车键，Linux Mint 就启动了！

用同样的方法下载其他发行版的 ISO 文件，通过 YUMI 安装到 U 盘里，你就拥有了一个 Linux 发行版合集。比如图 1-7 就包含了 Linux Mint 19、Linux Mint 20、CentOS 8.2 等 5 个不同类型、不同版本的发行版体验系统。

1.4 验证硬件兼容性

如果 Mint 启动过程没有发生异常，你会看到如图 1-8 所示的桌面环境。

图 1-8 Cinnamon 桌面环境

是不是很酷？它的使用方法和 Windows 类似。点击左下角的开始按钮，选择感兴趣的应用运行一下，最重要的当然是浏览器 Firefox、命令行 Terminal 以及文件浏览器 Files，其他的还有相当于微软 Office 的办公套件 LibreOffice、相当于 Windows 控制面板的 System Settings 等。尽可以随意打开体验一下，所有应用都与后面正式安装的 Linux Mint 完全一样，可以确保你的使用体验流畅顺滑。

前面提到使用体验系统的好处是快速灵活，其实还有一个重要原因：验证硬件兼容性。当我们在一台计算机上安装并启动操作系统后，之所以能使用计算机上的各种物理设备，例如屏幕、键盘、触摸板、网卡、声卡，通过 USB 端口连接各种外部设备，是因为操作系统的内核管理着这些设备的**驱动程序**，每种设备都可能来自不同的生产商，每个生产商会提供自己的驱动程序供操作系统使用。在理想的世界里，每种操作系统都包含所有设备的驱动程序，在任何计算机上安装任何操作系统后，都能正确地加载驱动程序并管理这些设备。

但在现实世界里，很多因素（比如商业模式、知识产权、版本更新等）导致一个操作系统只能使用部分设备厂商的驱动程序。当一个系统找不到某个设备的驱动程序时，就无法使用这个设备了。比如在一些旧的笔记本电脑上安装 Windows XP 时，由于系统没有包含网卡的驱动程序，导致无法连接网络，这类问题叫作**硬件不兼容**。

Linux 系统避免硬件兼容性问题的方法是，尽量把开源驱动程序包含进发行版，它在对老旧设备的兼容性方面表现不错，但仍然不能保证兼容所有计算机上的所有设备。所以我们使用体验系统时必须做的一件事是：验证系统是否能识别计算机的硬件设备。按照重要性从高至低的顺序，我们要验证下面这些设备是否能正常工作。

- 网卡：对于有无线网卡的笔记本电脑，点击屏幕右下方的网络图标，能否搜索到 Wi-Fi 列表。如果没有无线网卡，插入网线后能否正常连接网络。图 1-9 和图 1-10 展示了有限网络的连接状态。
- 显卡：图形界面和字体显示是否正常，屏幕分辨率是否能达到要求，比如 14 英寸[①] 屏幕的笔记本电脑一般屏幕分辨率不低于 1920px × 1080px。
- USB 接口：插上 U 盘后系统是否能正常读取上面的文件，是否能在 U 盘上创建新目录和新文件。
- 声卡：屏幕右下角系统时间的左边是否有声音图标。可以下载一些音频或者视频文件保存在 U 盘上，在体验系统里挂载 U 盘后，双击播放这些文件，看看效果如何。
- 触摸板：是否可以点击（tap to click，在触摸板上实现鼠标点击操作），是否支持二指滚动、水平滚动等。

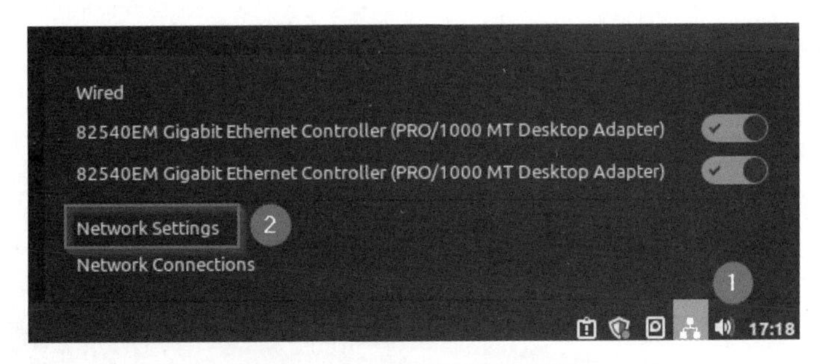

图 1-9　查看网络连接列表

① 1 英寸等于 2.54 厘米。——编者注

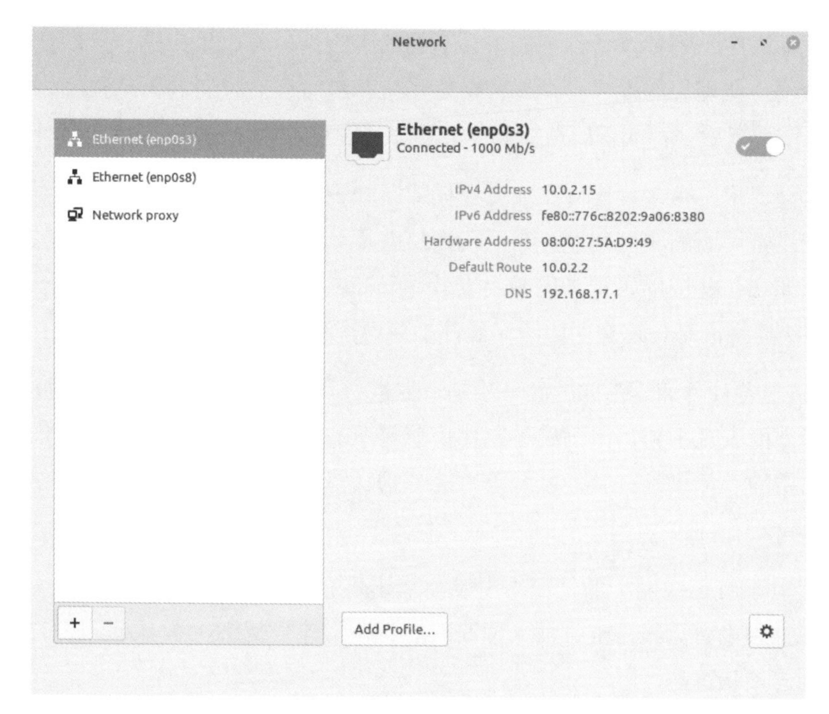

图 1-10 查看网络连接状态

如果这些设备都没有问题，就可以进行下一步了；如果有设备不能正常工作，可以尝试用**驱动管理器**（driver manager）寻找设备的驱动程序并安装。在开始菜单里输入 dri，点击随之出现的“Driver Manager”图标，Mint 系统会尝试搜索可行的设备驱动，如图 1-11 所示。

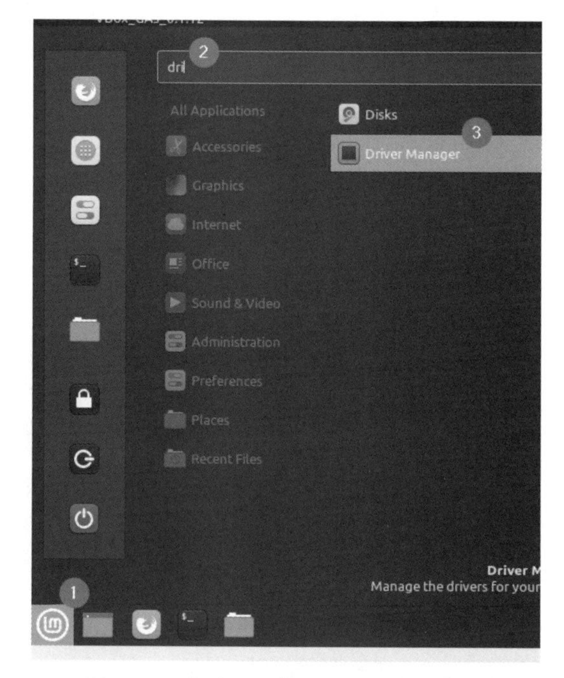

图 1-11 启动驱动管理器安装设备驱动

如果驱动管理器没有找到合适的驱动，或者安装后设备仍然不能正常运行，就只能换一台计算机了，或者采用前面推荐的其他方法搭建命令行环境。

1.5 安装并启动正式的 Linux 系统

我们已经通过体验系统验证了硬件兼容性，尝试了几个常见应用，准备好开始 Linux 探索之旅了。这一节我们把 U 盘上的系统搬到计算机上（准确地说是计算机的硬盘上）。由于体验系统只是临时使用环境，因此我们将安装到硬盘上的系统称为“正式”系统。

在体验系统里，桌面上有个光盘形状的图标，下面的文字是“Install Linux Mint”，双击它就可以安装你的第一个 Linux 系统了。

安装向导启动后，前 3 步不需要做任何更改，直接点击“Continue”按钮进入下一步。在第 4 步“Installation type”中，如果你选择在目前使用的 Windows 笔记本电脑上安装双系统，就选择“Install Linux Mint alongside Windows”这一项；如果你在一台旧电脑上安装 Linux，则不需要保留原来的操作系统（比双系统更方便）。确认硬盘上有价值的东西已经备份出来之后，选择“Erase disk and install Linux Mint”并点击“Install Now”按钮。

接下来设置时区，中国读者使用的是北京时间，点击上海的位置即可。

下面的“Who are you?”页面比较重要，你将在这里设置系统的用户名、密码和主机名，后面会多次用到这里的设置。为了讲述方便，本书用 achao 作为演示的用户名（在“Pick a username”后面输入），主机名设置为 starship（在“Your computer’s name”后面输入），登录密码也是 achao（在“Choose a password”和“Confirm your password”后面分别输入一次），如图 1-12 所示。

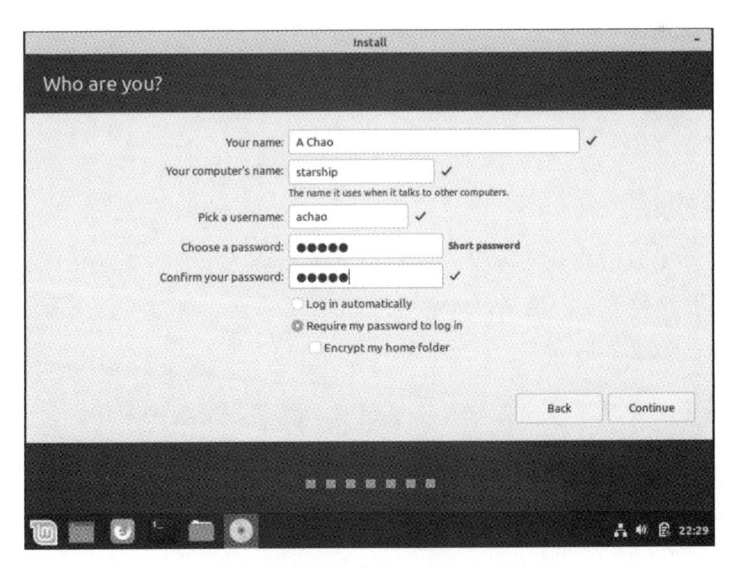

图 1-12　设置用户名、主机名和密码

点击“Continue”按钮，开始安装系统，正常情况下，几分钟后就安装完毕了。之后会出现安装过程结束对话框，点击“Restart Now”按钮，这时系统执行退出程序，关闭并重启计算机。为了避免重启时再次启动体验系统，计算机关闭后记得拔下 U 盘。

1.6 系统初始配置

现在我们进入了崭新的 Linux Mint 系统，系统启动后会自动弹出欢迎窗口，如图 1-13 所示。

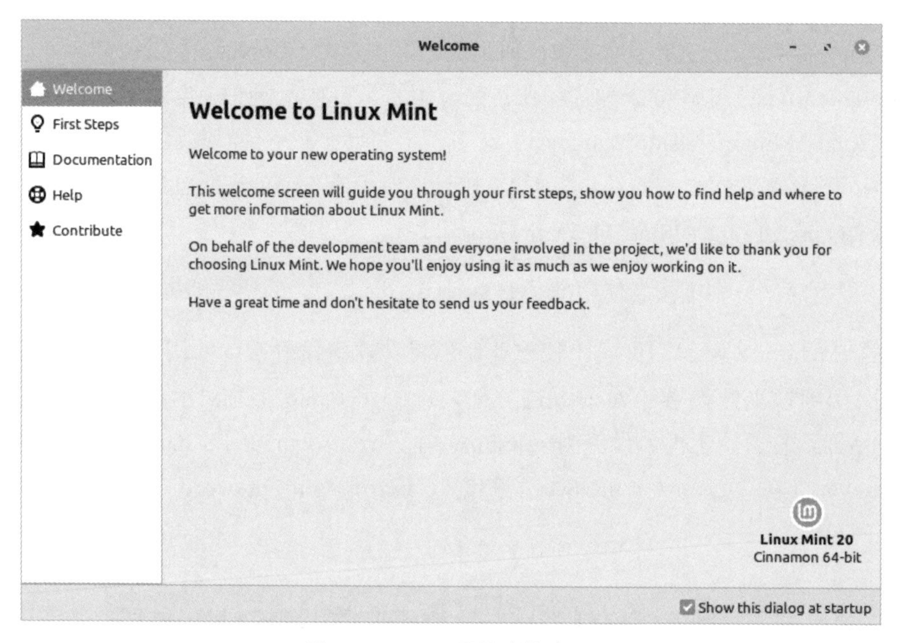

图 1-13 Mint 系统欢迎窗口

没有欢迎窗口怎么办？

如果系统启动后没有出现欢迎窗口，可以点击桌面左下角的开始图标，在输入框中输入 wel，这时应用列表里会出现 Welcome Screen 应用。点击该应用，或者直接按回车键就开启了欢迎窗口，如图 1-14 所示。

用输入应用名称开头字母的方法可以快速启动任何已安装的应用，比如输入 keyboard 启动键盘和快捷键管理器、输入 files 启动 Mint 的文件管理器、输入 writer 启动办公套件 LibreOffice 的文字处理器 Writer 等。Mint 会在你输入时实时更新搜索结果，一般情况下输入三四个字母就可以找到应用。

图 1-14 手动启动系统欢迎窗口

首先要完成一些基本的配置工作，具体包括以下内容：

(1) 安装硬件驱动（可选，参见 1.6.1 节）；

(2) 设置软件源镜像位置，提高应用下载速度（参见 1.6.1 节）；

(3) 更新系统和应用（参见 1.6.1 节）；

(4) 安装中文输入法（参见 1.6.2 节）；

(5) 设置系统自动备份（参见 1.6.3 节）。

1.6.1 更新系统应用

点击左侧列表中的“First Steps”按钮，进入配置窗口。如果在 1.4 节通过驱动管理器安装了额外的驱动，这时要点击“Driver Manager”下面的“Launch”按钮再安装一次。然后向下找到“Update Manager”，点击“Launch”按钮，如图 1-15 所示。

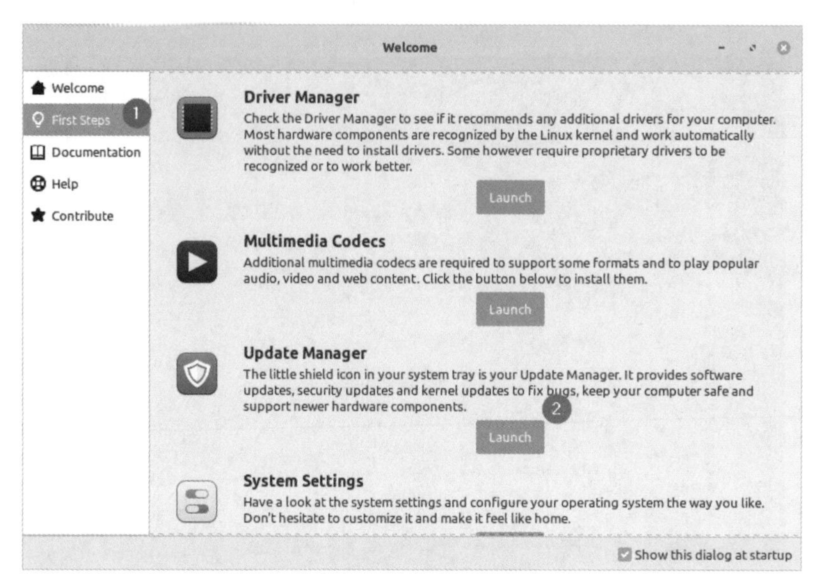

图 1-15　Mint 系统备份向导

更新管理器（Update Manager）启动后，检测到当前设置的软件源不是本地的，于是询问我们是否需要切换到本地软件源（以提高应用下载速度），如图 1-16 所示。

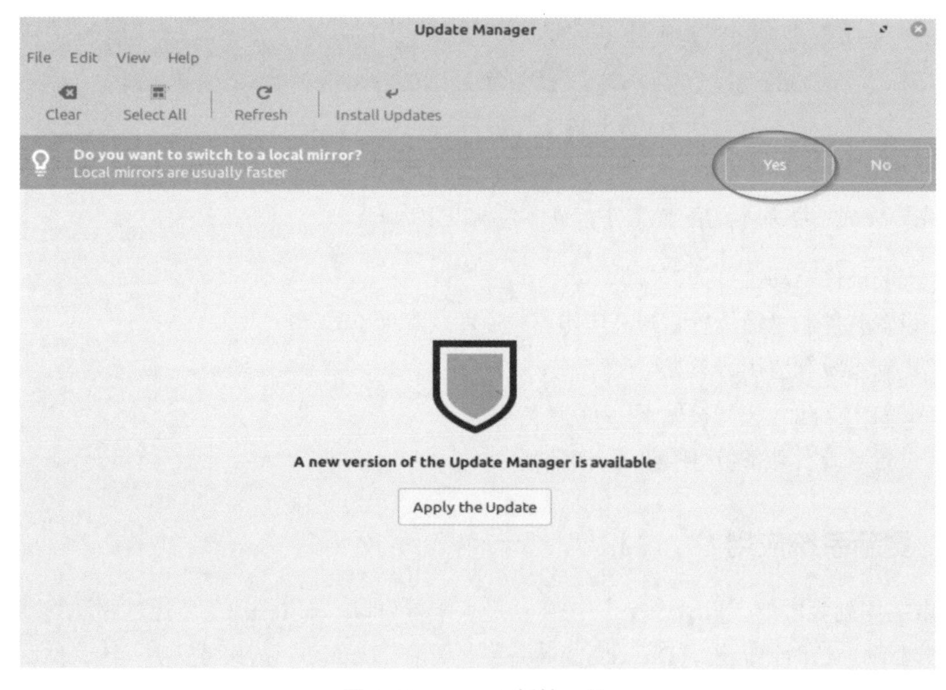

图 1-16　Mint 更新管理器

选择“Yes”，输入密码后进入软件源选择窗口，如图 1-17 所示。

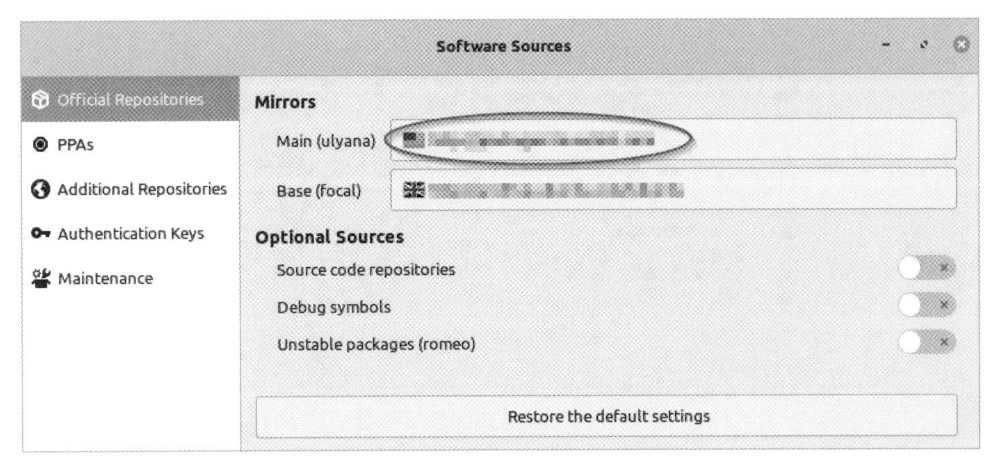

图 1-17　Mint 软件源选择窗口

点击 Main 后面的文本框，进入镜像选择窗口，这时 Mint 开始测试所有软件源镜像的连接速度，并从大到小排列，我们选择速度最快的 TUNA 镜像，并点击“Apply”按钮，如图 1-18 所示。

Select a mirror

Country	URL	Speed
	TUNA	1.3 MB/s
	ChongQing University	1.3 MB/s
	University of Science and Technology of China Linux User Group	982 kB/s
	JAIST	584 kB/s
	Truenetwork	569 kB/s
	EvoWise CDN	508 kB/s
	Harukasan	308 kB/s
	Yandex Team	185 kB/s
	PS Internet Company LLC	140 kB/s
	DATAUTAMA-NET-ID	72.2 kB/s
	LayerOnline	0 kB/s
	Unlockforus	Unreachable

Cancel　Apply

图 1-18　Mint 镜像选择窗口

回到软件源选择窗口，点击 Base 后面的文本框，选择一个速度快的镜像。这里我们仍然选择 TUNA，如图 1-19 所示。

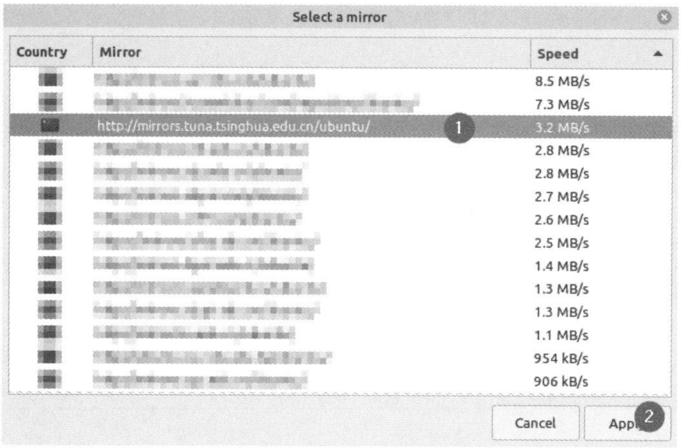

图 1-19 Mint 镜像选择窗口

点击“Apply”按钮返回软件源选择窗口，这时出现提示：是否需要软件源缓存？我们选择“OK”，如图 1-20 所示。

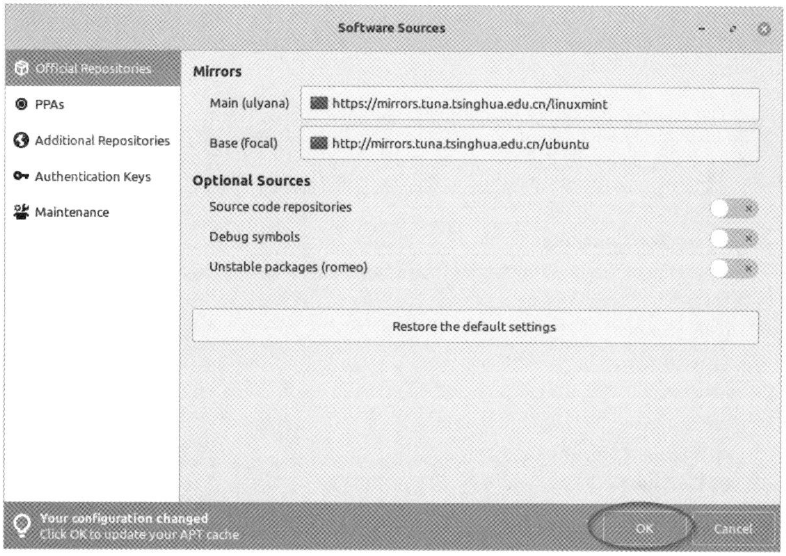

图 1-20 确认更新配置

更新完成后，关闭软件源选择窗口，回到更新管理器。这时需要更新的应用已经列出来了，我们点击“Install Updates”按钮执行更新，如图 1-21 所示。

这里涉及一些新概念，比如**软件源**（software source）、**源镜像**（source mirror）等，我们会在第 3 章详细说明。

Update Manager

File　Edit　View　Help

Clear　Select All　Refresh　Install Updates

Type	Upgrade	Name	New Version
		accountsservice Query and manipulate user account information	0.6.55-0ubuntu12~20.04.4
		apport Python 3 library for Apport crash report handling	2.20.11-0ubuntu27.12
		firefox Safe and easy web browser from Mozilla	82.0.3+linuxmint1+ulyana
		intel-microcode Processor microcode firmware for Intel CPUs	3.20201110.0ubuntu0.20.04.2
		libexif Library to parse EXIF files	0.6.21-6ubuntu0.4
		libmaxminddb IP geolocation database library	1.4.2-0ubuntu1.20.04.1
		openjdk-lts OpenJDK Java runtime, using Hotspot JIT (headless)	11.0.9.1+1-0ubuntu1~20.04

Description　Packages　Changelog

25 updates selected (209 MB)

图 1-21　更新系统应用

1.6.2　安装中文输入法

应用更新完成后进入第 4 步：安装中文输入法。在开始菜单的输入框里输入 inp，启动 Input method 应用，如图 1-22 和图 1-23 所示。

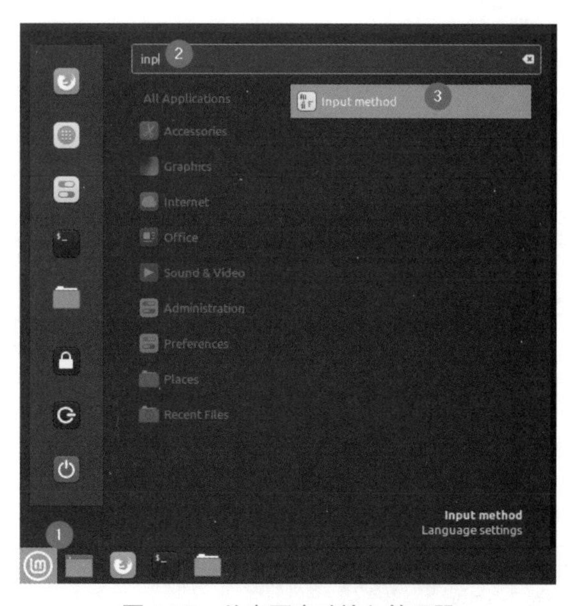

图 1-22　从桌面启动输入管理器

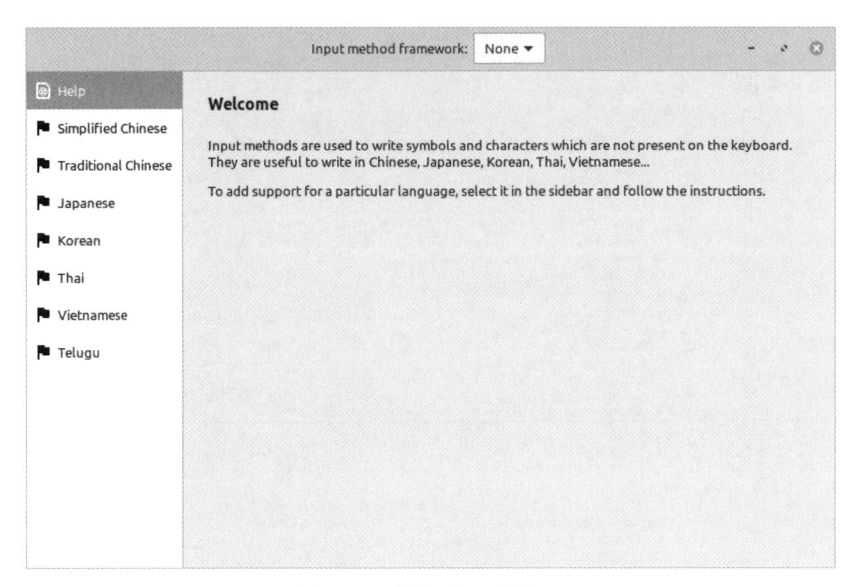

图 1-23　输入管理器窗口

点击左侧列表中的“Simplified Chinese”选项，然后点击右侧安装步骤列表中第一步“Install the language support packages”右侧的“Install”按钮，如图 1-24 所示。

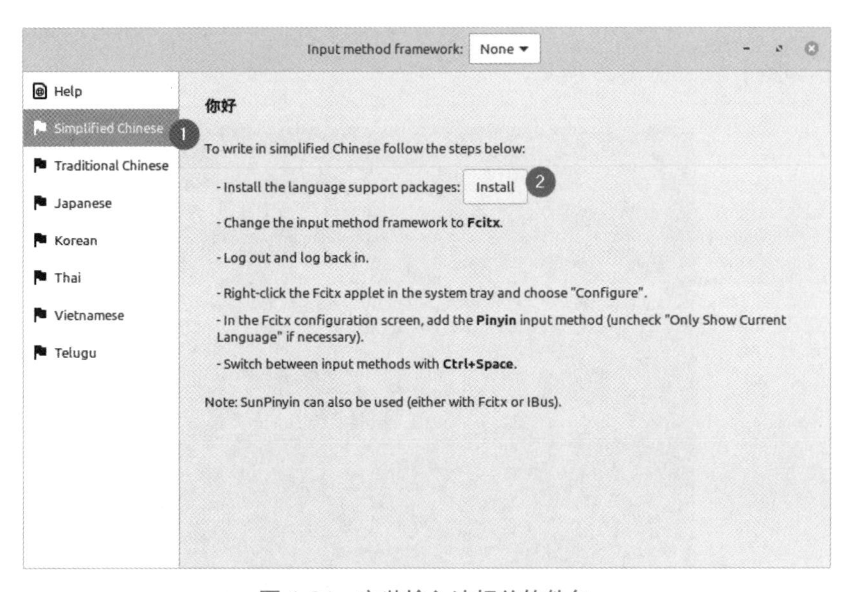

图 1-24　安装输入法相关软件包

在随后弹出的“Additional software has to be installed”窗口中点击“Continue”按钮，输入用户密码后安装输入法相关软件包。

安装完成后，点击输入法管理器窗口上部“Input method framework”右侧的下拉菜单，选择其中的 Fcitx（如图 1-25 所示），然后关闭输入法管理器窗口。

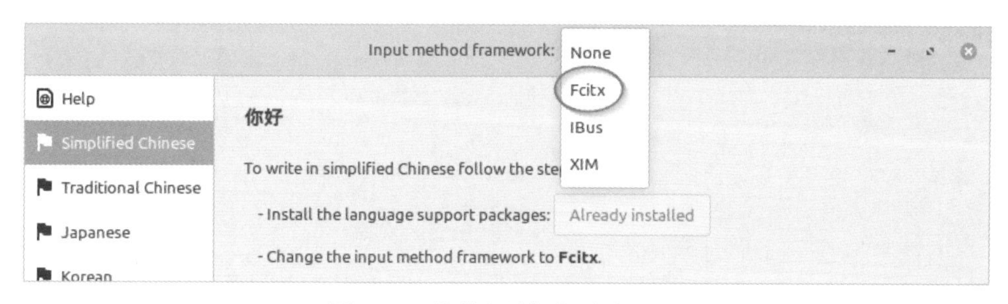

图 1-25　将输入法框架改为 Fcitx

这样输入法框架 Fcitx 就安装好了，需要重新登录使设置生效。从开始菜单中退出（Log Out）当前账号，如图 1-26 和图 1-27 所示。

再次登录后，屏幕右下角出现输入法图标，说明输入法框架启动成功。接下来我们安装拼音输入法，右键点击此图标，并在弹出菜单中选择“Configure”，如图 1-28 所示。

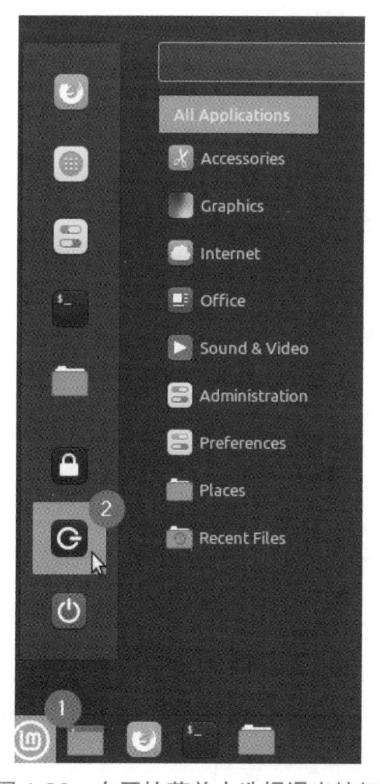

图 1-26　在开始菜单中选择退出按钮

图 1-27　确认退出

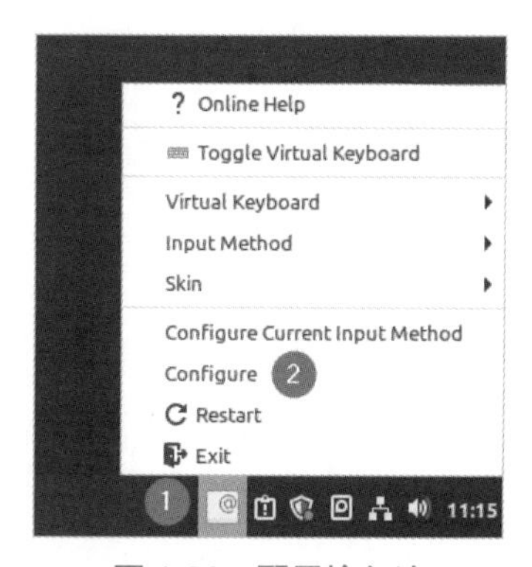

图 1-28　配置输入法

在弹出的“Input Method Configuration”窗口中点击左下角的加号按钮，如图 1-29 所示。

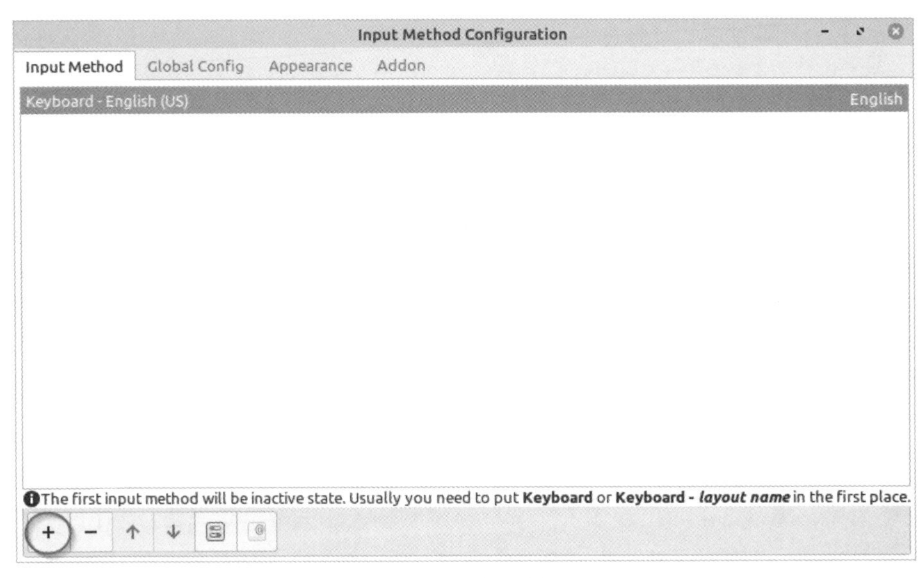

图 1-29 添加新的输入法

在“Add input method”窗口中首先取消勾选“Only Show Current Language”，然后在下拉列表中选择“Pinyin”，并点击“OK”添加输入法，如图 1-30 所示。

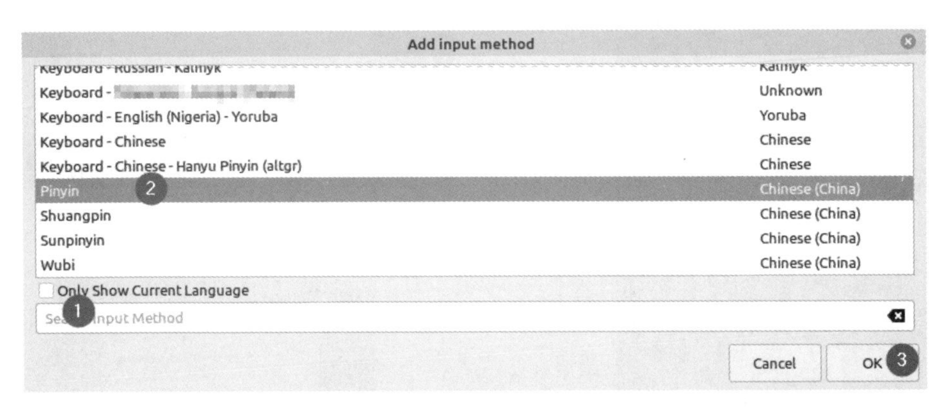

图 1-30 添加中文拼音输入法

现在输入法就安装好了，打开命令行应用（点击屏幕下方工具栏的第 3 个图标），点击屏幕左下角的输入法图标，这时输入法图标会变成红色的“拼”字，表示切换到了中文输入法（如图 1-31 所示）。再次点击会返回英文输入状态，也可以用左 Shift 键切换中英文输入法。这样就可以在命令行（以及其他需要输入文字的地方）中输入汉字了。

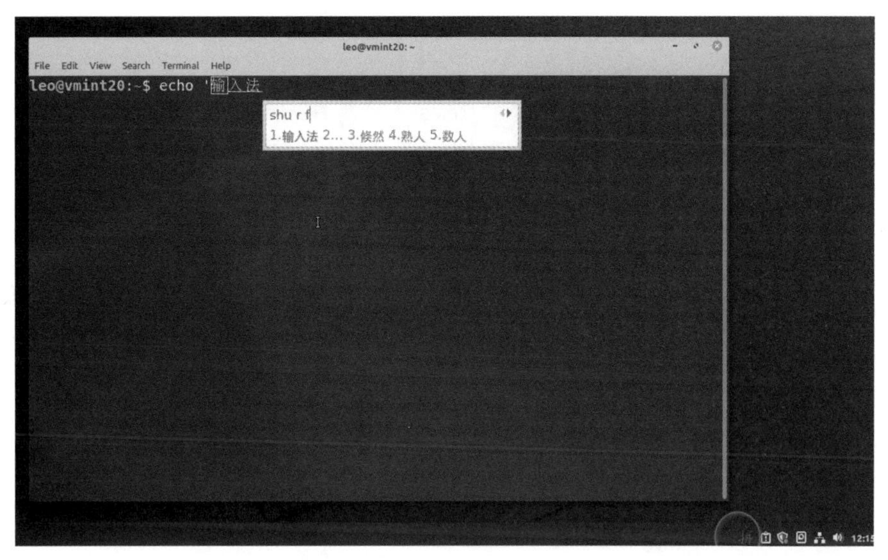

图 1-31 添加新的输入法

1.6.3 备份系统

经过前面这一番折腾，一个集功能和颜值于一身的 Linux 系统就出现在了我们面前。可是面对它我们心里却有点儿矛盾，既想马上开始大展一番拳脚，又怕不小心把什么地方弄“坏”了，还得重新安装配置一遍。

作为以对新人友好为自身特色的发行版，Mint 解决这个问题的方法是内置了系统快照和恢复应用 Timeshift。在开始菜单中输入 timeshift 启动 Timeshift，首次运行会自动进入配置向导窗口。

第 1 步，设置快照类型，保持默认值 RSYNC 不变，点击“Next”按钮，如图 1-32 所示。

第 2 步，选择保存快照文件的位置，使用默认值，点击“Next”按钮，进入快照级别设置界面，如图 1-33 所示。

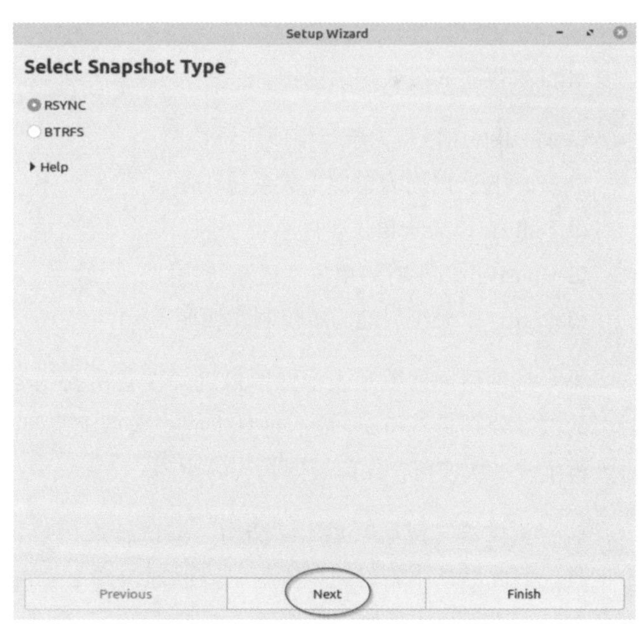

图 1-32 Timeshift 配置向导：快照类型

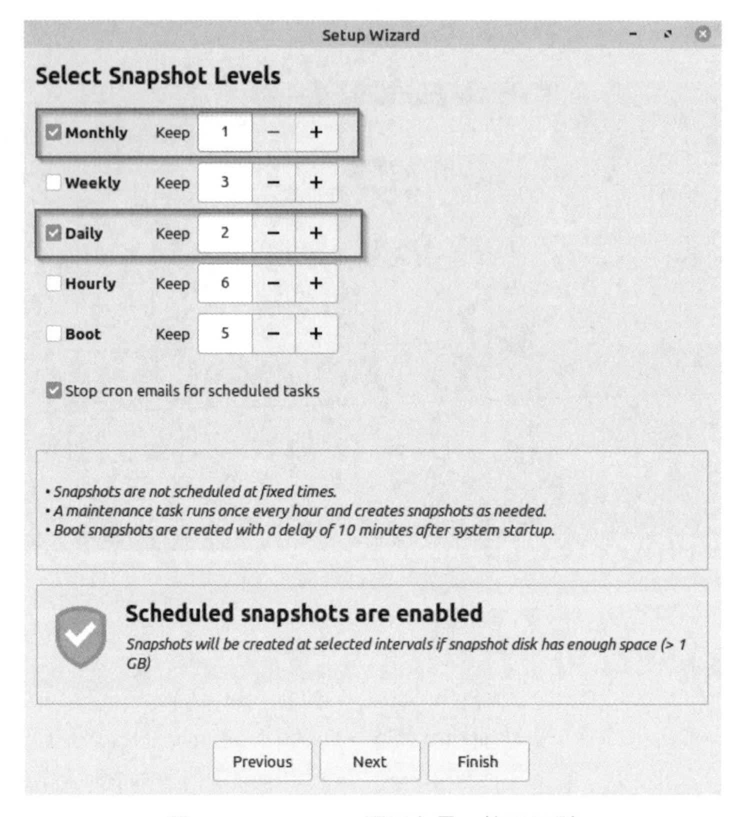

图 1-33 Timeshift 配置向导：快照级别

Mint 提供了 5 级快照供选择。

- Monthly：以月为单位生成系统快照。
- Weekly：以周为单位生成系统快照。
- Daily：以天为单位生成系统快照。
- Hourly：以小时为单位生成系统快照。
- Boot：以系统启动为单位制作快照。

每个选项后面的数字表示保留最近几次备份。比如图 1-33 勾选了“Monthly”和“Daily”，后面的数字分别是 1 和 2，表示每月生成一次系统快照，保留最近 1 个月的快照，在此基础上，每天再生成一次快照，保留最近两天的快照。

这一步设置完成后，点击“Next”按钮进入用户目录设置，由于 Timeshift 是一个系统备份工具，因此默认不备份用户资料，以保证快照不会占用太多磁盘空间，以及生成快照的时间不会太长。这一步也是使用默认值，点击“Next”按钮进入“Setup Complete”界面，这里对如何提高快照的安全性等进行了一些说明，点击“Finish”按钮就完成了设置向导。

现在我们进入了 Timeshift 应用主窗口，开始为当前系统制作一个“初始系统”快照，这样我们就可以放心大胆地探索它了。任何时候出了问题，或者想从头开始，用这个快照就能够回退到今天的状态。

首先点击窗口工具栏的第一个图标“Create”，Timeshift 开始为系统生成快照，如图 1-34 所示。

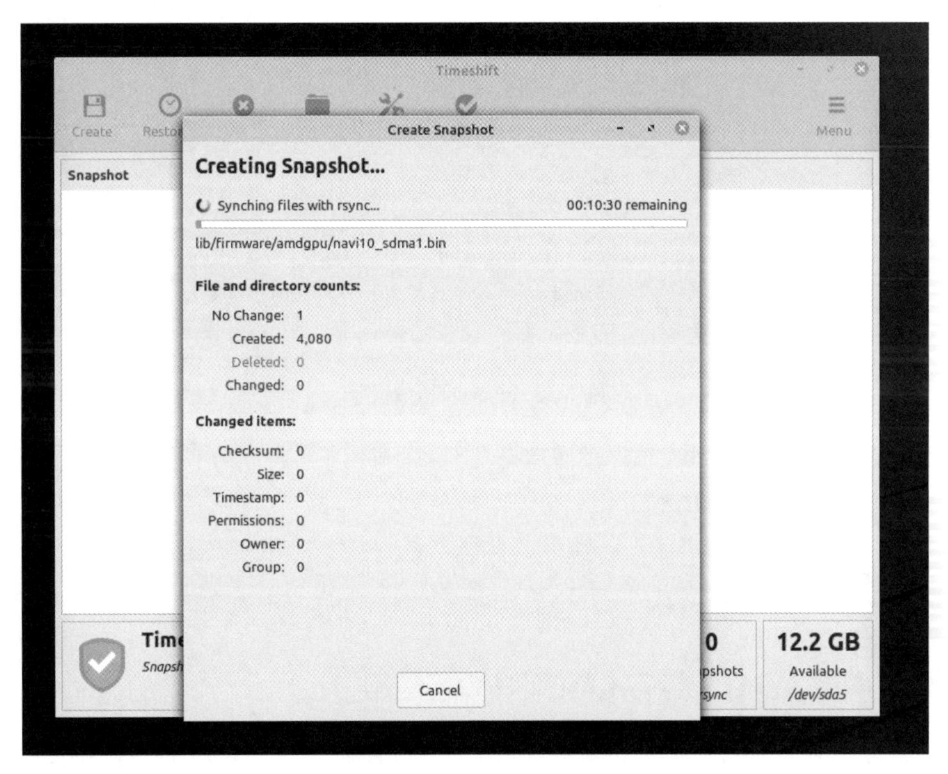

图 1-34 Timeshift 生成系统快照

几分钟后，制作好的快照出现在快照列表里，我们为这个快照添加一段说明，以便将来区分不同的快照。点击“Comments”列对应的文本框，输入 Base System，如图 1-35 所示。

未来需要使用这个快照还原系统时，只要启动 Timeshift，选中“Base System”快照，然后点击工具栏上的“Restore”按钮就能够“昨日重现”了。

最后回到系统欢迎窗口（如果还没把它关掉的话），取消勾选右下角的“Show this dialog at startup”，这样下次启动系统时这个窗口就不会出现了。

图 1-35　为快照添加说明

至此，我们的命令行“小宇宙”就搭建完成了。如果由于各种原因不能在硬件上安装 Linux 系统，可以尝试下面的变通方法。

1.7　其他搭建方案

1.7.1　在 Windows 上运行 Linux 命令行应用

由于开源运动的蓬勃发展和 Linux 的日趋流行，微软对开源的参与力度越来越大，CEO 高调表示“Microsoft Loves Linux”，近来还推出了以 Visual Studio Code、Windows Terminal 为代表的一批开源精品，受到了社区的广泛欢迎。

WSL 全称是 Windows Subsystem for Linux，顾名思义，这是一个在 Windows 上运行的 Linux 子系统。微软这些年花大力气打磨这个产品，搭配 2019 年在 GitHub 上开源的 Windows Terminal，极大地提升了 Windows 系统中 Linux（包括命令行应用和图形应用）的使用体验。

WSL 的安装方法很简单，在 Microsoft Store 里搜索 Ubuntu，在搜索结果中选择 Ubuntu 20.04 LTS，安装并启动后，按照提示输入用户名和密码，系统就能够正常启动了。注意，输入密码时不回显（输入的字母和星号都不显示），所以不要怀疑键盘坏了，请大胆输入。输完密码后按回车键，这时系统会提示你再次输入密码（仍然没有回显）。输入完毕按回车键，如果两次的输入一致，新密码就生效了。

接下来仍然在 Windows Store 里搜索 terminal，在搜索结果中选择 Windows Terminal 并安装。Windows Terminal 启动后默认运行 PowerShell，你可以将 Ubuntu 20.04 设置为默认运行环境，方法是：点击顶部标签栏的倒三角图标，在弹出的下拉列表中选择“Settings”，这时会弹出配置文件编辑窗口，在 `profiles` 的 `list` 下找到 Ubuntu-20.04 对应的 `guid` 并将它复制到 `defaultProfile` 后面，如代码清单 1-1 所示。

代码清单 1-1 设置 Windows Terminal 默认配置文件

```
{
    "defaultProfile": "{07b52e3e-de2c-5db4-bd2d-ba144ed6c273}",    ❶
    "profiles":
    {
      "list":
        [
        {
          "guid": "{61c54bbd-c2c6-5271-96e7-009a87ff44bf}",
          "name": "Windows PowerShell",
          ...
        },
        {
          "guid": "{07b52e3e-de2c-5db4-bd2d-ba144ed6c273}",
          "name": "Ubuntu-20.04",
          "startingDirectory" : "//wsl$/Ubuntu-20.04/home/achao"    ❷
          ...
        },
        ...
        ]
    },
    ...
}
```

❶ 将 Ubuntu 20.04 的 `guid` 复制到这里

❷ 将启动目录设置为用户 HOME 目录

这里 Ubuntu 20.04 的 `guid` 是 `07b52e3e-de2c-5db4-bd2d-ba144ed6c273`，我们将它复制到了 `defaultProfile` 值的位置，因此 Windows Terminal 启动时会自动打开一个 Ubuntu 20.04 命令行窗口。

WSL 默认启动的目录为 Windows 用户根目录 C:\Users\<UserName>，而不是 Linux 系统中用户的 HOME 目录，所以这里我们在配置文件里更改一下。关于 HOME 目录的具体含义，我们会在第 2 章详细说明。

快速打开和关闭命令行窗口

在 Ubuntu、Linux Mint 等系统的默认桌面环境中，可以通过快捷键 Ctrl-Alt-t（同时按住 Ctrl 键和 Alt 键，再按下 t 键）打开一个命令行窗口。

为 Windows 10 系统安装 Ubuntu 20.04 和 Windows Terminal 后，在后者的程序图标上，右键点击“固定到开始屏幕”，或者选择“更多”菜单项下面的“固定到任务栏”，都可以实现快速启动 Ubuntu 20.04 命令行环境。

要结束一个命令行会话，输入 `exit` 命令并按回车键即可。不过这样毕竟需要按 5 次键盘，更简单的方法是使用 Ctrl-d 快捷键直接关闭命令行会话。

1.7.2　在虚拟机中运行 Linux 系统

在操作系统内部，用特定的应用模拟硬件设备（CPU、内存、磁盘、网卡等），运行另一个操作系统，这样的应用就叫作虚拟机。运行虚拟机的主机叫作**宿主机**（host），在虚拟机里运行的系统叫作**客户系统**（guest）。在硬件资源允许的情况下，一台宿主机上可以（同时）安装和运行多个客户系统。

在虚拟机中安装和运行 Linux 系统的优点是：

- 不需要专门的硬件；
- 可用全套 Linux 发行版，包括桌面环境；
- 可以给系统做快照，当需要恢复到以前的某个状态时，找到那个快照选择恢复即可。

缺点是你需要学习如何安装虚拟机应用，如何在虚拟机上为客户系统配置网络、磁盘以及其他设备，为了解决和宿主机的文件共享问题，可能还需要设置共享目录。

另外，由于要用 CPU 和内存模拟出一套完整的硬件系统，因此对系统配置的要求也比较高。如果你的电脑内存小于 16GB，空闲磁盘空间小于 50GB，使用虚拟机很难达到理想效果，不过体验一下基本的 Linux 环境是没问题的。

Windows 上常用的虚拟机软件有 VirtualBox 和 VMware，前者是开源软件，可以免费使用；后者是商业软件，需要付费使用。下面以 VirtualBox 为例简要说明在 Windows 系统上制作 Linux 虚拟机的步骤。

(1) 准备虚拟机和系统

a. 打开 VirtualBox 官网，点击左侧的“Downloads”链接打开下载页，在 VirtualBox x.x.x platform packages 下点击“Windows hosts”链接（其中 x.x.x 表示当前 VirtualBox 版本号，比如 6.1.16），下载 VirtualBox 安装包。
b. 下载完成后，双击安装包文件，安装 VirtualBox 虚拟机应用。
c. 下载 Linux Mint 系统 ISO 文件，参见 1.2 节的说明。

(2) 创建虚拟机

a. 启动 VirtualBox，点击工具栏上的“New”按钮，创建新的虚拟机。
b. 设置虚拟机参数。
 i. 名称（Name）：mint20。
 ii. 系统类型（Type）：Linux。
 iii. 系统版本（Version）：Ubuntu (64-bit)。
c. 接下来的 Memory 和 Hard disk 都选择默认值，点击“Create”创建虚拟机。

(3) 启动虚拟机

a. 虚拟机创建完成后，左侧虚拟机列表中出现一个名为 mint20 的虚拟机，选中后点击工具栏的“Start”按钮。
b. 提供系统盘：虚拟机启动后弹出“Select start up disk”窗口，在下面的文件选择对话框中选中前面下载的 ISO 文件。
c. 在随后出现的启动项菜单中选择“Start Linux Mint”并按回车键。

(4) 安装系统：从这里开始，操作与 1.4 节相同，不再赘述。

1.8 小结

本章我们为后面学习和使用命令行搭建了硬件环境。首先介绍了不同安装方式的适用场景。

- 推荐方案：在专门的机器上安装 Linux 系统。
- 不折腾族、“壕”：购买预装 Ubuntu 发行版的个人电脑。
- “果粉”：使用 macOS 系统。
- Windows 10 单机用户：使用 WSL 系统。
- 旧版 Windows 单机用户：在虚拟机中安装和运行 Linux 系统。

然后详细说明了安装和配置 Linux Mint 发行版的过程。

最后别忘了 Linux 桌面环境中启动命令行的快捷键：Ctrl-Alt-t。

好，让我们开始激动人心的命令行探索之旅吧！

第 2 章 脚踏实地：文件系统及其管理

Everything is a file.

——Unix 哲学

有了操作系统，本章我们来为命令行世界构建坚实的大地：文件系统。在开始介绍一大堆技术名词之前，先要搞清楚一个问题：文件系统不就是复制粘贴文件吗，有必要絮絮叨叨地用一章来说吗？

对于 Linux 系统来说，还真是有必要。为什么这么说呢？原来 Linux 的文件系统不仅管理文件，它将所有的计算资源，比如键盘、鼠标、显示器、磁盘、网络连接等，当然也包括磁盘上的文件，映射到文件树的一些文件上，方便系统管理。我们操作键盘和鼠标输入信息、发出指令让计算机处理信息，并将结果展示到屏幕上，整个过程都依赖文件系统和其上运行的**内核**（kernel），只有两者通力协作才能保证我们发出的指令能够被信息处理部件（比如 CPU、内存等）正确执行，并通过输出设备展示结果。没有文件系统，可不仅仅是无处存放文件，整台计算机都变成了一堆无法使用的废铁。于是人们将 Unix/Linux 系统的这一特点总结为一句话：

一切皆文件。

换句话说，文件（而不是应用）处在系统的核心位置。为了能最大限度发挥 Linux 系统的优势，下面我们来了解一下文件系统的基本概念以及一些常用的文件管理命令。

2.1 文件树和目录跳转

大家对图形桌面已经很熟悉了，不论是 Android、iOS 还是 Windows，外观大同小异，都由一个桌面和若干图标组成。想运行什么程序，点击对应的图标就行了。

命令行则是另外一种风格，当我们打开一个命令行窗口后，仿佛看到了一块空白的黑板，只在左上角有一小段文字，后面跟着一个不断闪动的光点——我们叫它**光标**（cursor），也就是你输入的文字出现的地方。用过聊天工具的人可能会觉得它像一个黑色背景的聊天窗口，这个感觉很准确，只不过聊天对象不是人，而是一个“系统”。好消息是，它相当靠谱，不论我们问任何问题或者发出任何命令，它一定会回答，不过彼此间使用的语言不是平时聊天用的自然语言，而是更精确、更严谨的 **shell 脚本语言**（shell script）。shell 有很多种，Mint 默认提供的叫 Bash。

当我们谈论命令行时，我们在谈论什么？

操作系统内核将各种硬件设备抽象成计算资源，从而实现对硬件的管理，但人类无法直接使用内核，需要一种沟通媒介，确保文本写成的指令能够转化成内核指令。因为这个媒介包裹在操作系统最外层，像一层壳，所以人们叫它 shell。

shell 分两种，最初使用文字命令交互的叫作**命令行界面**（command-line interface，CLI），后来发展出使用图形进行交互的方式，叫作**图形用户界面**（graphical user interface，GUI），我们平时所说的命令行，指的是前一种。后续章节提到命令行、shell、CLI 时，只要没有专门说明是 GUI，都指命令行界面。

现在我们来问第一个问题：我在哪儿？翻译成 shell 脚本是 `pwd`，这个命令执行的效果（打开命令行窗口的方法请参照 1.7.1 节末）如代码清单 2-1 所示。

代码清单 2-1　pwd 命令效果

```
achao@starship:~$ pwd ❶
/home/achao           ❷
achao@starship:~$ _   ❸
```

❶ 在提示符后面输入命令并按回车键

❷ 命令的输出

❸ 新的提示符和光标

几乎按下回车键的瞬间就得到了答案，虽然简短，内涵却很丰富，我们来分析一下。

第 1 行在输入命令前就存在的 `achao@starship:~` 叫作**命令提示符**（shell prompt）。顾名思义，它们会出现在每一条等待我们输入的命令前，起提示作用，比如第 3 行。那么这段文本的意义是什么呢？

它是由下面几个部分组成的。

(1) `achao`：第 1 章安装系统时指定的用户名。如果你安装系统时设置的用户名是 bob，这里就会显示 bob。

(2) 分隔符 `@`：读作 at，表示（某人）在某处。

(3) `starship`：代表系统所在主机的名字，一般是安装系统（见第 1 章）时用户指定的。如果你当时输入的名字是 mypc，这里就会显示 mypc。

(4) `:`：分隔符，用来隔开主机名和当前目录。

(5) 当前目录 `~`：用户当前所在目录。当你在不同目录间跳转时，它也随之改变，类似于命令行世界里的 GPS 定位。~ 这个符号是 HOME 目录的简写，其含义后文会说明。

综合起来，这个提示符要表达的意思是：现在用户 achao 在主机 starship 的 ~ 目录下。

提示符后面的 `$` 也是一个分隔符，用来分隔提示符和用户输入的命令。

命令 `pwd` 是 print working directory（打印工作目录）的首字母缩写。Linux 命令行的常用命令继承了 Unix 的命名传统，一般采用英文命令的首字母缩写，且全部使用小写字母。如果你使用过 Windows 的命令行，大概知道 Windows 命令行不区分大小写。而 Unix/Linux 系统是区分大小写的，不论是命令还是目录、文件名，大小写不同，代表的含义不同，即 `pwd`、`Pwd`、`pWd` 是 3 个不同的命令，myhome 和 myHome 是两个不同的目录。

Windows 的文件系统一般有多个盘符，比如 C:、D: 等，每个盘符下面又有目录或者文件，目录下面还有子目录或者文件，如图 2-1 所示。

当我们要说明某个文件放在某处时，要从根也就是盘符开始，用反斜杠 \ 分隔每一级目录，比如 C:\Users\achao\myfile.txt。

Linux 的文件系统则像一棵倒长的树，如图 2-2 所示。

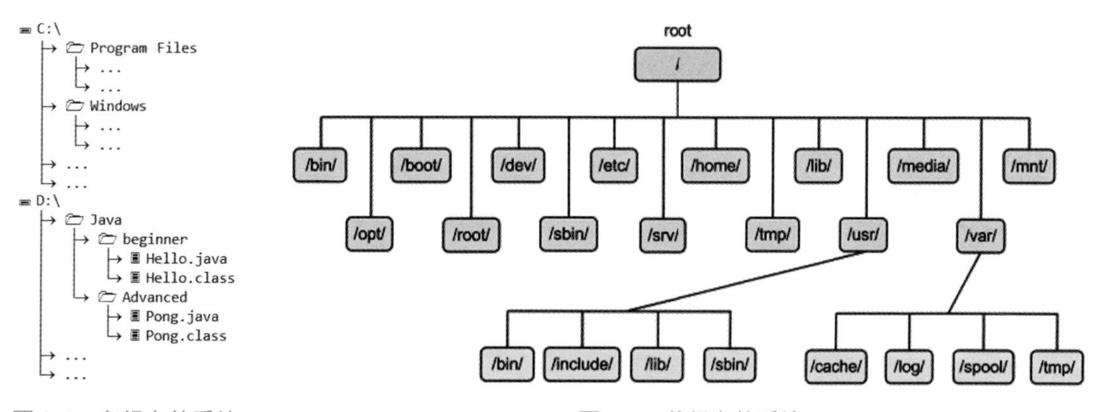

图 2-1 多根文件系统

图 2-2 单根文件系统

与 Windows 文件系统不同的是，它只有一个根：/（似乎比多根树更简洁）。根目录下面有许多子目录和文件，子目录下又有自己的子目录，目录之间用斜杠 / 分隔。上面的 Windows 系统中的文件 myfile.txt，在 Linux 下对应的位置是 /home/achao/myfile.txt。人们有时将目录称为“文件夹”，是个很形象的比喻：文件夹里可以继续放文件夹和文件，而文件里不能再放文件夹了。我们将外面的叫作父文件夹或者父目录，里面的叫作子文件夹或者子目录。而刚才的问题 `pwd` 自然就是“报告当前打开的是哪个文件夹”的意思了。

现在你应该猜到 `pwd` 的回答 /home/achao 是什么意思了：进入命令行世界后最初所在的目录，它有自己专门的名字 HOME，是不是相当恰如其分呢。

知道了自己在哪儿，很自然地会想到下一个问题：这里有哪些文件和目录呢？翻译成 shell 命令是 `ls`（list 的简写）。如果你在 Linux Mint 系统中执行这个命令，效果如代码清单 2-2 所示。

代码清单 2-2　Linux Mint 下的 `ls` 命令

```
achao@starship:~$ ls
Desktop
Documents
Downloads
Music
Pictures
Public
Templates
Videos
achao@starship:~$ _
```

在 WSL 系统中执行它的效果如代码清单 2-3 所示。

代码清单 2-3　WSL 下的 `ls` 命令

```
achao@starship:~$ ls
achao@starship:~$ _
```

Mint 默认为我们创建了几个文件夹，类似于 Windows 系统默认创建的“文档”“下载”“音乐”“图片”等目录，WSL 默认不在 HOME 目录下创建任何目录，但是不是也没有任何文件呢？不是的，我们对 `ls` 命令做一点儿小小的改进再看看效果，如代码清单 2-4 所示。

代码清单 2-4　显示所有文件

```
achao@starship:~$ ls -a
.
..
.bash_history
.bash_logout
.bashrc
.config
```

```
.local
.profile
achao@starship:~$ _
```

在上面输入的命令 `ls -a` 中，以一个或者两个 - 开头的部分叫作该命令的**参数**（parameter），一个命令可以有很多不同的参数，用不同的方法组合在一起会产生不同的效果。比如这里 `ls` 命令的参数 `-a` 是 `--all` 的简写，意思是列出所有文件，包括不加任何参数的 `ls` 能够列出的文件和以 . 开头的文件，即**隐藏**（hidden）文件。隐藏文件在 Linux 系统和应用的配置方面发挥着重要作用，后续在具体场景中我们还会涉及。

看完了 HOME 目录，我们看看根目录下有些什么，根据前面“文件夹”的比喻，是不是需要先关闭 HOME 目录，再关闭它的父目录 /home 才能到 / 呢？不需要这么麻烦，只要用 `cd`（change directory）命令后面加上地址，就可以直接跳转过去，如代码清单 2-5 所示。

代码清单 2-5　使用绝对路径跳转

```
achao@starship:~$ cd /
achao@starship:/$ _
```

第 2 行中，新的提示符发生了变化，按照前面对提示符的说明，不难发现它的意思是：用户 achao 在主机 starship 的 / 目录下。

现在我们返回 HOME 目录，用另一种方法跳转到根目录，如代码清单 2-6 所示。

代码清单 2-6　使用相对路径跳转

```
achao@starship:/$ cd /home/achao
achao@starship:~$ cd ../..
achao@starship:/$ _
```

`cd /` 和 `cd ../..` 的效果相同，第 1 种方法使用**绝对路径**（absolute path）跳转，第 2 种方法使用**相对路径**（relative path）跳转。绝对路径总是以根目录 / 开头，相对路径总是以当前目录开头。上面 `ls -a` 命令的输出中包含两个奇怪的符号：和 ..，它们分别表示“当前目录”和“当前目录的父目录”，所以 `cd ../..` 就表示“跳转到当前目录的父目录的父目录”。

快速返回 HOME 目录

除了通过绝对路径和相对路径回到 HOME 目录，还可以执行 `cd`（后面不带参数）命令返回 HOME 目录。

下面我们用相对路径进入 /bin 目录，看看里面有什么，如代码清单 2-7 所示。

代码清单 2-7 /bin 目录下的文件、目录列表

```
achao@starship:/$ cd bin
achao@starship:/bin$ ls
archdetect          efibootmgr  nano            sleep
bash                egrep       nc              ss
brltty              false       nc.openbsd      static-sh
btrfs               fgconsole   netcat          stty
btrfsck             fgrep       netstat         su
btrfs-debug-tree    findmnt     networkctl      sync
btrfs-find-root     fsck.btrfs  nisdomainname   systemctl
btrfs-image         fuser       ntfs-3g         systemd
btrfs-map-logical   fusermount  ntfs-3g.probe   systemd-ask-password
btrfs-select-super  getfacl     ntfscat         systemd-escape
btrfstune           grep        ntfscluster     systemd-hwdb
btrfs-zero-log      gunzip      ntfscmp         systemd-inhibit
bunzip2             gzexe       ntfsfallocate   systemd-machine-id-setup
busybox             gzip        ntfsfix         systemd-notify
bzcat               hciconfig   ntfsinfo        systemd-sysusers
bzcmp               hostname    ntfsls          systemd-tmpfiles
bzdiff              ip          ntfsmove        systemd-tty-ask-password-agent
bzegrep             journalctl  ntfsrecover     tar
bzexe               kbd_mode    ntfssecaudit    tempfile
bzfgrep             keyctl      ntfstruncate    touch
bzgrep              kill        ntfsusermap     true
bzip2               kmod        ntfswipe        udevadm
bzip2recover        less        open            ulockmgr_server
bzless              lessecho    openvt          umount
bzmore              lessfile    pidof           uname
cat                 lesskey     ping            uncompress
chacl               lesspipe    ping4           unicode_start
chgrp               ln          ping6           vdir
chmod               loadkeys    plymouth        wdctl
chown               login       ps              which
chvt                loginctl    pwd             whiptail
cp                  lowntfs-3g  rbash           ypdomainname
cpio                ls          readlink        zcat
dash                lsblk       red             zcmp
date                lsmod       rm              zdiff
dd                  mkdir       rmdir           zegrep
df                  mkfs.btrfs  rnano           zfgrep
dir                 mknod       run-parts       zforce
dmesg               mktemp      rzsh            zgrep
dnsdomainname       more        sed             zless
domainname          mount       setfacl         zmore
dumpkeys            mountpoint  setfont         znew
echo                mt          setupcon        zsh
ed                  mt-gnu      sh              zsh5
efibootdump         mv          sh.distrib
achao@starship:/bin$ _
```

不难发现输出是按字母顺序，从第 1 列到第 4 列依次输出的，其中第 2 列里出现了 `ls`，第 3 列里出现了 `pwd`，难道命令也是文件？

答案是：确实如此。我们仔细分析一下，如代码清单 2-8 所示。

代码清单 2-8　ls -l 样例输出

```
achao@starship:/bin$ ls -l ls
-rwxr-xr-x 1 root root 133792 Jan 18  2018 ls
```

里面多了很多东西，这里用了 `ls` 命令的另一个参数 `-l`，意思是输出文件的详细内容（long listing format）。这些内容对理解和使用 Linux 文件系统非常重要，下面看看它们告诉了我们哪些信息。

2.2　权限系统

2.1 节 `ls -l ls` 命令的输出结果包含了丰富的信息，下面逐一说明。

首先，代码清单 2-8 的第 1 列 `-rwxr-xr-x` 是**文件权限**（file permission）标志，由 4 个子串拼接而成，如图 2-3 所示。

- 文件类型（1 位）
- 所有者权限（3 位）
- 组用户权限（3 位）
- 其他用户权限（3 位）

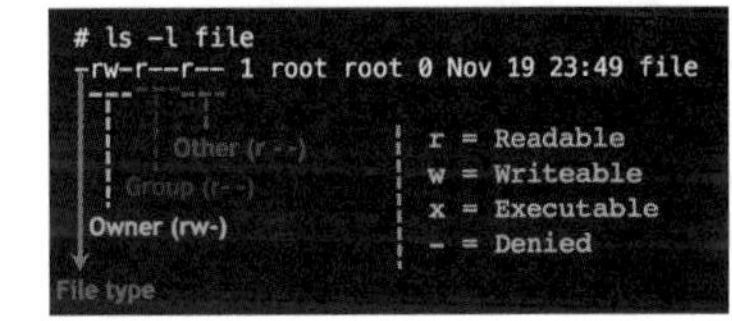

图 2-3　文件权限标志位说明

常见的文件类型有 `-`（代表文件）、`d`（代表目录）和 `l`（代表链接），如代码清单 2-9 所示。

代码清单 2-9　输出 /etc 目录内容

```
achao@starship:/bin$ ls -l /etc
total 1236
drwxr-xr-x  3 root root     4096 Jul 29 18:56 acpi
-rw-r--r--  1 root root     3028 Jul 29 18:28 adduser.conf
...
```

上面的命令列出 /etc 下面的所有内容，我们只截取了前两个。acpi 的类型标志为 `d`，表示它是一个目录，而 adduser.conf 的类型标志为 `-`，表示它是一个文件。

Linux 的权限系统沿袭了 Unix 的规则：每个系统上都有多个**用户**（user），这些用户分属于不同的**组**（group），其中有一个名为 root 的用户是系统管理员，拥有对系统完全的控制权，包括规定其他用户的权限。每个文件或者目录都被指定一个用户作为它的**所有者**（owner），所有者能对属于自己的文件或者目录做什么，就定义在**所有者权限**这 3 个字符中。上面 acpi 的所有者权限为 `rwx`，表示该目录的所有者（我们暂且叫他 X）对它有读（read）、写（write）和执行（execute）权限。而 adduser.conf 的所有者权限为 `rw-`，表示 X 只能对它进行读和写操作，不能运行它。

组用户权限规定了与 X 同组的其他用户对这个文件 / 目录的权限，比如 acpi 的组用户权限是 `r-x`，表示与 X 同组的其他用户只能读和执行（对于文件夹来说，执行就意味着将该目录作为当前工作目录），不能写（更改、删除）；adduser.conf 的组用户权限是 `r--`，表示与 X 同组的其他用户只能读这个文件（对于文件来说，读代表查看文件内容），不能写（更改、删除）和执行。

其他用户指不与 X 同组的其他所有用户，它们的权限由权限标志的最后 3 个字符确定，在代码清单 2-9 中它们的内容与组用户权限相同。

你可能会问，这个 X 到底是谁？别急，代码清单 2-9 的第 3 列和第 4 列正是回答这个问题的，这里它们都是 root，表示 `ls` 这个文件的所有者是用户 root，所属的组也叫 root。

接下来第 5 列代表文件的大小，单位是字节，所以前面运行的 `ls` 命令实际上是文件系统里的一个普通文件，它的大小是 133 792 字节。

第 6 ～ 8 列代表文件的最后修改时间，存储 `ls` 命令文件的最后修改时间是 2018 年 1 月 18 日。

第 9 列是文件 / 目录名称。

由于 root 用户的权力非常大，为了"把权力关进制度的笼子里"，保证系统健康稳定运行，为 root 定义明确的使用场景和规则十分必要，基本原则如下：

- root 负责管理 Linux 系统本身和涉及全体用户的事务，只涉及单个用户的事务由用户自己管理；
- 尽量不以 root 身份登录系统；
- 如果一件事能由普通用户完成，就不要由 root 完成。

将后两点扩展到系统的其他模块，例如进程、应用等，就形成了**最小权限原则**（principle of least privilege，PoLP），其主要内容是：如果只需要权限集合 A 就能完成一项任务，就不要使用比它更大的权限集合 B。换句话说，完成任务的模块拥有的权限越少越好。

按照这个原则可以得到如下结论。

- 安装系统级别的应用：应该由 root 用户来安装。
- 安装供多个用户使用的可执行脚本：应该由 root 用户来安装。
- 在个人电脑上安装脚本，供自己使用：应该把脚本文件保存到自己的 HOME 目录下，不需要 root 参与。

说到这里，你也许会问，为什么要把事情搞得这么复杂，我只想用 Linux 做应用开发、数据分析，为什么要了解用户、组之类的概念呢？

这是一个好问题。我们知道计算机是20世纪40年代出现的，而**个人计算机**（personal computer）最早诞生于20世纪70年代，在其间的几十年里，计算机的造价十分高昂，只有部分大学和研究机构买得起，由专业部门管理和维护，供多个用户使用，Unix正是基于这样的使用模式设计的。为了避免用户误操作或者恶意攻击对系统造成损害，就有了现在我们看到的权限系统。

那么对于个人计算机，能不能关闭权限系统呢？当然可以，比如我们可以用 `chown`（change ownership）命令将所有文件、目录的权限都设置为 `rwxrwxrwx`，即所有用户对所有文件都拥有全部权限，效果和关闭权限系统类似。但安全和便利是一枚硬币的两面。实践证明，只追求便利、完全放开权限会导致系统故障频发，用户要花费大量时间重新安装系统，更新损坏的硬件。

比较好的方法是在二者之间保持合理的平衡，在权限系统的保护下，提供一些工具提升便利性。这类工具中最常用的是 `sudo`，它的基本思路是：对于值得信任的用户（Linux术语叫sudoer，即有权力执行 `sudo` 命令的人），比如个人计算机的拥有者，能以root的身份执行命令。

sudo 是什么意思？

早期版本的 `sudo` 主要用于提升用户权限，是superuser do的简写，现代版本的功能已不限于此，也支持root外的其他用户作为替代对象，所以现在把它解释为substitute user do更合适。

比如用户achao执行 `sudo apt install htop`，意思是achao以root用户的身份使用包管理器apt为系统安装htop应用。`sudo` 只对它后面紧跟着的命令有“提升”效果，一旦命令执行完，“特权”也随之结束。例如，achao在执行完 `sudo apt install htop` 后，想查看/etc/sudoers文件内容，如代码清单2-10所示。

代码清单 2-10 查看 /etc/sudoers 文件内容

```
achao@starship:~$ cat /etc/sudoers        ❶
cat: /etc/sudoers: Permission denied
achao@starship:~$ ls -l /etc/sudoers
-r--r----- 1 root root 755 Jan 18  2018 /etc/sudoers
achao@starship:~$ groups root achao       ❷
root : root
achao : achao
achao@starship:~$ sudo cat /etc/sudoers
#
# This file MUST be edited with the 'visudo' command as root.
#
...
```

❶ `cat` 命令打印文件内容，2.3 节会详细介绍

❷ `groups` 命令打印指定用户所在的组

系统回答“不允许访问”，通过 `ls -l /etc/sudoers` 命令，可知该文件的所有者是 root，与 achao 不在一个组里，没有查看文件的权限（文件权限标志位的最后 3 位全是 -）。下面 `groups root achao` 的返回结果表明：root 属于 root 组，achao 属于 achao 组，所以 achao 没有查看 /etc/sudoers 文件的权限。最后 achao 在命令前面加上了 `sudo` 前缀，成功打印出了文件内容。

每次使用 `sudo` 时，用户都要输入自己的密码（而不是 root 用户的密码），如果需要多次使用 `sudo`，反复输入密码就比较麻烦（又是一个安全和便利发生冲突的例子）。Linux 的解决方法是为 `sudo` 加上一个“免密时间”，默认为 5 分钟，即在上一次使用 `sudo` 命令后的 5 分钟内，再次使用 `sudo` 命令不需要输入密码，超出 5 分钟则需要再次输入密码。在上面的例子中，如果执行完 `sudo apt install htop` 的 5 分钟内执行 `sudo cat /etc/sudoers`，则不需要输入密码。

sudo 命令的免密时间

免密时间的长度由 /etc/sudoers 文件中的 `timestamp_timeout` 参数确定，修改该参数的值就可以缩短或延长免密时间。如果不关心系统的安全性，可以把这个值设为 -1，将免密时间设为无限长。

2.3 查看文件信息

Linux 系统中包含多种类型的文件，其中最常见的是**文本文件**（text file）和**二进制文件**（binary file）。简单地说，文本文件单纯由字符组成，二进制文件除了字符还包含其他内容。基于“用文本文件保存数据”的理念，Linux 提供了大量工具，支持以多种方式查看和编辑文本文件，其中最常用的是 `cat`，它可以把一个文件的内容打印到屏幕上。比如可以用它查看系统支持的 shell 种类，如代码清单 2-11 所示。

代码清单 2-11 查看 etc/shells 文件内容

```
achao@starship:~$ cat /etc/shells
# /etc/shells: valid login shells
/bin/sh
/bin/bash
/bin/rbash
/bin/dash
```

或者查看 SSH 服务相关的系统配置文件，如代码清单 2-12 所示。

代码清单 2-12 使用 cat 命令查看文件内容

```
achao@starship:~$ cat /etc/ssh/ssh_config
# This is the ssh client system-wide configuration file.  See
# ssh_config(5) for more information.  This file provides defaults for
# users, and the values can be changed in per-user configuration files
# or on the command line.
...

achao@starship:~$ _
```

文件比较长，最开始的几行一闪而过，只剩下最后几十行留在屏幕上，查看长度超过屏幕行数的文件显然不方便。为了解决这个问题，人们发明了很多文本浏览工具，目前比较流行的是 less（关于文本浏览工具的使用详见第 5 章），使用方法是在 `less` 命令后面加上想要查看的文件名，比如执行 `less /etc/ssh/ssh_config` 后屏幕上显示的是文件 /etc/ssh/ssh_config 的第 1 页内容。按 j 键向下滚动一行，按 k 键向上滚动一行，也可以用 PgUp 键向上翻页，用空格键或者 PgDn 键向下翻页，按 q 键退出分页器，回到命令行环境中。

对于有些比较长的文件，我们可能只想看最开始几行或者最后几行，又或者想让其他工具处理大文件的最后几行，这时就要用到 `head` 和 `tail` 这两个命令了。顾名思义，`head` 用来打印一个文件最开始几行文本，`tail` 用来打印文件的最后几行文本，默认是 10 行。下面我们来打印文件 /etc/ssh/ssh_config 的前 10 行，如代码清单 2-13 所示。

代码清单 2-13 使用 head 命令查看文件头部内容

```
achao@starship:~$ head /etc/ssh/ssh_config

# This is the ssh client system-wide configuration file.  See
# ssh_config(5) for more information.  This file provides defaults for
# users, and the values can be changed in per-user configuration files
# or on the command line.

# Configuration data is parsed as follows:
#  1. command line options
#  2. user-specific file
#  3. system-wide file
achao@starship:~$ _
```

要打印文件的最后 10 行，只要把 `head` 换成 `tail` 就行了，如代码清单 2-14 所示。

代码清单 2-14 使用 tail 命令查看文件尾部内容

```
achao@starship:~$ tail /etc/ssh/ssh_config
#   EscapeChar ~
#   Tunnel no
#   TunnelDevice any:any
#   PermitLocalCommand no
#   VisualHostKey no
```

```
#   ProxyCommand ssh -q -W %h:%p gateway.example.com
#   RekeyLimit 1G 1h
    SendEnv LANG LC_*
    HashKnownHosts yes
    GSSAPIAuthentication yes
achao@starship:~$ _
```

想要知道一个文件共有多少行也很简单，使用 wc 命令配合 -l 选项即可，如代码清单 2-15 所示。

代码清单 2-15　使用 wc 命令统计文件行数

```
achao@starship:~$ wc -l /etc/ssh/ssh_config
51 /etc/ssh/ssh_config
achao@starship:~$ _
```

结果表明这个文件有 61 行。head 和 tail 的妙处在于，不论这个文件是 61 行，还是 61 万行或者 61 亿行（如果磁盘放得下的话），打印文本需要的时间几乎一样快。

前面我们用 ls 命令查看了它自己的权限标志和修改时间等，那么能不能用 cat 命令查看它的内容呢？实践出真知，如代码清单 2-16 所示。

代码清单 2-16　用 cat 命令查看二进制文件内容

```
achao@starship:~$ cat /bin/ls
^?ELF^B^A^A^@^@^@^@^@^@^@^@^C^@>^@^A^@^@^@PX^@^@^@^@^@@^@^@^@^@^@^@<A0>^C^B^@^@^@^@^@^@^@^@@^@8
^@
^@@^@^\^@ESC^@^F^@^@^@^E^@^@^@@^@^@^@^@^@^@^@@^@^@^@^@^@^@^@@^@^@^@^@^@^@^@<F8>^A^@^@^@^@^@^@
<F8>^A^@^@^@^@^@^@^H^@^@^@^@^@^@^@^C^@^@^@^D^@^@^@8^B^@^@^@^@^@^@8^B^@^@^@^@^@^@8^B^@^@^@^@^@^@^\^@^@^@
...
achao@starship:~$ _
```

屏幕上出现了一大堆不知所云的符号，为什么前面的 /etc/ssh/ssh_config 能打印出字符，而 /bin/ls 文件就不行呢？ Linux 提供了工具 file 来回答这个问题，如代码清单 2-17 所示。

代码清单 2-17　用 file 命令查看文件类型

```
achao@starship:~$ file /etc/ssh/ssh_config
/etc/ssh/ssh_config: ASCII text
achao@starship:~$ file /bin/ls
/bin/ls: ELF 64-bit LSB shared object, x86-64, version 1 (SYSV), ...
achao@starship:~$ _
```

返回结果中包含 text 的是文本文件，其他的尤其是 ELF 之类的则是二进制文件。

如果你用 file 命令测试其他文件，尤其是一些包含中文的文件，可能会看到 UTF-8 Unicode text，那么这里 text 前面的 ASCII、UTF-8 Unicode 是什么意思呢？

我们知道保存在磁盘上的文件都是由 0 和 1 组成的二进制串，像“A”“星”这些字符并不能像写在纸上一样写到磁盘上的文件里。为了能保存字符，人们制作了一种特殊的“字典”，给其中每个字指定一个二进制串，这样就可以把文字变成二进制串保存到文件里了，这个过程叫作**编码**（encoding），这样的字典叫作“字符集”。目前广泛使用的 ASCII 字符集由美国国家标准学会（American National Standards Institute，ANSI）于 20 世纪 60 年代制定。该字符集只包括英文字母和符号，所以后来世界各国纷纷制定了自己的字符集，以解决本国文字的电子化问题。比如我国的 GB2312 字符集包含了 6763 个汉字，GBK 字符集则包含 21 886 个汉字和图形符号。随着国际交流的日益频繁，不同字符集之间互不兼容的问题让人十分头疼，于是人们尝试制定包含各种语言文字和符号的字符集，Unicode 是其中应用最广泛的字符集，上面用 `file` 命令查看文件的输出中，text 前面显示的就是当前文件编码使用的字符集。

知道了编码方法，不难想到只要反向查询字符集，就可以把二进制串还原成原来的字符，这个过程叫作**解码**（decoding）。

好了，现在我们已经了解了最常用的几个目录跳转和文件查看命令，接下来可以做一些有意思的事情了。

比如想知道一个文件夹下有多少个文件，最简单的方法是用 `ls` 命令，然后一个一个数，但文件多的时候这样做会很费时，为了避免数错，可能还得多数几遍，那有没有简单准确的方法？

我们知道 `ls` 命令能打印文件列表，`wc -l` 能统计一个文件中的行数。如果能把 `ls` 命令的结果保存在一个文件里，而不是输出到屏幕上，再用 `wc -l` 统计行数，不就达到目的了吗？

这个方法固然好，但首先要解决把 `ls` 的输出保存到文件里的问题，这就用到了一种叫作**重定向**（redirection）的技术。它的使用方法很简单：在命令后面加上大于号和要保存的文件名。比如要统计 /bin 目录下的文件个数，把命令输出保存到 file_list.txt 文件中的命令就是：`ls /bin > ~/file_list.txt`。

然后看看这个文件长什么样子，如代码清单 2-18 所示。

代码清单 2-18　用 cat 命令查看文件内容

```
achao@starship:~$ cat ~/file_list.txt
...
zdiff
zegrep
zfgrep
zforce
zgrep
zless
zmore
znew
zsh
zsh5
```

文件很长，只能看到尾部的几十个文件名，没关系，我们已经知道怎么使用分页器和 head、tail 查看长文件了，如代码清单 2-19 所示。

代码清单 2-19　多种方式查看文件内容

```
achao@starship:~$ less ~/file_list.txt
...
achao@starship:~$ head ~/file_list.txt
...
achao@starship:~$ tail ~/file_list.txt
...
achao@starship:~$ _
```

注意

别忘了分页器里用 q 键退出哦。

接下来统计一下文件中的文本行数，如代码清单 2-20 所示。

代码清单 2-20　统计 file_list 文件行数

```
achao@starship:~$ wc -l ~/file_list.txt
179 file_list.txt
achao@starship:~$ _
```

这样我们就知道了 /bin 目录下有 179 个文件。

文件数目不一致怎么办？

不同的 Linux 发行版，或者 macOS、WSL 等系统中 /bin 下的文件数目可能不一致，这是正常的。

虽然达到了目的，但还是有些麻烦，能不能再简化一些呢？当然可以，这时命令行的另一个强大武器**管道**（pipe）就闪亮登场了，如代码清单 2-21 所示。

代码清单 2-21　管道命令示例

```
achao@starship:~$ ls /bin | wc -l
179
achao@starship:~$ _
```

ls /bin 和 wc -l 中间的竖线就是管道符 |（键盘上按住 Shift 键再按反斜杠键得到的符号）。它的作用是连接两边的命令，将前面命令的**输出**变成后面命令的**输入**，从而组合成一条处理数据的流水线。流水线中的数据只在计算机的内存里停留，不需要读写磁盘，因此不仅命令本身

更漂亮，执行速度也比写文件的方式快了很多。

由此不难看出，命令行像乐高积木一样，提供了一些基本工具。你的角色不仅是用户，也是工具的制造者。你可以通过组合基本工具形成更复杂、更高级的工具。而图形界面不具备组合能力，用户只能老老实实接受工具开发者提供的那些功能。比如还是查看目录下有多少文件和子目录这个场景，在图形界面中只能在菜单里翻找“状态栏”的开关选项，打开状态栏，如果不知道这个选项放在哪儿，或者打开后发现不包括文件数量信息，就只能“望洋兴叹”了。

前面查看的文件和目录基本都是 Linux 系统自带的，下面我们看看如何创建自己的文件和目录，以及复制、修改和删除的方法。

2.4 创建文件和目录

创建目录的命令 `mkdir` 是 make a directory 的简写，比如要在 HOME 目录下创建一个名叫 demo 的目录，如代码清单 2-22 所示。

代码清单 2-22 mkdir 命令效果

```
achao@starship:~$ mkdir demo
achao@starship:~$ ls -l
total 4
drwxrwxr-x 2 achao achao 4096 Dec 18 23:14 demo
achao@starship:~$ _
```

第 1 条命令创建了目录，第 2 条命令 `ls -l` 不是必需的，只是确认目录是否创建成功了。

你也许会奇怪，`mkdir` 创建成功后为什么没有任何输出呢，难道不应该返回一段“目录创建成功”之类的文字吗？

又是一个好问题。有人说 Linux 之所以惜字如金，是因为从 Unix 那里继承了“没有消息就是好消息”的文化，只在出错时才返回错误信息。这么说确实有道理，但更重要的原因在于像 `mkdir` 这些 shell 命令所具有的“双重身份”，它们一方面可以作为单个工具被人类用户使用，另一方面又可以组合起来形成新工具（比如上面的 `ls /bin | wc -l`），完成更复杂的任务。在这样的数据流水线中，执行成功的提示信息会干扰真正的数据流。

“但是，”你也许会说，“我是人类啊，就是想看到执行成功的反馈，怎么办？”这时候命令的参数就派上用场了，如代码清单 2-23 所示。

代码清单 2-23 mkdir -v 命令效果

```
achao@starship:~$ mkdir -v demo2
mkdir: created directory 'demo2'
achao@starship:~$ _
```

为 `mkdir` 命令添加参数 -v 后，返回了执行成功的信息。这里 v 代表 verbose，是“请输出详细信息”的意思，在 Unix/Linux 命令行几十年的历史中，形成了一些约定俗成的习惯。了解这些习惯用法，一方面可以大幅提高工作效率；另一方面，它们就像江湖切口，了解得越多，就越有“圈里人”的范儿。比如很多命令用 -v 参数表示输出详细信息（当然也有例外），有些命令还支持 -vv 甚至 -vvv，v 越多，输出就越详细。

你看，命令行并不是死板僵硬的，相反，它非常灵活和生活化，同一个命令，搭配不同的参数就能产生各种不同的效果。

目录建好后，我们在目录中创建一个文件，如代码清单 2-24 所示。

代码清单 2-24 使用 Vim 创建文件

```
achao@starship:~$ vi demo/afile.txt
```

这里的 `vi` 命令启动了一个叫作 Vim 的文本编辑器，如果这是你与它的初次邂逅，或许会被它的外表所震惊，没有熟悉的菜单、工具栏、标签栏、文件树，除了左上角的光标，什么都没有。喜爱它的人认为它坚持了 Unix“小而精”“一个工具只做一件事”的传统；讨厌它的人则认为它过于简陋、古怪……关于编辑器的阵营问题如此容易引起争论，以至于程序员给它专门起了个名字：“编辑器的宗教战争”。

作为 Unix/Linux 上最古老、使用最广泛、速度最快、最有生命力的命令行文本编辑器，你可以在任何主流 Linux 发行版中找到 Vim，在任何主流编辑器（Emacs、VS Code、PyCharm、Atom、Sublime……）乃至于浏览器（Chrome、Firefox 等）中找到名字类似于 vi mode 的插件，旨在支持 vi 风格的操作。为什么这个古老的编辑器如此流行呢？下面我们就来了解一下它的基本概念和操作，后面的章节会详细说明。

之前我们使用的记事本之类的编辑器中，光标的作用都类似于一支笔，只有写字一个功能，而 Vim 的光标不止能写字，它还“认识”字。比如它知道什么是一个单词，什么是一句话，什么是括号包含的内容……如何删除一个词，如何查找一个词，如何将符合某种模式的文字替换为其他内容，等等。

那么 Vim 是如何做到的呢？这就不得不提 Vim 的招牌特色：“模式编辑”。

虽然听着挺高深，但**模式**（mode）并不是 Vim 发明的，人们很早就在生活中使用它了，比如我国最早的乐器之一、河南舞阳贾湖出土的 7000 多年前的骨笛，如图 2-4 所示。

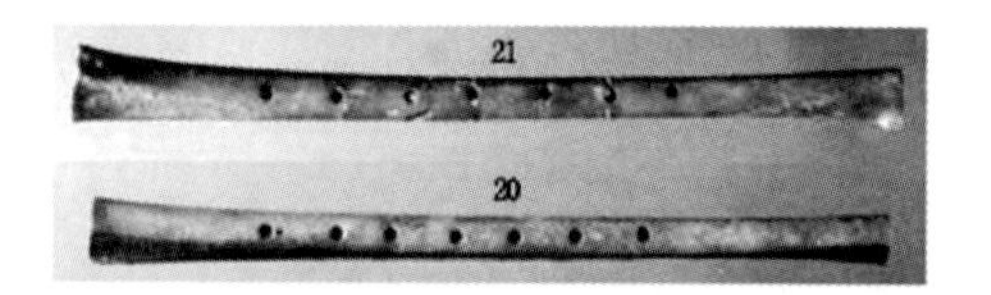

图 2-4 河南舞阳出土的贾湖骨笛[①]

① 图片引自许钦彬所著的图书《易与古文明》（社会科学文献出版社）。

现代一些的，比如汽车、吉他也都不同程度地使用了模式实现功能，这些东西看上去和 Vim 一点儿都不像，但又有共通之处：它们都让相同的动作在不同模式下产生不同的效果。

比如，用同样的力气吹笛子，按住不同的孔，就会发出不同的声音；以同样的力度踩油门，在前进挡下，车向前走，在倒车挡下就变成了向后退。按下 x 键，在 Vim 的标准模式下，会删除光标所在位置的字符，而在插入模式下，就变成了插入字母 x。

这样的例子还有很多，比如浴室里的花洒、多色圆珠笔等，也都利用了模式。

好，执行上面的命令 `vi demo/afile.txt` 后，就启动了 Vim，进入它默认的**标准模式**（normal mode），为了能够输入文字，需按下 i 键向 Vim 发出“插入”（insert）命令，该命令让 Vim 从“标准模式”转换为**插入模式**（insert mode）。为了明确提示用户状态的切换，窗口左下角出现 `-- INSERT --` 标志。

这时的 Vim 和我们熟悉的记事本没什么区别，请输入代码清单 2-25 所示的文本。

代码清单 2-25　输入文本内容

```
echo "hello world"
```

然后按下键盘左上角的 ESC 键，请注意，这时屏幕左下角的 `-- INSERT --` 标志消失了，表明你已经离开了插入模式，回到了标准模式。

这时按下 : 键，注意窗口左下角出现了 :，光标在冒号后闪烁，表示等待你输入命令，这时 Vim 进入了第 3 种常用模式：**命令模式**（command mode）。在该模式下，你可以像在插入模式下一样使用字母、数字键，以及左右方向键和退格键等。Vim 会在 : 后同步显示你的输入，如果输错了，按退格键删掉重新输入即可，输入结束后，按回车键执行命令。

这里我们输入 `wq`（猜猜这句简短的“咒语”是什么意思？）并按回车键，这时 Vim 窗口消失了，又出现了熟悉的命令行提示符。

用前面学过的命令验证一下工作成果，如代码清单 2-26 所示。

代码清单 2-26　查看生成文件内容

```
achao@starship:~$ cat demo/afile.txt
echo "hello world"
achao@starship:~$ _
```

非常完美！这就是我们用命令行编写的第一个文件，同时也是一个可运行的脚本。

重复下面这 5 步，就可以用 Vim 在命令行里完成初步的文本编辑工作了。

(1) 启动 Vim，指定文件名字：`vi afile.txt`。

(2) 按下 i 键进入插入模式。

(3) 输入内容。

(4) 按下 ESC 键返回标准模式。

(5) 保存文件并退出（write and quit）：`wq`。

没有传说中那么难吧？

2.5 复制和更改文件和目录

了解了创建文件和目录，下面我们看看如何复制文件和目录。执行复制的命令叫作 `cp`（copy）。为文件 A 生成一个内容相同但名为 B 的文件（也叫副本），只要执行 `cp A B` 即可。比如我们想为刚才编写的文件 afile.txt 做一个副本 hw.sh，然后验证文件内容，如代码清单 2-27 所示。

代码清单 2-27 使用 cp 命令复制文件

```
achao@starship:~$ cd demo
achao@starship:~/demo$ cp afile.txt hw.sh
achao@starship:~/demo$ ls
afile.txt  hw.sh
achao@starship:~/demo$ cat hw.sh
echo "hello world"
achao@starship:~$ _
```

现在我们知道副本的内容确实与原文件完全相同。

复制目录的方法和复制文件类似，只是要加 `-r` 参数。比如我们想将目录 demo 以及下面所有文件复制到一个叫 backup 的目录中，然后用 `ls` 命令验证一下，如代码清单 2-28 所示。

代码清单 2-28 使用 cp 命令复制目录

```
achao@starship:~/demo$ cd ..
achao@starship:~$ cp -r demo backup
achao@starship:~$ ls
backup  demo  demo2
achao@starship:~$ _
```

还记得 `..` 的意思是父目录吧，这里 `-r` 的意思是 recursive，即从顶层到下面的文件，不管有多少层，都递归地复制，生成一棵完全一样的目录树。

与复制命令不同，用来移动或者重命名的命令 `mv`（move）并不区别对待文件和目录。代码清单 2-29 所示的命令将 demo/hw.sh 移动到 backup 目录下，然后将 demo2 目录重命名为 bak。

代码清单 2-29　使用 mv 命令更改目录名

```
achao@starship:~$ mv demo/hw.sh backup/
achao@starship:~$ mv demo2 bak
achao@starship:~$ ls
backup  bak  demo
achao@starship:~$ ls backup
afile.txt  hw.sh
achao@starship:~$ _
```

了解了文件的复制和移动，现在我们放下文件系统的其他操作命令，来玩一个解谜游戏。

作为 Linux 用户，免不了动手修改各种系统文件，当你按照文档或者网页上的说明修改了某个系统文件，检查无误后准备保存并退出时，Vim 告知你没有写文件权限，无法保存文件。这时你想起输入编辑文件命令的时候忘了加 sudo 前缀。没办法，退出重新编辑吧（飙泪笑），但是这时候 Vim 又提示说这个文件已经改动过了，必须保存之后再退出。

不让保存文件，也不让退出，难道要被困在 Vim 里吗？通过思考，你可能会想到一个方法：删掉自己的修改，恢复文件原貌（再次飙泪笑），这样退出的时候 Vim 就无法阻拦你了。

这个方法当然可行，但代价似乎大了一点儿，有没有更好的方法呢？

结合前面学到的工具，可以用下面的方法退出 Vim，又能保留已经输入的内容：先把修改好的文件保存在一个权限允许的地方，再用它覆盖原来要修改的系统文件。比如我们用不带 sudo 的 vi 命令修改 /etc/profile 文件，操作如下。

(1) 开始编辑文件：vi /etc/profile。

(2) 手动进行一些修改。

(3) 在 Vim 的标准模式下输入命令 :wq /tmp/profile 并按回车键，该命令将内容保存到 /tmp/profile 文件里。由于任何用户都有 /tmp 文件夹的读写权限，所以 Vim 不会报没有写权限错误。

(4) 在 Vim 的标准模式下输入命令 :q! 并按回车键，退出 Vim，q 后面的感叹号表示“不论有无更改都强制退出 Vim”。

(5) 然后我们回到了命令行环境中，执行 sudo cp /tmp/profile /etc/profile，把修改后的内容保存到 /etc/profile 文件里。

从这个例子可以看出，Vim 和命令行结合得非常紧密，它遵循“一个工具只做一件事”的 Unix 哲学，功能聚焦于“编辑文本”这一核心诉求（然后将编辑文本从体力劳动变成了一门艺术），其他所有功能（比如项目管理、版本控制等）都交给专门工具处理。用户不会像使用 IDE 那样成天面对它，而是在多种工具间快速切换，第 7 章会深入讨论。

2.6 删除文件和目录

说完了创建和修改，下面介绍文件基本操作的最后一块重要拼图——删除 `rm`（remove）。

删除文件的命令是 `rm`：`rm <filename>`，删除目录则需要加上 `-r` 参数，与 `cp` 的 `-r` 参数意义相同，也是“递归地处理目录以及下面所有子目录和文件”。下面我们来删除 backup 目录下的 afile.txt 文件和 bak 目录，如代码清单 2-30 所示。

代码清单 2-30 使用 `rm` 命令删除文件和目录

```
achao@starship:~$ rm demo/afile.txt
achao@starship:~$ rm -r bak
achao@starship:~$ ls
backup  demo
achao@starship:~$ _
```

不论是创建目录的 `mkdir`，还是这里用来删除目录和文件的 `rm`，Linux 命令行默认的行为都遵循“最少打扰”原则——相信用户是在深思熟虑之后向系统发出指令，而不是任何情况下都喋喋不休地提醒用户“是不是再考虑一下”。但与 `mkdir` 等其他命令类似，用户也可以通过参数改变 `rm` 的默认行为。比如可以通过 `-i` 参数让 `rm` 更“谨慎”，每个删除操作都要用户输入 `y` 或者 `yes`（不区分大小写）才执行，如代码清单 2-31 所示。

代码清单 2-31 交互式删除目录

```
achao@starship:~$ rm -ri backup
rm: descend into directory 'backup'? y
rm: remove regular empty file 'backup/hw.sh'? y
rm: remove regular empty file 'backup/afile.txt'? y
rm: remove directory 'backup'? y
achao@starship:~$ _
```

`rm` 命令允许将多个参数合在一起写，所以 `-ri` 是 `-r -i` 的简写形式。但并不是所有命令都允许这样处理，不确定某个命令是否接受合写的参数时，采用分开的完整形式比较保险。

也可以反向调节，让删除动作更流畅，即使出现了某种程度的异常，也不向用户报告，比如删除一个不存在的文件，如代码清单 2-32 所示。

代码清单 2-32 强制删除目录

```
achao@starship:~$ rm abc
rm: cannot remove 'abc': No such file or directory
achao@starship:~$ rm -f abc     ❶
achao@starship:~$ _
```

❶ `-f` 参数的作用后面会解释。

为什么会有这种似乎很奇怪的要求呢？原因在于工作场景的多样性。比如服务器上运行的某个服务向一个目录里写日志文件，以记录运行时的各种信息。随着时间的推移，文件数量越来越多，为了避免它们占满整个服务器的磁盘空间，需要定期清理保存日志的目录。

执行清理工作时可能有两种情况，一种是这段时间内服务没有创建任何日志，另一种情况是有日志文件。直观来看，我们应该这样定义清理过程：如果没有日志文件，任务结束，否则删除所有日志文件。但是其实我们并不关心**怎样**清空目录，而关心最后的**结果**，能否直接表达“让目录下面没有任何文件、目录”呢？这就到 `rm -f *.log` 展现威力的时候了，它寻找所有扩展名为 log 的文件，如果有就删除，如果没有，也不会大惊小怪地输出错误信息，而是默默执行完所有任务，返回结果“任务执行完毕”。

上面例子中的 * 叫作**通配符**（wildcard），它表示“零个或者多个字符”，比如 *.log 表示所有名字以 .log 结尾的文件，a*.txt 表示所有名字以 a 开头并以 .txt 结尾的文件。下面我们首先创建 3 个文件，然后利用通配符删除名字以 a 开头的文件，如代码清单 2-33 所示。

代码清单 2-33　删除名字以 a 开头的文件

```
achao@starship:~$ touch abc.txt afile.txt xyz.txt ❶
achao@starship:~$ ls
abc.txt  afile.txt  xyz.txt
achao@starship:~$ rm a*
achao@starship:~$ ls
xyz.txt
achao@starship:~$ _
```

❶ 这里 touch 命令用于创建新文件，它也可以用来更新文件时间戳。

Linux 命令行的每个命令都会返回一个整数，叫作**返回值**（exit status），每次执行完一个命令后，紧接着运行 `echo $?` 就可以查看上个命令的返回值。当它为 `0` 时，表示命令正常结束，否则说明命令执行过程中出现了错误，命令没有正常运行。下面我们通过删除不存在的文件，看看删除命令带不同参数时返回值如何变化，如代码清单 2-34 所示。

代码清单 2-34　执行成功和失败时命令返回值的变化

```
achao@starship:~$ rm nofile.txt
rm: cannot remove 'nofile.txt': No such file or directory
achao@starship:~$ echo $?
1
achao@starship:~$ rm -f nofile.txt
achao@starship:~$ echo $?
0
achao@starship:~$ _
```

不使用 `-f` 参数时，返回值为 1，表示命令执行失败；使用 `-f` 参数则返回 0，表示命令执行成功。

2.7 文件系统核心概念和常用命令一览

2.7.1 文件系统核心概念

本章我们围绕文件系统认识了 Linux 最核心的几个部分，图 2-5 用思维导图的形式展示了我们学过的这些核心概念，有助于你更好地掌握它们。

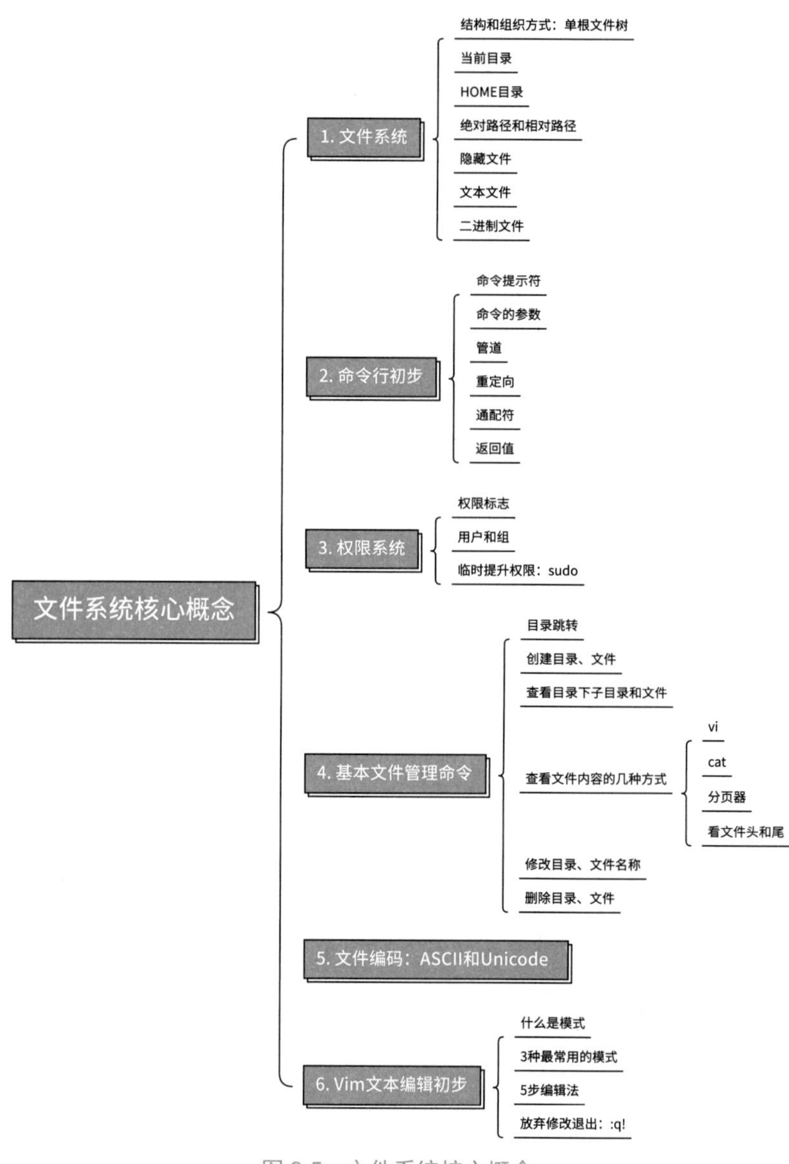

图 2-5 文件系统核心概念

2.7.2 常用文件管理命令

表 2-1 列出了常用文件管理命令及其实现的功能。

表 2-1 常用文件管理命令

命　令	实现功能
pwd	显示当前目录名称
cd <target_dir>	跳转到新目录中
ls	列出文件和目录
ls -a	列出当前目录下的所有文件和目录
ls -l	列出当前目录下文件和目录的详细内容
ls -la	列出当前目录下所有文件和目录的详细内容
mkdir <dir_name>	创建目录
vi <file_name>	创建文件
mv <old_name> <new_name>	更改文件、目录的名称或者位置
vi <file_name>	更改文件内容
rm <file_name>	删除文件
rm -r <dir_name>	删除目录
rm -rf <target_name>	强制删除文件和目录

2.8 小结

本章介绍了 *nix 家族的文件系统。

在说明文件系统的组织结构时，我们使用了“目录树”的比喻，突出其“一个父目录可以拥有多个子目录，一个子目录只能有唯一的父目录”这个特点，并且介绍了单根文件树与多根文件树的异同。讲解目录和文件的关系时，我们使用了文件和文件夹的比喻，突出“文件作为包含信息的实体，目录作为包含实体的容器”这一特点。

作为大型机的后代，*nix 继承了它的多用户和权限系统，相关内容包括：

- 用户、组、所有者、读、写、执行权限；
- 设计、使用原则——最小权限原则；
- 查看、修改文件和目录权限的方法——chown 和第 3 章要介绍的 chmod。

不论是树、文件夹还是文件，既然类似于物理世界中的实体，也就有自己的生命周期。接下来我们按照查看、创建、复制、删除的顺序介绍了管理这些实体的方法，这个“查、增、改、删”模式会在后面的章节中反复出现，只是把文件和目录换成了系统中的其他角色。

在创建文件部分，我们简单介绍了命令行编辑器 Vim，并通过一个标准的五步流程快速上手了这个看上去有点儿高冷的强大武器，第 7 章会对它做专题介绍。

第 3 章

调兵遣将：应用和包管理

Nothing is easier than being busy, nothing more difficult than being effective.

——Alec MacKenzie

第 2 章讲了文件系统和文件管理的常用操作，为命令行世界构建出坚实的大地。本章我们来看如何管理这个世界里的各路“英雄好汉”——命令行应用和包。

命令行中的应用数量庞大，种类繁多，有些应用功能简单，只包含一个命令，或者加上一些简单的参数，比如第 2 章用到的查看工作目录（`pwd`）、显示文件尾部文本（`tail`）、移动文件（`mv`）等；有些则比较复杂，包含多个命令，每个命令中又包含不同的控制参数，比如 `git`、`awk`、`make` 等。许多人编写专著讲述它们的原理和使用方法，乍看上去似乎有点儿吓人，不过简单也好复杂也罢，其实万变不离其宗，下面我们就从这些应用的身世说起。

3.1 应用和包管理的由来

在图形系统中，每个应用都有自己的图标，点击图标就能启动对应的应用，命令行没有图形界面，只能执行各种命令，那这些命令是如何与应用联系起来的呢?

要搞清楚这个问题，不得不绕一个小圈子，从 Linux 的身世说起。

Linux 最初是 Linus Torvalds 的个人项目，后来通过开放源代码的方式汇集了无数团体和个人开发者的贡献，发展到今天的规模。与 Windows、Android 等系统不同，它的发展带有强烈的**极客**（geek）色彩——早期一直是开发者为方便自己使用而打造的系统，后来由于越来越流行，用户群体越来越庞大，才开始考虑面向非系统开发背景的用户。

Linux 与众不同的成长历程，意味着我们要想真正理解它的应用管理，就得多多少少站在开发者而不是纯用户的角度考虑问题。大多数解决现实问题的应用（而不仅仅是 Hello World 了事）涉及复杂的实现逻辑和复杂多样的需求，一次性实现所有功能几乎是不可能的。即便真的实现了，代码内部之间的关系也非常复杂，除了开发者自己，他人很难阅读、理解和维护这样的代码。有时候，即便是开发者自己，过一段时间再看曾经写过的代码，也会像看天书一样不知所云。为了解决这个问题，高级编程语言都提供一套模块化组织代码的方法，以便将复杂问题拆解成多个相对简单的子问题，分别实现对应功能，再组合到一起。

比如开发者小王要实现 App W 中的一个复杂功能 A，将它拆解成 B、C、D 3 个子功能。由于甲、乙、丙 3 位开发者已经在代码 X、Y、Z 里发布实现了这 3 个功能，因此小王就不必自己再开发一遍 B、C、D 了，也不用关心实现方法，只要在代码里说明：引入 X 的 B 功能、Y 的 C 功能、Z 的 D 功能即可。这就像我们组装电动玩具时，只要把电池、电动机、车轮等部件按照正确的方式拼装在一起，而不用自己做电池，也不用关心电池是什么材料制作的。由于 X、Y、Z 虽然实现了某个功能，但又不直接体现在最终实现的功能里，因此人们将这样的代码模块称为“库”（library），如图 3-1 所示。

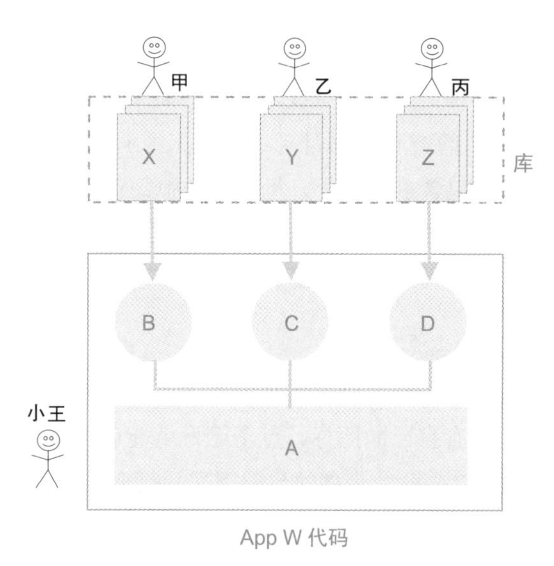

图 3-1 使用库拼装应用[①]

有些库提供的功能非常基础，很多应用离不开，比如字符串处理库、日期和时间解析库、数值计算库等。怎样才能方便地让开发者使用这些库呢？一开始人们通过邮寄书籍、磁带和软盘分享代码；有了互联网之后，通过 FTP、邮件列表传递代码，分享的内容也不仅限于库代码，应用代码也进入分享范围。人们将一个库或者应用包含的所有源代码文件以及元数据文件（元

① 该图中的火柴人小图标由 Clker-Free-Vector-Image 在 Pixabay 上发布。

数据指描述对象一般特征的数据，例如名称、版本、作者、依赖等信息，保存这些数据的文件就叫元数据文件）放在一起，压缩进一个**档案文件**（archive file）里，像一个一个的包裹，方便人们分享、查找和维护，称之为**包**（package），而提供这些包的服务器，就叫**软件源**（software source 或者 software repository），我们在第 1 章已经跟它们打过交道了。

这样复用代码虽然比起之前邮寄书籍和磁带方便了许多，但仍要手动处理代码，对不熟悉底层实现的用户来说还是太复杂了，更不要说后续还要面对应用的升级、卸载等问题，于是人们又开发出了**包管理器**（package manager）。比如用户小周只要对它说：请把 G 包安装到系统上，包管理器就自动到 FTP 或者 Web 服务器上下载软件包并安装好，如图 3-2 所示。

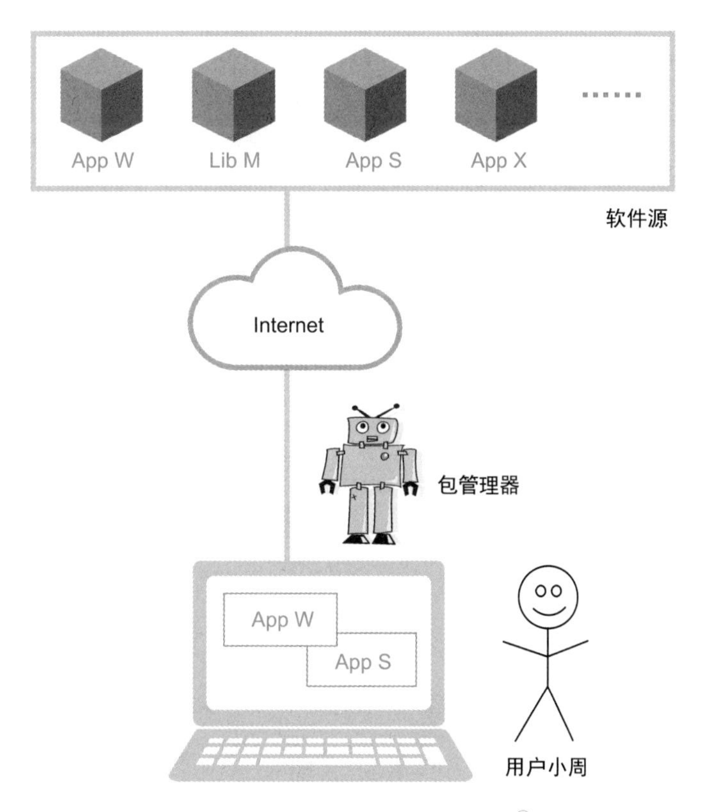

图 3-2 使用包管理器安装应用[①]

随着系统日渐复杂，从源代码编译不仅安装速度慢，而且依赖额外的编译工具和库。于是人们又将编译好的二进制包放到服务器上，这样当用户要求包管理器安装某个包时，就可以下载二进制包直接安装到系统上，进一步提升了用户体验。目前比较流行的 Linux 发行版多采用

① 该图中的机器人小图标由 OpenClipart-Vectors 在 Pixabay 上发布。

预编译 + 二进制包分发，只有少数发行版（例如 Gentoo 等）使用源代码包 + 本地编译方式分发。应用和包就像一枚硬币的两面：站在使用者角度，看到的是应用；站在开发者和系统维护者的角度，看到的是包。虽然名字不同，但大多数情况下它们指的是同一个东西。

说到这里，聪明的你一定会发现，包管理器在 Linux 系统中的角色，和应用商店在 Android 或者 iOS 操作系统中的角色几乎一样，无非一个在命令行里执行，一个使用图形界面。确实如此，而且包管理器的面世远早于应用商店，后者很可能受到了前者的启发。由于开源世界的多样性，不同背景的开发者出于不同的目的设计了多种包管理器。下面我们就按照查询、安装、更新、删除的顺序，详细了解 Linux 系统上各种管理应用的工具，为后续定制工作和开发环境做好准备。

3.2　系统包管理工具：apt 和 dpkg

使用操作系统提供的包管理器是最常用的应用管理方法。大多数 Linux 发行版有自己的包管理工具，比如 Debian 系的 apt、dpkg，RPM 系的 yum、rpm，Pacman 系的 pacman 等。

下面我们以 Debian/Ubuntu/Linux Mint 上自带的 apt 和 dpkg 为例，说明如何使用它们管理应用。其他发行版可能使用其他管理器，但思路一样。

你可能会问，应用商店一般是唯一的，为啥 Linux 上有 apt 和 dpkg 两个包管理器呢？前面说过，Debian 系的发行版采用“预编译 + 二进制包”的分发方式：包制作者将实现功能的各个文件以及包的元数据文件放在一起，压缩到一个扩展名为 deb 的档案文件中。其中部分包被发行版的维护者收录进自己维护的软件源中，当用户使用 apt 命令查找或者安装软件时，就会在软件源中寻找对应的包，再根据元数据中的记录找到该包依赖的包；然后将所有这些包下载到用户计算机中，按彼此之间的依赖关系顺序，调用 dpkg 执行安装操作，它会记录每个包安装了哪些文件。一段时间后，当用户使用 apt 对包做升级、删除等操作时，apt 会再调用 dpkg 对包的各个文件做相应处理。

对于那些没有被发行版维护者收录进软件源的包，使用 apt 是查不到的，如果直接安装，就会报“包找不到”（package not found）错误。那么是不是这些包就没办法安装了呢？当然不是，用户只要通过 Web、FTP、邮件等任何方式将 deb 文件下载到计算机的本地磁盘上，再用 dpkg 安装就可以了。

因为 apt 只是在 dpkg 外面套了一层壳，真正的安装、修改、删除都是后者完成的，所以使用 apt 安装的包可以通过 dpkg 管理；但是反过来，用 dpkg 安装的包，用 apt 管理就未必能成功。因此，比较好的习惯是：apt 安装的应用由 apt 维护，dpkg 安装的包由 dpkg 维护。

下面我们具体看看管理应用的各个方面。

3.2.1　查看已安装应用及其状态

管理应用的第一步是了解系统目前已经安装了哪些应用以及各自的状态，apt 提供了 `list` 命令来实现该功能，如代码清单 3-1 所示。

代码清单 3-1　列出系统已安装应用

```
achao@starship:~$ apt list --installed
Listing...
acl/focal,now 2.2.53-6 amd64 [installed]
acpi-support/focal,now 0.143 amd64 [installed]
acpid/focal,now 1:2.0.32-1ubuntu1 amd64 [installed]
add-apt-key/focal,focal,now 1.0-0.5 all [installed]
adduser/focal,focal,now 3.118ubuntu2 all [installed]
adwaita-icon-theme-full/focal-updates,focal-updates,now 3.36.1-2ubuntu0.20.04.2 all [installed]
adwaita-icon-theme/focal-updates,focal-updates,now 3.36.1-2ubuntu0.20.04.2 all [installed]
alsa-base/focal,focal,now 1.0.25+dfsg-0ubuntu5 all [installed]
...
zip/focal,now 3.0-11build1 amd64 [installed]
zlib1g-dev/now 1:1.2.11.dfsg-2ubuntu1.1 amd64 [installed,upgradable to: 1:1.2.11.dfsg-2ubuntu1.2]
zlib1g/now 1:1.2.11.dfsg-2ubuntu1.1 amd64 [installed,upgradable to: 1:1.2.11.dfsg-2ubuntu1.2]
zsh-common/focal,focal,now 5.8-3ubuntu1 all [installed,automatic]
zsh/focal,now 5.8-3ubuntu1 amd64 [installed]
```

命令中的 `--installed` 表示只打印已安装的包，如果没有该参数，则打印软件源中所有的包，包括已安装的和未安装的。

输出结果中的每一行代表一个应用及其相关信息。以第 1 行 `acl/focal,now 2.2.53-6 amd64 [installed]` 为例：`/` 后面的 `focal` 是应用所在仓库名称，`now 2.2.53-6` 表示版本号，`amd64` 表示 CPU 架构名称，`[installed]` 表示当前状态为已安装。有些包（比如代码清单 3-1 中的 `zlib1g-dev`）在 `installed` 后面有 `upgradable to` 标志，说明这些包可以升级。

一个系统中安装的包往往数以千计，全部输出意义不大，更多的情况是要确定一个或者几个包的状态。例如想查看 apt（虽然 apt 用来管理应用，但它自己也是个应用）的相关信息，结合第 2 章介绍的管道符和文件分页器，可以如下操作，如代码清单 3-2 所示。

代码清单 3-2　使用分页器查看已安装应用列表

```
achao@starship:~$ apt list --installed | less -N
  1 Listing...
  2 accountsservice/now 0.6.55-0ubuntu12~20.04.2 amd64 [installed,upgradable to: 0.6.55-0ubuntu12~20.04.4]
  3 acl/focal,now 2.2.53-6 amd64 [installed]
  4 acpi-support/focal,now 0.143 amd64 [installed]
  5 acpid/focal,now 1:2.0.32-1ubuntu1 amd64 [installed]
  6 add-apt-key/focal,focal,now 1.0-0.5 all [installed]
  7 adduser/focal,focal,now 3.118ubuntu2 all [installed]
  8 adwaita-icon-theme-full/focal-updates,focal-updates,now 3.36.1-2ubuntu0.20.04.2 all [installed]
```

```
 9 adwaita-icon-theme/focal-updates,focal-updates,now 3.36.1-2ubuntu0.20.04.2 all [installed]
10 alsa-base/focal,focal,now 1.0.25+dfsg-0ubuntu5 all [installed]
...
```

输入 /apt 并按回车键，然后按 n 键，就会将每一个匹配到的 apt 字符串放到分页器第一行。

用这种方式固然可以查找到所有包含某个关键字的包，但这样匹配出来的结果中有些并不是我们想要找的包。比如在上面的例子中，一个名为 libatk-adaptor 的包也含有 apt，所以也被匹配到了。如果能只匹配以 apt 开头的包，结果会准确得多。

对于擅长文本分析的 Linux 命令行工具来说，这当然是小菜一碟。现在我们按 g 键回到列表头，然后输入 /^apt 再按回车键，是不是只匹配以 apt 开头的包了呢？

为什么在 apt 前面加上 ^ 就能匹配以 apt 开头的包名呢？原来 ^apt 是一个**正则表达式**（regular expression），其语法规定 ^ 表示一行文字的开头，所以 ^apt 表示以 apt 开头的字符串。

使用分页器配合文本搜索，固然能方便地列出、查找系统中的包，但如果想把搜索结果保留下来，要怎么办呢？在第 2 章中我们使用重定向技术将命令结果保存在文件里，所以保存文件不是问题，关键在于如何把手动进行的搜索操作（输入 ^apt/ 然后逐条浏览）改成用命令实现。

这涉及文本处理中的一个常见任务：过滤，即从大量文本中保留符合要求的行，去掉其他行。shell 提供了 grep 命令来实现该功能，我们会在 5.3.1 节详细介绍。为了将准确结果保存到文件里，需要对之前使用的命令 apt list --installed | less -N 做一番改造。

第 1 部分 apt list --installed 不需要变，第 2 部分用过滤命令代替原来的分页器：grep '^apt，最后将结果重定向到输出文件里，组合后的效果如代码清单 3-3 所示。

代码清单 3-3 将名字以 apt 开头的应用保存到输出文件中

```
achao@starship:~$ apt list --installed | grep '^apt' > apt_related_pkgs
achao@starship:~$ wc -l apt_related_pkgs
9 apt_related_pkgs
achao@starship:~$ cat apt_related_pkgs
apt-clone/focal,focal,now 0.4.1ubuntu3 all [installed]
apt-utils/focal-updates,focal-security,now 2.0.2ubuntu0.1 amd64 [installed]
apt/focal-updates,focal-security,now 2.0.2ubuntu0.1 amd64 [installed]
aptdaemon-data/focal-updates,focal-updates,focal-security,focal-security,now 1.1.1+bzr982-0ubuntu32.2 all
[installed]
aptdaemon/focal-updates,focal-updates,focal-security,focal-security,now 1.1.1+bzr982-0ubuntu32.2 all
[installed]
aptitude-common/focal,focal,now 0.8.12-1ubuntu4 all [installed]
aptitude/focal,now 0.8.12-1ubuntu4 amd64 [installed]
apturl-common/ulyana,ulyana,now 0.5.2+linuxmint11 all [installed]
apturl/ulyana,ulyana,now 0.5.2+linuxmint11 all [installed]
```

这里将搜索结果保存到了文件 apt_related_pkgs 中，然后用 `wc -l` 命令统计了文件行数。由于 `apt list` 的返回结果中每行对应一个应用，所以可知共有 9 个应用与 apt 有关，最后用 `cat` 命令输出了这些应用的详细内容。

3.2.2 查找并安装应用

系统自带的应用毕竟有限，只能覆盖一小部分常见场景，大多数应用还需要用户自己安装。下面我们以版本控制应用 Git 为例，说明查找和安装应用的方法。

apt 提供了 `search` 命令搜索软件源中的应用，其基本用法很简单，在 `git search` 后面加上要搜索的包名即可。不过在开始搜索之前还有个准备动作。Linux Mint 及其上游发行版 Ubuntu 的软件源中包含大量包，直接搜索不仅速度慢，也给服务器造成了较大的负担，所以 apt 采取了缓存策略 —— 在本地保存一份软件源中的信息副本，搜索时在这个副本中搜索，从而提升用户体验。但缓存策略也带来一个问题 —— 软件源每天都有包发布、升级和移除，内容不断变化，副本如果不及时同步，就会与软件源中的内容有偏差，从而导致错误的搜索结果以及安装失败。所以在搜索和安装应用之前，要使用 `apt update` 命令同步本地副本，如代码清单 3-4 所示。

代码清单 3-4 使用 search 命令搜索名字包含 Git 的应用

```
achao@starship:~$ sudo apt update
achao@starship:~$ apt search git
p   bzr-git                 - transitional dummy package
p   cgit                    - hyperfast web frontend for git repositories written in C
p   cl-github-v3            - Common Lisp interface to the github V3 API
p   dgit                    - git interoperability with the Debian archive
p   dgit-infrastructure     - dgit server backend infrastructure
...
```

这里 `apt search` 命令前没有使用 `sudo`，因为执行该命令不需要 root 权限。

上面搜索到的结果有几百条，看来这个名字太一般了，得细化一下，和上面搜索 apt 一样，这次要求以 Git 开头，如代码清单 3-5 所示。

代码清单 3-5 使用 search 命令搜索名字以 Git 开头的应用

```
achao@starship:~$ apt search '^git'
p   git                       - fast, scalable, distributed revision control system
p   git:i386                  - fast, scalable, distributed revision control system
p   git-all                   - fast, scalable, distributed revision control system (all subpackages)
p   git-annex                 - manage files with git, without checking their contents into git
p   git-annex:i386            - manage files with git, without checking their contents into git
p   git-annex-remote-rclone   - rclone-based git annex special remote
...
```

虽然搜索结果仍然有几十行，但第一行已经给出了正确的匹配结果：Git。

或许你会问，能不能进行更精确的搜索呢，比如名字必须是 Git？当然可以，只要对搜索标准做一点儿小小的修改即可，如代码清单 3-6 所示。

代码清单 3-6　使用 search 命令搜索名字是 Git 的应用

```
achao@starship:~$ apt search '^git$'
p   git         - fast, scalable, distributed revision control system
p   git:i386    - fast, scalable, distributed revision control system
```

在原来 `^git` 的基础上增加了表示结尾的符号 `$`，表示要求包名开头和结尾之间只有 `git`，从而实现了严格匹配。

搜索结果的第 2 条 `git:i386` 代表 32 位操作系统上的 Git，主要是为了兼容老机器。近几年各大厂商已经不再生产 32 位版本的硬件了，对应的操作系统也都是 64 位的，所以除非你使用非常古老的硬件和系统，否则可以忽略有 `:i386` 后缀的包。

通过阅读第 1 条搜索结果的说明：`fast, scalable, distributed revision control system`，可以确定这正是我们要找的版本控制工具。下面开始安装，如代码清单 3-7 所示。

代码清单 3-7　使用 apt install 命令安装 Git：安装计划

```
achao@starship:~$ sudo apt install git
[sudo] password for achao:
Reading package lists... Done
Building dependency tree
Reading state information... Done
The following additional packages will be installed:
  git-man liberror-perl
Suggested packages:
  git-daemon-run | git-daemon-sysvinit git-doc git-el git-email git-gui gitk gitweb git-cvs git-
mediawiki git-svn
The following NEW packages will be installed:
  git git-man liberror-perl
0 upgraded, 3 newly installed, 0 to remove and 65 not upgraded.
Need to get 5,464 kB of archives.
After this operation, 38.4 MB of additional disk space will be used.
Do you want to continue? [Y/n]
```

这里 apt 给出了详细的安装计划供用户核对，如下所示。

- 除了用户指定的 Git 包，还需要安装两个附属包：git-man 和 liberror-perl。
- 推荐安装的包：`git-daemon-run | git-daemon-sysvinit git-doc … git-svn`，包括后台服务、文档、图形界面与 CVS、SVN 等工具的整合等，可以根据自己的需要记录下来之后安装，如果不感兴趣，直接忽略即可。

- 最终要安装的包：git git-man liberror-perl。
- 需要下载的档案文件大小：5464KB。
- 总共需要占用的磁盘空间：38.4MB。

如果确认无误，输入 y 或者直接按回车键（大写表示默认值），apt 继续安装应用；如果不想继续安装，输入 n，则安装过程取消，系统不会发生任何变化。

这里我们选择直接按回车键，安装过程开始，如代码清单 3-8 所示。

代码清单 3-8 使用 apt install 命令安装 Git：安装过程

```
Get:1 http://mirrors.tuna.tsinghua.edu.cn/ubuntu focal/main amd64 liberror-perl all 0.17029-1 [26.5 kB]
Get:2 http://mirrors.tuna.tsinghua.edu.cn/ubuntu focal/main amd64 git-man all 1:2.25.1-1ubuntu3 [884 kB]
Get:3 http://mirrors.tuna.tsinghua.edu.cn/ubuntu focal/main amd64 git amd64 1:2.25.1-1ubuntu3 [4,554 kB]
Fetched 5,464 kB in 6s (964 kB/s)
Selecting previously unselected package liberror-perl.
(Reading database ... 331381 files and directories currently installed.)
Preparing to unpack .../liberror-perl_0.17029-1_all.deb ...
Unpacking liberror-perl (0.17029-1) ...
Selecting previously unselected package git-man.
Preparing to unpack .../git-man_1%3a2.25.1-1ubuntu3_all.deb ...
Unpacking git-man (1:2.25.1-1ubuntu3) ...
Selecting previously unselected package git.
Preparing to unpack .../git_1%3a2.25.1-1ubuntu3_amd64.deb ...
Unpacking git (1:2.25.1-1ubuntu3) ...
Setting up liberror-perl (0.17029-1) ...
Setting up git-man (1:2.25.1-1ubuntu3) ...
Setting up git (1:2.25.1-1ubuntu3) ...
Processing triggers for man-db (2.9.1-1) ...
```

安装日志表明 apt 按照依赖顺序，从第 1 章配置的软件源服务器上下载了 3 个扩展名为 deb 的软件包，解压并安装完成。

安装过程中，如果用户在询问是否继续时不输入，该命令就会一直等待下去。这在某些用户不想或者不能输入的场景中就会出问题，所以 apt install 提供了免交互参数：-y，在任何询问 yes/no 的地方都回答 yes。这样当使用脚本自动安装应用或者反复安装某些包，不需要每次确认时，加上该参数即可：sudo apt install -y git。

最后确认一下安装的 Git 应用是否能正常工作，如代码清单 3-9 所示。

代码清单 3-9 验证 Git 能否正常工作

```
achao@starship:~$ git --version
git version 2.25.1
```

结果表明版本为 2.25.1 的 Git 成功安装到了计算机上。

3.2.3 更新应用

在一个发行版中，不同包之间存在复杂的依赖关系，单独升级某个应用的情况比较少见。多数情况下我们采用整体升级策略，具体过程是：首先更新 apt 本地缓存，根据更新后的缓存获知哪些包可以升级、最新版本是多少，然后根据彼此间的依赖关系计算出升级后保持各个包彼此兼容的版本，再依次升级每个包。

下面我们通过执行 `apt upgrade` 命令进行一次应用升级，如代码清单 3-10 所示。

代码清单 3-10 使用 apt 升级系统应用

```
achao@starship:~$ sudo apt update
...

achao@starship:~$ apt list --upgradable
Listing... Done
alsa-utils/focal-updates 1.2.2-1ubuntu2 amd64 [upgradable from: 1.2.2-1ubuntu1]
enchant-2/focal-updates 2.2.8-1ubuntu0.20.04.1 amd64 [upgradable from: 2.2.8-1]
libefiboot1/focal-updates 37-2ubuntu2.1 amd64 [upgradable from: 37-2ubuntu2]
libefivar1/focal-updates 37-2ubuntu2.1 amd64 [upgradable from: 37-2ubuntu2]
libenchant-2-2/focal-updates 2.2.8-1ubuntu0.20.04.1 amd64 [upgradable from: 2.2.8-1]
...

achao@starship:~$ sudo apt upgrade
[sudo] password for achao:
Reading package lists... Done
Building dependency tree
Reading state information... Done
Calculating upgrade... Done
The following packages were automatically installed and are no longer required:
  linux-headers-4.15.0-66 linux-headers-4.15.0-66-generic linux-headers-4.15.0-70 linux-headers-
4.15.0-70-generic linux-image-4.15.0-66-generic
  linux-image-4.15.0-70-generic linux-modules-4.15.0-66-generic linux-modules-4.15.0-70-generic
linux-modules-extra-4.15.0-66-generic
  linux-modules-extra-4.15.0-70-generic
Use 'sudo apt autoremove' to remove them.
The following NEW packages will be installed:
  linux-headers-5.4.0-54 linux-headers-5.4.0-54-generic linux-image-5.4.0-54-generic
    linux-modules-5.4.0-54-generic linux-modules-extra-5.4.0-54-generic
The following packages will be upgraded:
  aptdaemon aptdaemon-data e2fslibs e2fsprogs libbsd0 libcom-err2 libext2fs2 libgnutls30
    libsmbclient libss2 libwbclient0 python-apt
  python-apt-common python-samba python3-apt python3-aptdaemon python3-aptdaemon.gtk3widgets
    samba-common samba-common-bin samba-libs smbclient
21 upgraded, 5 newly installed, 0 to remove and 0 not upgraded.
Need to get 284 MB of archives.
After this operation, 364 MB of additional disk space will be used.
Do you want to continue? [Y/n]
```

首先执行 `apt update` 更新缓存；然后执行 `apt list --upgradable` 列出可以升级的包，每一行包括即将升级到的新版本和当前版本（在 `upgradable from` 后面）；最后执行 `apt upgrade` 完成升级。提示信息由下面两部分组成。

- 可移除包列表：告知移除方式是执行 `sudo apt autoremove` 命令。
- 即将更新的包列表：给出升级操作导致包的变化情况汇总，这里包括升级 21 个包、新安装 5 个包、移除和未升级包的个数都是 0，最后列出了下载多档案文件的大小和最终占用的磁盘空间，这里分别是 284MB 和 364MB。

确认后的安装过程与代码清单 3-8 类似，也包含下载包、解压和安装等几个步骤。

图形桌面环境中的应用升级

我们在第 1 章用过的 Update Manager 提供了自动应用升级检测和执行功能，用户只需在出现更新提示时点击“Install Updates”按钮，然后输入账号和密码，它就会自动完成剩余升级工作。

3.2.4 卸载应用

删除是安装的逆操作，apt 提供了 `remove` 和 `purge` 两个命令：前者是我们平时所说的删除包操作；后者除了删除包，还会把该包相关的配置文件、插件等也一并删除。大多数情况下，使用 `apt remove` 就够了。

下面仍然以 Git 应用为例，说明删除包的过程，如代码清单 3-11 所示。

代码清单 3-11 使用 apt 删除 Git 应用

```
achao@starship:~$ sudo apt remove git
Reading package lists... Done
Building dependency tree
Reading state information... Done
The following packages were automatically installed and are no longer required:
  git-man liberror-perl
Use 'sudo apt autoremove' to remove them.
The following packages will be REMOVED:
  git
0 upgraded, 0 newly installed, 1 to remove and 361 not upgraded.
After this operation, 32.2 MB disk space will be freed.
Do you want to continue? [Y/n]
```

提示信息表明 git-man 和 liberror-perl 这两个包是安装 Git 时自动安装的依赖包（与代码清单 3-7 一致）。Git 被删除后，它们也不再有用，我们可以使用 `sudo apt autoremove` 将其删掉。

下面的信息与安装、升级时大同小异，包括：

(1) 待操作包列表，这里是待删除包 Git；

(2) 包变化情况汇总，升级和安装数为 0，删除 1 个，361 个未安装；

(3) 磁盘使用情况，删除后空余磁盘空间增加 32.2MB。

上述信息确定后使用 `apt remove` 执行删除动作。

与 `apt install` 类似，`apt upgrade` 和 `apt remove` 也都支持通过 `-y` 参数实现非交互式运行。

3.2.5 使用 dpkg 管理应用

前面提到，没有被收录到发行版软件源里的 deb 包可以手动下载后安装，你可能要问了，为什么放着方便的 apt 不用，非要手动管理呢？下面我们以 GitHub 上开源的 googler 为例，说明手动管理的适用场景以及具体做法。

打开 googler 的 GitHub 主页，在 README.md 文件的 Installation 一节中展开 Packaging status，可以看到如表 3-1 所示的表格。

表 3-1 googler 在各发行版中的版本

发行版名称	googler 版本
……	……
Ubuntu 18.04	3.5
Ubuntu 19.10	3.9
Ubuntu 20.04	4.0
……	……

由于 Mint 使用 Ubuntu 作为上游发行版，兼容 Ubuntu 的软件包，因此只要按照用户系统的上游 Ubuntu 版本选择安装包即可，如代码清单 3-12 所示。

代码清单 3-12 查询上游 Ubuntu 版本

```
achao@starship:~$ cat /etc/upstream-release/lsb-release
DISTRIB_ID=Ubuntu
DISTRIB_RELEASE=20.04
DISTRIB_CODENAME=focal
DISTRIB_DESCRIPTION="Ubuntu Focal Fossa"
```

前两行表明上游发行版是 Ubuntu 20.04，对照 googler 的 Packaging status，可知包管理器安装的版本是 4.0。

打开 googler 的发布页面，可以看到当前（本书写作时）的最新版本是 4.3.1，从 4.0 到 4.3.1 添加了不少新功能，修复了很多 bug。如果要安装 4.3.1 版本，apt 就帮不上忙了，如果执行 `apt upgrade`，它会提示已经是最新版本了。

这是手动安装 deb 包的一个常见原因：发行版要维护大量包，这些包都是独立开发的，彼此之间不会互相协调进度，保证兼容。所以避免发行版出现内部版本冲突的重任就落到了发行版维护者身上，而发行版维护者资源有限，不可能随时跟进每个包的新版本，验证它与其他包之间的兼容性。这时包开发者就会将最新版本发布到自己的网站上，供用户下载和安装，而不必等待发行版更新。

现在我们在 googler 发布页面 4.3.1 版本的 assets 部分找到链接 googler_4.3.1-1_ubuntu20.04.amd64.deb 并下载，也可以复制下面的 `wget` 命令在命令行里下载，如代码清单 3-13 所示。

代码清单 3-13　使用命令行工具 wget 下载 deb 文件

```
achao@starship:~$ wget https://github.com/jarun/googler/releases/download/v4.3.1/googler_4.3.1-1_
ubuntu20.04.amd64.deb
```

现在文件 googler_4.3.1-1_ubuntu20.04.amd64.deb 已经下载到当前目录下。在开始安装之前，我们先来看一下这个安装包的元数据，如代码清单 3-14 所示。

代码清单 3-14　查看 deb 安装包元数据

```
achao@starship:~$ dpkg -I googler_4.3.1-1_ubuntu20.04.amd64.deb
 new Debian package, version 2.0.
 size 45320 bytes: control archive=512 bytes.
     309 bytes,    12 lines      control
      89 bytes,     2 lines      copyright
 Source: googler
 Version: 4.3.1-1
 Section: unknown
 Priority: optional
 Maintainer: Arun Prakash Jana <engineerarun@gmail.com>
 Build-Depends: make
 Standards-Version: 3.9.6
 Homepage: https://github.com/jarun/googler
 Package: googler
 Architecture: amd64
 Depends: python3
 Description: Google from the command-line.
```

这里 `-I` 是 `--info` 的简写。输出结果包含了包的名称、版本、维护者姓名及其 Email、架构、依赖包列表以及功能描述等信息。接下来看看这个安装包会在系统中添加哪些文件，如代码清单 3-15 所示。

代码清单 3-15 查看 deb 安装包中的数据文件

```
achao@starship:~$ dpkg -c googler_4.3.1-1_ubuntu20.04.amd64.deb
drwxr-xr-x 1001/116          0 2020-10-10 14:05 ./
drwxr-xr-x root/root         0 2020-10-10 14:05 ./usr/
drwxr-xr-x root/root         0 2020-10-10 14:05 ./usr/bin/
-rwxr-xr-x root/root    134119 2020-10-10 14:05 ./usr/bin/googler
drwxr-xr-x root/root         0 2020-10-10 14:05 ./usr/share/
drwxr-xr-x root/root         0 2020-10-10 14:05 ./usr/share/doc/
drwxr-xr-x root/root         0 2020-10-10 14:05 ./usr/share/doc/googler/
-rw-r--r-- root/root     23513 2020-10-10 14:05 ./usr/share/doc/googler/README.md
drwxr-xr-x root/root         0 2020-10-10 14:05 ./usr/share/man/
drwxr-xr-x root/root         0 2020-10-10 14:05 ./usr/share/man/man1/
-rw-r--r-- root/root      4893 2020-10-10 14:05 ./usr/share/man/man1/googler.1.gz
```

这里 -c 是 --contents 的简写。输出结果中除去以 / 结尾的目录，安装的文件共有 3 个：一个可执行文件 ./usr/bin/googler、一个说明文件 ./usr/share/doc/googler/README.md 和一个帮助文件 ./usr/share/man/man1/googler.1.gz。下面开始安装，命令格式很简单，只要在 dpkg -i 后面加上安装包的文件名即可，如代码清单 3-16 所示。

代码清单 3-16 使用 dpkg -i 命令安装 deb 文件

```
achao@starship:~$ sudo dpkg -i googler_4.3.1-1_ubuntu20.04.amd64.deb
[sudo] password for leo:
Selecting previously unselected package googler.
(Reading database ... 332315 files and directories currently installed.)
Preparing to unpack googler_4.3.1-1_ubuntu20.04.amd64.deb ...
Unpacking googler (4.3.1-1) ...
Setting up googler (4.3.1-1) ...
Processing triggers for man-db (2.9.1-1) ...
```

这里 -i 是 --install 的简写。

下面确认一下安装效果，如代码清单 3-17 所示。

代码清单 3-17 运行安装好的应用并检验文件是否存在

```
achao@starship:~$ googler -v
4.3.1
achao@starship:~$ dpkg -L googler
/.
/usr
/usr/bin
/usr/bin/googler
/usr/share
/usr/share/doc
/usr/share/doc/googler
/usr/share/doc/googler/README.md
/usr/share/man
/usr/share/man/man1
/usr/share/man/man1/googler.1.gz
```

这里 -L 是 --listfiles 的简写。我们首先执行 googler 命令，验证它能够正常运行，然后用 dpkg -L googler 打印出该包所有已安装文件，可以看到文件名称、路径和大小都与 dpkg -c 命令的输出完全对应。对于该应用的主体文件 /usr/bin/googler，我们还可以进一步研究，如代码清单 3-18 所示。

代码清单 3-18　查看可执行脚本的类型和内容

```
achao@starship:~$ file /usr/bin/googler
/usr/bin/googler: Python script, UTF-8 Unicode text executable
achao@starship:~$ head /usr/bin/googler
#!/usr/bin/env python3
#
# Copyright © 2008 Henri Hakkinen
# Copyright © 2015-2019 Arun Prakash Jana <engineerarun@gmail.com>
#
# This program is free software: you can redistribute it and/or modify
# it under the terms of the GNU General Public License as published by
# the Free Software Foundation, either version 3 of the License, or
# (at your option) any later version.
#
```

首先，通过 file 命令可知 googler 是一个 UTF-8 编码的文本文件，并且是用 Python 语言写成的脚本，然后用 head 命令查看了文件的前 10 行。

虽然在实际安装过程中只有 dpkg -i 命令是必需的，其他都可以忽略，但安装前后查看一下安装文件的内容是提高安全性的好习惯。

与 apt 类似，dpkg 也提供了列出系统中已安装应用的功能，如代码清单 3-19 所示。

代码清单 3-19　列出系统中所有应用

```
achao@starship:~$ dpkg -l | head
Desired=Unknown/Install/Remove/Purge/Hold
| Status=Not/Inst/Conf-files/Unpacked/halF-conf/Half-inst/trig-aWait/Trig-pend
|/ Err?=(none)/Reinst-required (Status,Err: uppercase=bad)
||/ Name                                       Version                              Architecture
Description
+++-==========================================-====================================-============-
================================================================================
ii  accountsservice                            0.6.45-1ubuntu1                      amd64
query and manipulate user account information
ii  acl                                        2.2.52-3build1                       amd64
Access control list utilities
ii  acpi-support                               0.142                                amd64
scripts for handling many ACPI events
ii  acpid                                      1:2.0.28-1ubuntu1                    amd64
Advanced Configuration and Power Interface event daemon
ii  add-apt-key                                1.0-0.5                              all
Command line tool to add GPG keys to the APT keyring
```

这里 -l 是 --list 的简写。由于已安装应用数量较多，因此我们用管道加 head 命令的方法只列出了前几个应用的信息。

如果想列出某个具体应用的信息，只要在 dpkg -l 后面加上应用名称即可。仍然以前面安装的 googler 应用为例，如代码清单 3-20 所示。

代码清单 3-20 列出系统中某个具体应用的信息

```
achao@starship:~$ dpkg -l googler
Desired=Unknown/Install/Remove/Purge/Hold
| Status=Not/Inst/Conf-files/Unpacked/halF-conf/Half-inst/trig-aWait/Trig-pend
|/ Err?=(none)/Reinst-required (Status,Err: uppercase=bad)
||/ Name           Version      Architecture Description
+++-==============-============-============-=================================
ii  googler        4.3.1-1      amd64        Google from the command-line.
```

除了之前元数据中已经包括的名称、版本、架构、说明等字段，第 2 列 Status 值得关注，它表示应用的当前状态，即上面 ii 中第 2 个 i 对应的那一列，根据上面 Status=Not/Inst/Conf-files/…可知，这里的 i 代表已安装。

那么能不能反过来，根据一个命令查询它所在的包呢？当然可以，如代码清单 3-21 所示。

代码清单 3-21 根据命令查询它所在的包

```
achao@starship:~$ dpkg -S /usr/bin/googler
googler: /usr/bin/googler
achao@starship:~$ which ls
/bin/ls
achao@starship:~$ dpkg -S /bin/ls
coreutils: /bin/ls
achao@starship:~$ dpkg -S $(which ls)
coreutils: /bin/ls
```

这里 -S 是 --search 的简写。首先我们查询了 /usr/bin/googler 所在的包，系统给出正确答案：googler；然后我们用 which 命令查询了 ls 命令对应的文件 /bin/ls，查到它所在的包是 coreutils（core utilities，核心应用包）；最后将上面两个命令 which ls 和 dpkg -S 组合起来，得到了相同的结果。由此可知 $(which ls) 和 /bin/ls 完全等价，而且 $() 可以推广到其他命令，所以它的值就是括号里命令的输出。

说完了安装和查询，下面我们看看如何卸载。仍以 googler 为例，如代码清单 3-22 所示。

代码清单 3-22 使用 dpkg -r 命令卸载应用

```
achao@starship:~$ sudo dpkg -r googler
achao@starship:~$ dpkg -l googler
dpkg-query: no packages found matching googler
```

首先使用 `dpkg -r` 命令卸载 googler，然后再用 `dpkg -l` 查询，这时系统提示没有 googler 这个包，说明之前的卸载操作成功了。

前面说到每个 deb 包的元数据都会记录它需要使用的依赖包，比如包 X 依赖其他 2 个包 A、B，但是系统中只安装了 A，没有安装 B，这时如果使用 `dpkg -i` 安装 X，就会被告知由于依赖不满足，无法安装 X。可能你会说这有何难，去网上搜索一下 B 的 deb 文件，然后安装不就行了吗？这件事的麻烦之处在于，你只能祈祷 B 依赖的 D、E、F 都已经安装好了，否则你又得找这 3 个库手动安装……

好消息是，这些都是老皇历了，以"懒惰"著称的程序员当然不能容忍手动做这些重复的事，他们开发出了 gdebi 工具，能够自动解析要安装的 deb 包的依赖，以及依赖的依赖，然后自动完成下载和安装。所以下次你安装 deb 包的时候，用 `sudo gdebi googler_4.3.1-1_ubuntu20.04.amd64.deb` 代替 `sudo dpkg -i googler_4.3.1-1_ubuntu20.04.amd64.deb` 即可。

关于 dpkg 工具的最后一个话题与它的安全性有关。前面说过在安装之前可以通过 `-I`、`-c` 等参数检查包的元数据和内容，但这些方法不能发现可执行文件内部隐藏的恶意代码。所以为了保证系统安全，要养成只在官网下载 deb 包的习惯。对于从第三方得到的包，除非来源完全可靠，否则尽量不要安装。

3.3 跨平台包管理工具

3.3.1 Homebrew

Homebrew 由 Max Howell 从 2009 年开始开发并在 GitHub 上开源，最初在 macOS 用户中和 Ruby 社区中得到广泛使用，2019 年 Homebrew 的子项目 Linuxbrew 被合并进了 Homebrew，使得它能够在 Linux 和 WSL 上运行。

Homebrew 实现跨平台包管理的奥秘在于采用二进制—源码双重安装策略。3.2 节介绍的发行版软件源中保存的是预先编译好的应用，apt、yum 这些工具只要将应用及其依赖从软件源将二进制包下载下来，然后放到正确的位置就完成了安装过程。Homebrew 为每个应用创建一个 formula（大多保存在 GitHub 上），这个"配方"是个 Ruby 脚本，Homebrew 根据它完成应用安装。如果其中包含了预编译包的信息，并且能够在用户的系统中运行，则下载并安装预编译包，否则下载源码包，在用户系统中编译成二进制文件并安装。

理解 Homebrew 术语

由于 Homebrew 的主要开发者 Max 是一位家酿啤酒爱好者，并且他没想到这个工具会得到如此广泛的使用，因此当时许多术语就直接借用了家酿啤酒的术语，如表 3-2 所示。

表 3-2 Homebrew 术语

术　语	含　义
Homebrew	家酿啤酒
Formulae	配方，应用定义文件
Cellar	地窖，存放应用的文件夹
Bottle	预编译版本的应用
Cask	酒桶，图形应用
Pour	倒（酒），安装预编译应用（而不是在本机上编译）

虽然 Homebrew 的原理说起来似乎有点儿复杂，但它的命令行界面简洁高效，下面我们通过实际操作熟悉一下如何用它安装和管理应用。

首先按照 Homebrew 官网的说明安装 Homebrew，如代码清单 3-23 所示。

代码清单 3-23　安装 Homebrew

```
achao@starship:~$ /bin/bash -c "$(curl -fsSL https://raw.githubusercontent.com/Homebrew/install/master/
install.sh)"
==> Select the Homebrew installation directory
- Enter your password to install to /home/linuxbrew/.linuxbrew (recommended)
- Press Control-D to install to /home/achao/.linuxbrew
- Press Control-C to cancel installation
[sudo] password for achao:    ❶
==> This script will install:
/home/achao/.linuxbrew/bin/brew
/home/achao/.linuxbrew/share/doc/homebrew
/home/achao/.linuxbrew/share/man/man1/brew.1
...
Press RETURN to continue or any other key to abort    ❷
==> /bin/mkdir -p /home/achao/.linuxbrew
==> /bin/chown achao:achao /home/achao/.linuxbrew
...
==> Next steps:
- Run `brew help` to get started
- Further documentation:
    https://docs.brew.sh
- Install the Homebrew dependencies if you have sudo access:    ❸
    sudo apt-get install build-essential
    See https://docs.brew.sh/linux for more information
- Add Homebrew to your PATH in /home/achao/.profile:
```

```
    echo 'eval $(/home/achao/.linuxbrew/bin/brew shellenv)' >> /home/achao/.profile
    eval $(/home/achao/.linuxbrew/bin/brew shellenv)
- We recommend that you install GCC:
    brew install gcc
achao@starship:~$ sudo apt install build-essential    ❹
...
achao@starship:~$ echo 'eval $(/home/achao/.linuxbrew/bin/brew shellenv)' >> /home/achao/.profile    ❺
achao@starship:~$ eval $(/home/achao/.linuxbrew/bin/brew shellenv)    ❻
```

❶ 使用 Ctrl-d 快捷键将 Homebrew 安装到 ~/.linuxbrew 下

❷ 输入回车继续安装

❸ Homebrew 提示用户安装依赖的系统包，并修改 PATH 设置

❹ 按照要求安装 build-essential

❺ 修改 HOME 设置

❻ 在当前 shell 里加载 Homebrew

这样 Homebrew 就安装好了，下面我们以 coreutils 包为例说明其基本用法。我们先来查看一下该包的基本信息，如代码清单 3-24 所示。

代码清单 3-24 使用 Homebrew 查询应用信息

```
achao@starship:~$ brew help
Example usage:
  brew search [TEXT|/REGEX/]
  brew info [FORMULA...]
  brew install FORMULA...
  brew update
  brew upgrade [FORMULA...]
  brew uninstall FORMULA...
  brew list [FORMULA...]
...

achao@starship:~$ brew search coreutils
==> Formulae
coreutils ✓    uutils-coreutils   xml-coreutils

achao@starship:~$ brew info coreutils
coreutils: stable 8.32, HEAD
GNU File, Shell, and Text utilities
https://www.gnu.org/software/coreutils
...
==> Analytics
install: 555 (30 days), 1,850 (90 days), 13,236 (365 days)
install-on-request: 232 (30 days), 740 (90 days), 9,331 (365 days)
build-error: 0 (30 days)
```

首先 Homebrew 在命令行中的应用名称是 `brew`，通过 `help` 命令列出常用命令；然后用 `search` 命令搜索出所有与 coreutils 有关的包以及这个包的确切名称；最后用 `info` 命令打印出这

个包的版本号（8.32）、简要介绍（GNU File ...）以及官网地址，下面 Analytics 一节告诉我们该包在最近 1 个月、3 个月以及 1 年中的安装次数，这些数值越大，说明用户越多，一般来说应用质量也就越有保障。

了解了应用的基本信息后，就可以放心地安装了，如代码清单 3-25 所示。

代码清单 3-25 使用 Homebrew 安装应用并打印已安装应用列表

```
achao@starship:~$ brew install coreutils
==> Downloading https://ftp.gnu.org/gnu/coreutils/coreutils-8.32.tar.xz
######################################################################## 100.0%
==> ./configure --prefix=/home/leo/.linuxbrew/Cellar/coreutils/8.32 ...
==> make install
...
==> Summary
 /home/leo/.linuxbrew/Cellar/coreutils/8.32: 568 files, 18.8MB, built in 2 minutes 57 seconds
achao@starship:~$ brew list
coreutils
```

首先用 `install` 命令安装应用，可以看到 Homebrew 首先下载了源码包 coreutils-8.32.tar.xz；然后用 `./configure` 和 make `install` 完成了本地编译和安装，并打印出包中的文件数以及构建时间；最后用 `list` 命令打印已安装应用列表，验证 coreutils 包确实安装成功了。

下面我们来看看如何更新和卸载应用。更新之前先列出可以更新的应用列表，再执行更新操作是比较好的习惯，如代码清单 3-26 所示。

代码清单 3-26 使用 Homebrew 更新应用

```
achao@starship:~$ brew outdated
...

achao@starship:~$ brew upgrade coreutils
Warning: coreutils 8.32 already installed
```

这里由于 coreutils 已经是最新版本，所以 Homebrew 提示最新版本已经安装，然后命令结束。

最后是卸载应用。Homebrew 没有使用 apt 的 `remove`，而是采用了另一个常用的动词 `uninstall`，如代码清单 3-27 所示。

代码清单 3-27 使用 Homebrew 卸载应用

```
achao@starship:~$ brew uninstall coreutils
Uninstalling /home/leo/.linuxbrew/Cellar/coreutils/8.32... (568 files, 18.8MB)

achao@starship:~$ brew list
achao@starship:~$
```

用 `uninstall` 命令删除应用后，`list` 命令的输出结果表明应用卸载成功，目前已经没有已安装的应用了。

到这里，Homebrew 的基本管理命令就介绍完了。下面我们来看一下它本身的升级和卸载，如代码清单 3-28 所示。

代码清单 3-28 Homebrew 的升级和卸载

```
achao@starship:~$ brew update
Already up-to-date.

achao@starship:~$ /bin/bash -c "$(curl -fsSL https://raw.githubusercontent.com/Homebrew/install/master/
uninstall.sh)"
Warning: This script will remove:
/home/leo/.cache/Homebrew/
/home/leo/.linuxbrew/bin/brew -> /home/leo/.linuxbrew/Homebrew/bin/brew
/home/leo/.linuxbrew/Caskroom/
...
Are you sure you want to uninstall Homebrew? This will remove your installed packages! [y/N] y    ❶
==> Removing Homebrew installation...
==> Removing empty directories...
```

❶ 如果不想卸载 Homebrew，这里可以输入 N 终止卸载过程

关于 Homebrew 安装和卸载的详细说明，请参考 Homebrew/install 的说明。

3.3.2 其他跨平台应用管理解决方案

除了 Homebrew，其他公司、组织以及个人也为开源社区贡献了不少跨平台应用管理方案，比较常见的有 snap、flatpak、nix 等。下面我们来看一下 snap 和 flatpak 的基本使用方法。

1. snap

snap 和 Ubuntu 师出同门，都由 Canonical 公司主导开发和维护，最初发布于 2014 年，目标是为 Linux 应用开发者提供统一的分发解决方案，不必再为不同的发行版单独打包。这个解决方案由下面几个部分组成：

- 应用打包格式 snap；
- 应用管理命令行工具 snap；
- 应用管理服务 snapd；
- 应用开发框架 snapcraft；
- 应用市场 Snap Store。

snap 常用命令如表 3-3 所示。

表 3-3 snap 常用命令

命 令	实现功能
`apt install snapd`	安装 snap
`snap find <app-name>`	查找应用
`snap info <app-name>`	查询应用详细信息
`snap install <app-name>`	安装应用
`snap list`	列出已安装应用
`snap refresh <app-name>`	手动更新应用
`snap revert <app-name>`	将应用回退到之前的版本
`snap remove <app-name>`	删除应用

说明

表 3-3 命令中的 `<app-name>` 要替换成具体的应用名称，比如安装视频播放应用 VLC 的命令是 `snap install vlc`。

另外，执行对系统做出变更（而不仅仅是查询）的命令，比如安装、更新、回退、删除等，需要使用 sudo 权限。

2. flatpak

flatpak 与 snap 愿景类似，出现时间稍晚（2015 年）。其默认应用仓库是 flathub，支持自定义仓库，提供了系统级和用户级两种安装方式，前者需要 sudo 权限，后者则不需要。

flatpak 常用命令如表 3-4 所示。

表 3-4 flatpak 常用命令

命 令	实现功能
`apt install flatpak`	安装 flatpak
`flatpak remote-add <repo-name> <repo-url>`	添加仓库
`flatpak remote-list`	列出仓库名称
`flatpak remote-delete <repo-name>`	删除仓库
`flatpak search <app-name>`	查找应用
`flatpak install <app-name>`	安装应用
`flatpak run <app-name>`	运行应用
`flatpak list`	列出已安装应用
`flatpak update`	更新所有应用
`flatpak uninstall <app-name>`	删除应用

说明

表 3-4 命令中的 <repo-name> 表示软件仓库名称，<repo-url> 表示软件仓库地址，<app-name> 表示某个应用名称。

3.4 管理可执行文件

3.3 节我们了解了系统自带的包管理器的使用方法。Linux Mint 和 Ubuntu 的包虽然很多，但毕竟做不到包罗万象。本节我们通过了解一些 Linux 应用的底层实现机制，进一步拓展管理应用的能力。

熟悉 Windows 的读者都知道，Windows 里有些软件不需要安装就能使用，比如批处理文件，把 DOS 命令写在一个文本文件里，把文件扩展名改成 bat，就能运行了；还有一种所谓的绿色软件，大多是 EXE 文件，也可以直接运行。

这些直接运行的脚本和二进制文件，在 Linux 系统中也有对应的实现。下面我们就动手制作一个简单的可执行脚本，通过它来了解 Linux 执行应用的基本流程。

3.4.1 自制可执行脚本

第 2 章中，我们用 Vim 编写了一个脚本文件 afile.txt，下面我们创建一个内容相同的脚本，只是换一个名字，然后看看如何运行它，如代码清单 3-29 所示。

代码清单 3-29 生成名为 hw 的脚本文件

```
achao@starship:~$ echo 'echo "hello world"' > hw
achao@starship:~$ cat hw
echo "hello world"
```

echo 命令的作用是向屏幕输出它的参数，这里是 'echo "hello world"' 单引号括起来的内容会被原原本本输出，而不会做其他处理。后面的重定向符号使得原本输出到屏幕的字符被保存到一个文件里，名字叫 hw。最后用 cat 命令验证 hw 文件中的内容正确无误。

通过第 2 章对文件权限标志的说明，我们知道文件用 rwx 表示可以被如何使用，其中第 3 位 x 用来控制用户能否运行该文件。我们首先试试运行一个没有执行权限的脚本看看会出现什么状况，如代码清单 3-30 所示。

代码清单 3-30 直接执行文本文件

```
achao@starship:~$ ls -l hw
-rw-rw-r-- 1 achao achao 19 Jan 31 20:35 hw
achao@starship:~$ hw
hw: command not found
```

系统回答：命令不存在。这在意料之中，给它加上可执行权限再试一次，如代码清单 3-31 所示。

代码清单 3-31 为脚本添加可执行权限并执行

```
achao@starship:~$ chmod u+x hw
achao@starship:~$ ls -l hw
-rwxrw-r-- 1 achao achao 19 Jan 31 20:35 hw
achao@starship:~$ hw
hw: command not found
```

首先我们用 chmod 命令为 hw 添加了可执行权限；在接下来 `ls -l` 的输出中，可以看到 hw 文件的第 1 组标志由 rw- 变成了 rwx，说明脚本可以执行了。但奇怪的是，再次执行 hw 时，居然出现了相同的错误——命令未找到，这是怎么回事呢？

要说清楚这个问题，就要涉及 Linux 系统中非常重要的一个概念：**环境变量**（environment variable）。与前面介绍的模式编辑类似，环境变量的思想也来自于真实世界。比如两辆汽车 A、B 都要通过路口，A 面前是绿灯，B 面前是红灯，这里交通信号灯就是一个环境变量，红、绿、黄就是环境变量可以取的 3 个值。虽然 A 和 B 接到的指令一样：通过路口，但由于它们各自的环境中环境变量取值不同，因此二者最后的行为正好相反，A 加速，B 减速。

回到执行命令的问题，这里起关键作用的不是信号灯，而是一个叫 PATH 的环境变量。它的取值是一个字符串，由多个目录路径组成，彼此之间用冒号隔开。可以用 echo 命令打印出它的值，如代码清单 3-32 所示。

代码清单 3-32 显示 PATH 的值

```
achao@starship:~$ echo $PATH
/usr/local/sbin:/usr/local/bin:/usr/sbin:/usr/bin:/sbin:/bin:/usr/games:/usr/local/games
```

这里 echo 命令用来把字符串打印到屏幕上，$ 则用于取出变量的值。这么说似乎不好理解，动手试一下就明白了，如代码清单 3-33 所示。

代码清单 3-33 $ 符号的作用

```
achao@starship:~$ echo PATH
PATH
```

原来在命令行里，一串字符如果既不是命令也不是参数，就表示这串字符本身，比如代码清单 3-33 中的 PATH 就表示 P、A、T、H 这 4 个字母组成的一串字符。如果 PATH 是一个变量的名字，而我们想取出该变量中保存的值，就要在名字前面加上 $ 符号。

回到代码清单 3-32，我们把 PATH 的值按冒号分开，得到代码清单 3-34 所示的目录列表。

代码清单 3-34　PATH 中的目录

```
/usr/local/sbin
/usr/local/bin
/usr/sbin
/usr/bin
/sbin
/bin
/usr/games
/usr/local/games
```

当我们执行一个命令时，系统就会取出 PATH 里的目录，从前向后依次查找每个目录下是否有以这个命令命名的可执行文件，如果有就执行它，没有就到下一个目录中查找。如果直到最后一个目录仍然找不到匹配的文件，就报“命令找不到”错误。比如我们常用的 cat、ls、vi、head、less 等都是上面某个目录下的可执行文件，如代码清单 3-35 所示。

代码清单 3-35　常用命令所在路径

```
achao@starship:~$ which cat ls vi head less
/bin/cat
/bin/ls
/usr/bin/vi
/usr/bin/head
/usr/bin/less
```

which 命令的作用是打印应用的文件路径，这里我们一口气打印了 5 个应用的文件路径。在实际应用中，一次查询一个命令的情况比较多。

说到这里，你一定已经明白了为什么上面 hw 命令虽然有可执行权限却报“命令找不到”错误了吧，原因就在于，该文件所在目录 /home/achao 不在 PATH 包含的目录列表中。

明白了错误的原因，下一步就是找到解决方法。按照 shell 规范[①]，如果一个命令中出现 /，会将其作为文件处理，而不再搜索 PATH。结合第 2 章中相对路径的知识，不难想到最简单的方法就是把它写成 ./hw，马上验证一下，如代码清单 3-36 所示。

代码清单 3-36　使用路径格式执行自定义脚本

```
achao@starship:~$ ./hw
hello world
```

① 准确地说是 POSIX 规范。

执行成功！这个脚本虽然很简单，却揭示了 shell 的一条重要规则：要执行一个命令，要么写成路径的形式，要么把它放到 PATH 环境变量包含的某个目录里。

3.4.2 把可执行文件变成应用

3.4.1 节中我们用路径的形式运行脚本，本节我们来看如何借助 PATH 环境变量把可执行文件变成应用。

由于命令中不包含 / 时，shell 会依次搜索 PATH 中的每个目录，查找命令对应的文件，所以要让可执行文件在任何目录下都能运行，最简单的方法是把它放在 PATH 列表的某个目录里。比如在代码清单 3-34 里，我们选择 /usr/local/bin 作为保存应用的目录。仍然以 3.4.1 节的 hw 脚本为例，只要把该文件复制到选定的目录下即可，如代码清单 3-37 所示。

代码清单 3-37 使用移动文件的方法创建应用

```
achao@starship:~$ sudo cp hw /usr/local/bin
achao@starship:~$ hw
hello world
achao@starship:~$ cd /opt
achao@starship:/opt$ hw
hello world
achao@starship:/opt$ which hw
/usr/local/bin/hw
```

不论在 HOME 还是 /opt 目录（以及其他任何目录）下，都可以直接使用 hw 命令了！注意，当前用户 achao 没有 /usr/local/bin 目录的写权限，所以需要加 sudo，以 root 身份复制文件。

hw 脚本使用 shell 语法编写，但 shell 的能力不止于此，它可以运行任何解释型语言编写的脚本，常见的如 Python、JavaScript、Ruby，以及数据分析领域常用的 R、Julia 等，比如代码清单 3-38 所示脚本。

代码清单 3-38 使用 Python 编写的可执行脚本

```
achao@starship:~$ cat << EOF > printTime      ❶
#!/usr/bin/python3                            ❷
from datetime import datetime
print('现在时刻：%s' % datetime.now())
EOF                                           ❸
achao@starship:~$ chmod u+x printTime
achao@starship:~$ ./printTime
现在时刻：2020-02-11 09:48:12.703297
```

❶ heredoc 语法头

❷ shebang 标志

❸ heredoc 结束符

代码清单 3-38 中有两个问题值得研究。首先，第 2 条 chmod 和第 3 条运行可执行脚本我们都比较熟悉了，下面说说第 1 条 cat 命令。前面说过该命令是用来输出文件内容的，可是这里怎么看都是在写文件，这又是怎么回事呢？

第 2 章中我们用 Vim 写文件，代码清单 3-29 用 echo 命令配合重定向写文件。Vim 编辑文本功能固然无可挑剔，但必须由人来写，不能把要生成的内容写在脚本中自动生成目标文件。echo 解决了这个问题，但只适合写一些短小的单行文本。如果需要用脚本自动写一些多行的复杂文本，要怎么办呢？

这就需要用到上面的 heredoc 语法了。该语法由 cat、结束符（一般用 EOF，end of file）和输出重定向组成，下面跟着代表文件内容的多行文本，文件内容结束后，新起一行写上结束符标志着整个 heredoc 结束。执行整个命令的效果就是文本被写进重定向指向的那个文件里，这里是 printTime。

说到这里，你也许会想，这些 shell 开发者为了"偷懒"真是拼了，有研究这些功能的时间早用 Vim 写好了。但这其实无关勤奋和懒惰，而是效率和成本问题。

其次，如果你写过 Python 代码，一定能够看出 printTime 的功能完全是由 Python 实现的，为什么也能像普通的 shell 脚本一样运行呢？其实也没什么神秘的，它使用了一种叫作 shebang 的机制。这个有点儿古怪的名字来自于起始两个符号 #!（sharp-bang），后面跟着一条路径，指向解释并执行脚本的应用。比如这里的 #!/usr/bin/python3 表示用 /usr/bin/python3 执行后续脚本，与代码清单 3-39 所示过程效果完全一样。

代码清单 3-39　等价的 Python 脚本和运行结果

```
achao@starship:~$ cat << EOF > printTime
from datetime import datetime
print('现在时刻：%s' % datetime.now())
EOF
achao@starship:~$ /usr/bin/python3 printTime ❶
现在时刻：2020-02-11 09:48:12.703297
```

❶ 如果执行后显示 command not found 错误，请使用前面介绍的 which 命令确定 python3 的位置，代替这里的 /usr/bin/python3

解释型语言多种多样，要用户掌握用哪个程序运行哪种脚本既费时间也无必要。通过将执行程序用 shebang 标记在脚本内部，用户不必了解语言细节就能使用，对提升 shell 的可用性很有好处。

看来制作可执行脚本并不难，那么二进制文件应该如何处理呢？下面我们就来动手制作一个简单的二进制文件，然后把它变成应用，如代码清单 3-40 所示。

代码清单 3-40 制作一个简单的二进制文件

```
achao@starship:~$ cat << EOF > hw.c                  ❶
#include <stdio.h>
int main() {
    printf("hello world from gcc\n");
    return 0;
}
EOF
achao@starship:~$ gcc -o hello hw.c                  ❷
achao@starship:~$ file hello                         ❸
hello: ELF 64-bit LSB shared object, x86-64, version 1 (SYSV), dynamically linked, interpreter /lib64/l,
for GNU/Linux 3.2.0, BuildID[sha1]=1f86cde2141af87833802e6635794550fe53e0c2, not stripped
achao@starship:~$ ./hello
hello world from gcc
```

❶ 生成应用的源代码文件：hw.c

❷ 将 C 语言源代码编译为二进制可执行文件

❸ 检查生成文件的类型，输出结果中的 ELF 表示 hello 是一个二进制文件

这里我们使用 C 语言编写了一个简单的应用，效果是在屏幕上输出 hello world from gcc。编译器使用的是 gcc，全名为 GNU Compiler Collection，是一款广泛使用的 C 语言编译器。Debian/Ubuntu/Mint 系统执行 `apt install build-essential` 安装 gcc，该命令在代码清单 3-23 中已经执行过了，故不需要再次安装；macOS 系统则需要执行 `brew install gcc` 安装 gcc，才能执行编译命令。

上面将应用放到了用户 HOME 之外的目录下，好处是系统的所有用户都可以使用，但安装时必须有 root 权限。如果只是个人使用或者在一台没有 sudo 权限的服务器上，是不是就不能安装应用了呢？

我们知道 PATH 是个环境变量，既然是变量，就可以修改，把一个可写的目录放进去，从而实现不依靠 sudo 也能安装应用。

当用户登录 Linux 系统时，首先读取 /etc/profile 文件，完成系统级的初始化动作，然后读取用户自己的 profile 文件，完成个性化的初始化动作。不同 shell 读取的 profile 文件不同，以 Linux Mint 默认提供的 Bash 为例，读取的是 ~/.bashrc 文件。下面我们来修改这个文件里的 PATH 环境变量，如代码清单 3-41 所示。

代码清单 3-41 修改 PATH 环境变量

```
achao@starship:~$ echo $PATH                                    ❶
/usr/local/sbin:/usr/local/bin:/usr/sbin:/usr/bin:/sbin:/bin:/usr/games:/usr/local/games
achao@starship:~$ echo 'PATH=$PATH:$HOME/.local/bin' >> ~/.bashrc ❷
achao@starship:~$ . ~/.bashrc                                   ❸
```

```
achao@starship:~$ echo $PATH                         ❹
/usr/local/sbin:/usr/local/bin:/usr/sbin:/usr/bin:/sbin:/bin:/usr/games:/usr/local/games:/home/achao/.local/bin
```

❶ 打印修改前 PATH 环境变量的值

❷ 将新的 PATH 定义追加到用户配置文件中

❸ 加载新的配置文件

❹ 打印修改后 PATH 环境变量的值

第 2 步的输出动作有点儿像重定向符号 `>`，但变成了两个大于号，意思是追加到文件 ~/.bashrc 末尾，而不是创建新文件。如果这里写成 `echo 'PATH=$PATH:$HOME/.local/bin' > ~/.bashrc`，则原来 .bashrc 文件里的内容会消失，只留下 `PATH=$PATH:$HOME/.local/bin`，这显然不是我们的本意。

`PATH=$PATH:$HOME/.local/bin` 初看有点儿奇怪，不妨把环境变量想象成一个盒子，盒子上的标签写着它的名字。上面这段代码的作用是：对于标签是 `PATH` 的盒子，首先取出里面的东西，在后面追加一条新路径，再把它放回盒中，是不是和 C 语言里的 `a = a + 1` 有异曲同工的感觉？

第 3 步中的第 1 个 `.` 是 `source` 命令的简写，表示在当前环境中执行 ~/.bashrc 文件。如果不使用 `source`，shell 会启动一个新环境执行 .bashrc，文件里对 `PATH` 的定义随着命令执行结束而一起消失，不会对当前环境产生影响。

与第 1 步的输出结果相比，第 4 步的输出结果中多了一个目录 /home/achao/.local/bin，第 2 步中的 `$HOME` 被解析成了 /home/achao，即用户 achao 的 HOME 目录。由于 ~/.local/bin 在 HOME 目录下，所以向该目录写文件时不需要 `sudo` 权限。

为了避免你产生“用 shell 写的脚本都是些 hello world 之类的玩具”这样的误解，下面我们向 ~/.local/bin 里放一个在线字典应用，如代码清单 3-42 所示。

代码清单 3-42 修改 PATH 环境变量

```
achao@starship:~$ wget git.io/trans              ❶
achao@starship:~$ chmod u+x trans                ❷
achao@starship:~$ mv trans ~/.local/bin          ❸
achao@starship:~$ trans -t zh -b wonderful       ❹
wonderful
/ˈwəndərfəl/
精彩
(Jīngcǎi)
...

achao@starship:~$ trans -t en 精彩                ❺
精彩
(Jīngcǎi)

wonderful
```

❶ 从 git.io 网站上下载 trans 脚本

❷ 为脚本添加执行权限

❸ 将脚本放到 ~/.local/bin 目录下

❹ 用 trans 翻译英文

❺ 用 trans 翻译中文

这样一个简单的 shell 脚本，使我们能够在 100 多种语言之间互相翻译，是不是很神奇！

除了解释执行的脚本和编译生成的二进制文件，还有一种无须安装、可直接运行的软件包 AppImage，将这种文件下载到本地后，用 `chmod` 添加执行权限后就可以运行了。从用户角度看，可以将其视为可执行二进制程序进行管理。

对于所有这些可执行程序，安装过程只是复制文件，需要卸载时只要把文件删掉即可。没错，只需要用第 3 章介绍的文件删除命令 `rm`。如果忘了应用文件的位置怎么办？前面讲过的 `which` 命令可以轻松搞定，如代码清单 3-43 所示。

代码清单 3-43　用 which 命令确定应用文件位置

```
achao@starship:~$ which hw
/usr/local/bin/hw
achao@starship:~$ sudo rm /usr/local/bin/hw
```

3.5　管理手动编译的应用

3.4 节我们了解了管理脚本型应用的方法，本节我们结合一个具体需求看看如何管理手动编译的应用。

使用脚本开发应用，我们会一边尝试一边观察结果，再根据结果调整代码，直到结果符合要求，比如 shell 脚本就在 shell 里执行，Python 脚本也在自己的交互环境里执行。人们根据这个特点给脚本语言的交互执行环境起了一个名字：REPL，即**读取—求值—打印循环**（read-evaluate-print loop）。REPL 使开发应用的过程变成了充满探索和惊喜的快乐旅程，比如要打印当前日期，不用急于请教编程高手或者上网搜索，自己先探索一下。既然是日期，不妨试试 `date`，如代码清单 3-44 所示。

代码清单 3-44　最基本的 date 命令

```
achao@starship:~$ date
Thu Feb 13 21:15:30 CST 2020
```

猜对了！不过和预想的结果相比，现在的输出有两个问题：

- 需要去掉其中的时间；
- 现在格式是月 / 日 / 年，需要改为按中文习惯输出。

于是我们打开另一个命令行窗口，把两个窗口左右并排放在桌面上，在左边的窗口中使用 man 命令打开 date 命令的使用说明，如代码清单 3-45 所示。

代码清单 3-45 date 命令的帮助页面

```
achao@starship:~$ man date
...
SYNOPSIS
       date [OPTION]... [+FORMAT]
...
       FORMAT controls the output.  Interpreted sequences are:

       %%     a literal %

       %a     locale's abbreviated weekday name (e.g., Sun)

       %A     locale's full weekday name (e.g., Sunday)

       %b     locale's abbreviated month name (e.g., Jan)
...
```

通过**概要**（synopsis）可知 date 后面跟上一个加号，再加上格式字符串即可按照要求定制输出格式。下面的格式部分内容很多，简单浏览一下，似乎 %d、%m、%Y 是有用的，马上在右边窗口的命令行中执行一下，如代码清单 3-46 所示。

代码清单 3-46 尝试 date 命令格式输出

```
achao@starship:~$ date +%d%m%Y
13022020
```

选对了！调整一下顺序，再加上分隔符，如代码清单 3-47 所示。

代码清单 3-47 调整 date 输出结果

```
achao@starship:~$ date +%Y/%m/%d
2020/02/13
```

基本解决了上面两个问题！只有一个小小的瑕疵，就是月份前面多了个 0，有没有方法去掉它呢?

在左边窗口的帮助文档里找一找，发现了下面这句话：

```
By default, date pads numeric fields with zeroes.
The following optional flags may follow '%':
-      (hyphen) do not pad the field
...
```

由此可知在 % 后面加上 - 就可以去掉 0 了，马上在右边窗口中验证一下，如代码清单 3-48 所示。

代码清单 3-48　去掉 date 输出结果中的 0

```
achao@starship:~$ date +%Y/%-m/%-d
2020/2/13
```

完美！

这个方法对编译型应用是否可行呢？

在代码清单 3-40 中，首先执行 `gcc -o hello hw.c` 编译 C 语言源代码；再运行生成的 hello 文件观察运行结果；修改源代码后，要再次运行 gcc 和 hello 才能看到新的运行结果。如果每次修改文件后，有个工具能感知文件的变化，然后自动运行这两个命令就好了。

开源社区提供了几种解决方案，有些功能十分强大，但需要使用者对 Linux 有比较深入的了解，比如设置监听哪种类型的事件等。本着只要能满足功能、需求越简单越好的原则，这里我们选择了 entr，官网提供的版本是 4.6，在执行 `apt show entr` 后发现：如果使用系统的包管理器安装，版本是 4.4。经过一番思想斗争，我们决定安装功能更完善的 4.6 版本。

与前面的 googler 不同，entr 的作者只提供了源代码下载，没有提供 deb 包，开发者在说明文档中给出了编译和安装的方法，如代码清单 3-49 所示。

代码清单 3-49　下载、解压并查看使用文档

```
achao@starship:~$ wget http://eradman.com/entrproject/code/entr-4.6.tar.gz
achao@starship:~$ tar xf entr-4.6.tar.gz
achao@starship:~$ cd entr-4.6
achao@starship:~/entr-4.6$ less README.md
...
Source Installation - BSD, Mac OS, and Linux
--------------------------------------------

    ./configure
    make test
    make install
...
```

每个源码包中都会有名为 README.md、INSTALL 等的文本文件，其中包含该应用的主要功能、安装和使用方法等内容。如果一个源码包里没有这些说明文件，说明开发者还没有准备好让别人使用，最好不要安装。

entr 的安装部分非常简洁，是典型的三步走。要知道这三步都在做什么，不妨看下代码清单 3-40 中的 hw.c 文件。它使用的输出函数 `printf()` 定义在 stdio.h 文件中，没有该文件就不能编译 hw.c 文件。为了满足这个要求，我们用 apt 安装了 build-essential 包。把这个过程推而广之，安装大多数 C/C++ 开发的 Linux 应用需要下面三个步骤。

(1) 环境检查：检查安装应用的各种条件是否具备，比如对于 hw.c 来说，能否找到 stdio.h 文件等，对应的命令是 `./configure`。

(2) 编译源码：调用系统的编译工具生成目标文件，有时还会运行一些测试以保证应用的功能能够正常运行，对应的命令是 `make` 或者 `make test`。

(3) 安装应用：把上一步生成的文件复制到正确的目录下，对应的命令是 `make install`。

用这种方式安装的应用不在包管理器的管理范围内。如果应用本身比较复杂，生成的文件比较多（不像 hw 只有一个可执行文件），散落在多个目录下，卸载就会非常麻烦。最直接的方法是手动记录该应用安装的每个文件的位置，需要卸载时手动把它们一一删除。但这毕竟费时费力，且时间长了这些记录能不能找得到也未可知。于是有一位开发者制作了一个叫作 CheckInstall 的工具来解决这个问题，它把源代码打成 deb 包然后安装，这样就可以用 dpkg 卸载了。

下面我们来安装 CheckInstall，并用它来安装 entr，如代码清单 3-50 所示。

代码清单 3-50　用 CheckInstall 安装 entr

```
achao@starship:~/entr-4.6$ sudo apt update -y
achao@starship:~/entr-4.6$ sudo apt install -y checkinstall
achao@starship:~/entr-4.6$ ./configure
achao@starship:~/entr-4.6$ make test
achao@starship:~/entr-4.6$ sudo checkinstall
```

不能使用 CheckInstall 怎么办？

CheckInstall 目前只支持 deb、rpm 等格式，对于 macOS 和不使用上述格式的 Linux 发行版，可以记录下来 `make install` 向系统中复制了哪些文件，然后手动删除。如果安装时没有记录，可以执行 `make -n install` 打印安装文件列表。仍然以 entr 为例，执行效果如下：

```
> make -n install
cc  -D_GNU_SOURCE -D_LINUX_PORT -Imissing -DRELEASE=\"4.5\" missing/strlcpy.c missing/kqueue_inotify.
c entr.c -o entr
mkdir -p /usr/local/bin
mkdir -p /usr/local/share/man/man1
install entr /usr/local/bin
install -m 644 entr.1 /usr/local/share/man/man1
```

可见只要手动删除 /usr/local/bin/entr 和 /usr/local/share/man/man1/entr.1 两个文件即可，这里 `make` 的 `-n` 参数表示 dry run，即只打印要做什么，不真的执行。

CheckInstall 运行时会要求用户输入一些信息以便生成包文档方便后续管理，如果不确定怎么写，按回车键使用默认值就行了。

安装过程的结尾，系统会提示在当前目录下生成了一个名为 entr_4.4-1_amd64.deb 的安装包，并且可以用 `dpkg -r entr` 卸载已安装应用。

生成安装包的好处是，如果需要在相同的系统上安装该应用，只要执行 `sudo gdebi entr_4.6-1_amd64.deb` 即可，不用再安装编译工具和依赖。此外，对于规模比较大的应用，还能大幅节省编译时间。

由于 CheckInstall 将源码打成 deb 包再安装，因此 3.4 节介绍的管理 deb 包的各种工具就都可以使用了，如代码清单 3-51 所示。

代码清单 3-51 查看 entr 包各项信息

```
achao@starship:~$ dpkg -l entr
Desired=Unknown/Install/Remove/Purge/Hold
| Status=Not/Inst/Conf-files/Unpacked/halF-conf/Half-inst/trig-aWait/Trig-pend
|/ Err?=(none)/Reinst-required (Status,Err: uppercase=bad)
||/ Name            Version            Architecture     Description
+++-===============-==================-================-===========
ii  entr            4.6-1              amd64
achao@starship:~$ dpkg -L entr
/.
/usr
/usr/local
/usr/local/bin
/usr/local/bin/entr
/usr/local/share
/usr/local/share/man
/usr/local/share/man/man1
/usr/local/share/man/man1/entr.1.gz
/usr/share
/usr/share/doc
/usr/share/doc/entr
/usr/share/doc/entr/LICENSE
/usr/share/doc/entr/NEWS
/usr/share/doc/entr/README.md
```

entr 安装好后，就可以实现自动编译运行了，如代码清单 3-52 所示。

代码清单 3-52 查看 entr 包各项信息

```
achao@starship:~$ cat << EOF > comp_run
gcc -o hello hw.c && ./hello
EOF
achao@starship:~$ ls hw.c | entr bash comp_run
```

把这个窗口放在桌面右侧，新打开一个命令行窗口放在桌面左侧，在其中运行 `vi hw.c`，每次修改 hw.c 代码并存盘后，右侧的命令行窗口就会自动编译成新的 hello 文件并运行。比如现在将 hw.c 中的 `hello world from gcc` 改成 `hello world from entr`，然后按 ESC 键返回标准模式下，输入 `:w` 并按回车键，就会看到右侧命令行窗口马上输出 `hello world from entr`。写错了也没关系，比如删掉 `printf` 后面的左括号然后保存文件，右边窗口会马上给出提示，如代码清单 3-53 所示。

代码清单 3-53　gcc 给出的错误提示

```
hw.c: In function 'main':
hw.c:3:11: error: expected ';' before string constant
     printf"hello world from entr\n");
           ^~~~~~~~~~~~~~~~~~~~~~~~
hw.c:3:36: error: expected statement before ')' token
     printf"hello world from entr\n");
                                    ^
```

输出信息中明确指出源代码第 3 行、第 11 列出错，修复错误后再保存文件，正确的输出又回来了。

最后，在 entr 窗口里输入 `q` 退出文件监控状态，返回到命令行交互环境中。

这样不论是有 REPL 的脚本式语言，还是编译型的 C 语言，都可以边写代码边观察运行结果，在结果的提示下决定下一步如何进行，是不是与玩游戏有异曲同工之处？

3.6　基于语言的包管理

前面涉及的应用可以分为两类：使用各种脚本编写的解释型应用，以及使用 C/C++ 编写的编译型应用，属于这个范畴的应用数量虽然很庞大，但仍然只是开源社区的冰山一角。

在 Linux 社区之外，各种开源编程语言百花齐放，发展迅速，其中有些成功吸引了大量开发者，构建了庞大的社区。每一门编程语言的开发者都要解决封装逻辑、分享代码、发布安装之类的问题，也都开发了自己的包管理器。与 Linux 的包管理相比，编程语言社区更加自由灵活，很多应用开发时基于一组特定版本的依赖，作为依赖的语言或者包升级后，开发者没有条件或者不愿基于新版本更新应用，应用就会被依赖锁死。比如两个应用 A 和 B 都使用 Python 开发，但 A 基于 Python 3.1，B 基于 Python 3.5，如果按标准的 Linux 方式，安装到 /usr/bin、/usr/local/bin 等目录下，就会导致不同版本的解释器之间发生冲突。

解决这个问题的一个思路是给不同的解释器可执行文件后面加上版本号，比如将 Python 3.1 的解释器命名为 python3.1，Python 3.5 的解释器命名为 python3.5 等。然而这个方法有两个问题：

首先开源编程语言数量庞大，每种编程语言在用的版本常常是两位数，二者结合，Linux 发行版社区维护数量如此庞大的解释器成本太高；其次使用起来也很麻烦，用户要记住自己安装过哪些版本的解释器，以及每个应用应该选哪个版本的解释器。

另一个思路是将不同版本的解释器放到不同目录中，需要哪个版本，就将那个版本的解释器所在目录加入 `PATH` 环境变量里。许多语言社区采纳了这个思路，形成了各自的多版本管理工具，比如 Python 的 pyenv、Ruby 的 rvm、Node.js 的 nvm、JVM 平台（包括 Java、Groovy、Scala、Kotlin、Clojure 等）的 sdkman、Go 的 gvm 等。

3.6.1 插件—版本架构

对于善于利用各种命令行工具收集、处理信息的开发者来说，上面这些工具仍然不够完美。比如我们用一个 Ruby 编写的 Web 应用收集信息，用一个 Node.js 应用汇总信息，最后交给一个 Python 应用制作成图表，是不是要同时安装 rvm、nvm 和 pyenv 呢？

这样未免太麻烦了，是否有一种工具能够同时管理各种编程语言的各个版本呢？答案是肯定的，而且这个工具已经在开源社区内得到了广泛应用，它就是 asdf。

asdf 采用**插件—版本**（plugin-version）二级架构：一种编程语言（或者应用）作为一个插件，插件下面可以同时保留多个版本，可以根据不同需要灵活地设置某个版本为当前版本。

任何人都可以提交自己的插件，从而将一种新编程语言或者新工具纳入 asdf 的管理版图中。与手动安装和管理不同语言、不同版本的解释器、编译器相比，asdf 提供了两个层面的便利。

- 消除语言差异：不同担心不同语言采用不同的安装方式，所有语言都通过 `plugin-add` 命令加入 asdf 的管理。
- 方便的多版本共存和切换：每门编程语言的每个版本都采用相同方式安装（通过 `install` 命令）和切换（通过 `global`、`local`、`shell` 等命令，下面详细介绍）。

3.6.2 asdf 的基本使用方法

下面以 Python 和 Rust 语言为例，说明使用 asdf 安装插件和版本的方法。

我们先来安装 asdf。点击官网页面上的“Get Started”按钮进入安装说明页面。由于 asdf 本身只是一组 shell 脚本，所以安装过程非常简单，只有两步：下载，修改启动脚本，如代码清单 3-54 所示。

代码清单 3-54　安装 asdf

```
achao@starship:~$ git clone https://github.com/asdf-vm/asdf.git ~/.asdf --branch v0.8.0
achao@starship:~$ echo -e '\n. $HOME/.asdf/asdf.sh' >> ~/.bashrc          ❶
achao@starship:~$ echo -e '\n. $HOME/.asdf/completions/asdf.bash' >> ~/.bashrc
achao@starship:~$ . ~/.bashrc                    ❷
achao@starship:~$ asdf update                    ❸
```

❶ 这两行 echo 命令是针对 Bash 的安装方法，如果在其他 shell 下安装，请参考安装说明页面的介绍

❷ 使对启动脚本的修改在当前环境中生效

❸ 如果 0.8.0 不是最新版本，该命令会将其升级到最新版本

macOS 上安装 asdf

macOS 用户使用 Homebrew 安装比较方便：`brew install coreutils curl git asdf`。

安装完成后，列出 asdf 目前支持的所有编程语言和工具名称，并确认 Python 在支持列表中，如代码清单 3-55 所示。

代码清单 3-55　分析 asdf 支持的编程语言和工具

```
achao@starship:~$ asdf plugin-list-all
1password        https://github.com/samtgarson/asdf-1password.git
adr-tools        https://gitlab.com/td7x/asdf/adr-tools.git
aks-engine       https://github.com/robsonpeixoto/asdf-aks-engine.git
...
yarn             https://github.com/twuni/asdf-yarn.git
zig              https://github.com/cheetah/asdf-zig.git
zola             https://github.com/salasrod/asdf-zola.git
achao@starship:~$ asdf plugin-list-all | wc -l              ❶
255
achao@starship:~$ asdf plugin-list-all | grep -i python     ❷
python           https://github.com/danhper/asdf-python.git
```

❶ 统计 asdf 支持的编程语言和工具总个数

❷ `grep` 的 `-i` 选项的作用是忽略大小写，保证 Python 也会被匹配到

确认了 Python 在支持列表里，下一步是添加 Python 插件并列出可安装的 Python 版本，如代码清单 3-56 所示。

代码清单 3-56　添加 Python 插件并列出可安装的版本

```
achao@starship:~$ asdf plugin-add python
achao@starship:~$ asdf list-all python
Downloading python-build...
```

```
Cloning into '/home/achao/.asdf/plugins/python/pyenv'...
remote: Enumerating objects: 17608, done.
remote: Total 17608 (delta 0), reused 0 (delta 0), pack-reused 17608
Receiving objects: 100% (17608/17608), 3.47 MiB | 195.00 KiB/s, done.
Resolving deltas: 100% (11960/11960), done.
2.1.3
2.2.3
...
stackless-3.4.2
stackless-3.4.7
stackless-3.5.4
achao@starship:~$ asdf list-all python | wc -l
436
```

从 2.1.3 到 3.10-dev（3.10 开发版），各种版本，各种实现，竟然有近 400 种！ Python 的丰富多彩后面的章节会细说，这里我们从列表中找到 3.8.1 版本开始安装，如代码清单 3-57 所示。

代码清单 3-57 安装 Python 3.8.1 版本

```
achao@starship:~$ sudo apt install libsqlite3-dev zlib1g-dev libssl-dev \
  libffi-dev libbz2-dev libreadline-dev readline-doc bzip2-doc \
  libncurses5 libncurses5-dev libncursesw5 libncursesw5-dev        ❶
achao@starship:~$ asdf install python 3.8.1
achao@starship:~$ asdf list python                                 ❷
3.8.1
achao@starship:~$ python -V                                        ❸
Python 2.7.17
achao@starship:~$ asdf global python 3.8.1                         ❹
achao@starship:~$ python -V                                        ❺
Python 3.8.1
```

❶ 安装编译 Python 依赖包

❷ 列出 Python 本地已安装版本

❸ 系统自带的 Python 版本是 2.7.17

❹ 将 3.8.1 设置为全局使用版本

❺ 新的 Python 版本变为 3.8.1

安装 Python 失败的解决方法

如果执行 `asdf install python 3.8.1` 时报下面的错误：

```
error: failed to download Python-3.8.1.tar.xz
BUILD FAILED (LinuxMint 19.2 using python-build 1.2.18)
```

这是由于网络原因，Python 源码包下载失败，导致最终安装失败。反复执行几次，或者清晨时段执行，一般可以安装成功。

以后安装其他 Python 版本时，不用再次添加插件（`plugin-add`），只执行 `install` 即可。

代码清单 3-57 中，我们使用 `global` 命令将 3.8.1 版本设置为“全局”当前版本，意思是在所有 shell 和所有目录中，如果没有特殊设置，就使用 3.8.1 版本的 Python。

所谓“特殊设置”有两种情况。第 1 种是针对某次 shell 会话，比如要考察 Python 3.9.0 中一个新语言特性，不必修改全局设置，只要新开启一个命令行会话，然后执行 `asdf shell python 3.9.0` 将当前 shell 会话使用的 Python 版本改为 3.9.0（别忘了先用 `asdf install python 3.9.0` 安装），不会影响后续命令行会话中的 Python 版本。

第 2 种是针对某个项目（目录）的特殊设置，比如 A 项目使用 Python 3.6.4，其他项目则大部分使用 Python 3.8.1，只为项目 A 将全局版本切换到 3.6.4 显然不合适。比较好的方法是在 A 项目根目录下运行 `asdf local python 3.6.4`，这样 asdf 在当前目录下生成 .tool-versions 文件，其中记录当前目录下 Python 语言的版本为 3.6.4。这样每次你进入 A 项目目录后，asdf 自动将全局的 3.8.1 版本替换成 .tool-versions 文件中要求的 3.6.4 版本，而不会影响该目录外的 Python 版本。

语言设置好了，但还只是第一步，毕竟我们的目标是安装应用而不是编程语言本身。下面我们以 CSV 处理工具包 csvkit 和 VisiData 为例，说明使用编程语言提供的包管理器安装应用的方法。

Python 的包管理器叫作 pip，当某个版本的 Python 安装后，对应的 pip 也会自动安装好。使用它安装应用和 apt 类似，也是先查找后安装，如代码清单 3-58 所示。

代码清单 3-58 查找并安装 CSV 工具包

```
achao@starship:~$ pip search csvkit
csvkit (1.0.4)  - A suite of command-line tools for working with CSV, the king of tabular file formats.
achao@starship:~$ pip install csvkit
achao@starship:~$ pip search visidata
visidata (1.5.2)  - curses interface for exploring and arranging tabular data
achao@starship:~$ pip install visidata
achao@starship:~$ asdf reshim python    ❶
```

❶ 更新 asdf 路径设置，确保 csvkit 的各个应用被加入当前路径中

pip 的工作方式和 apt 类似：根据用户指定的包，分析该包的依赖包，以及依赖包的依赖包，构建出整体依赖关系后，再从头到尾安装好所有包，从而确保了用户不必为各包之间复杂的依赖关系烦恼。

使用国内镜像提升 pip 安装速度

为了提高国内用户从国外开源软件仓库中查询和下载软件的速度，国内一些科研机构和企业设置了许多开源软件仓库的国内镜像，只要按照镜像主页上的说明简单配置一下即可。比如要提高 pip 安装 Python 包的速度，我们可以打开清华大学 TUNA 镜像关于 PyPI（Python 软件包仓库名称）主页，其中给出了两种使用方法：

- 如果只是临时用一下，其他包仍然从 PyPI 官网安装，只需在 `pip install` 后面加上 `-i https://pypi.tuna.tsinghua.edu.cn/simple` 即可，比如上面安装 csvkit 的命令是 `pip install -i https://pypi.tuna.tsinghua.edu.cn/simple csvkit`；
- 如果打算以后一直使用 TUNA 作为 pip 的软件源，执行 `pip config set global.index-url https://pypi.tuna.tsinghua.edu.cn/simple`，这样以后执行 `pip install` 时将从 TUNA 源下载包。

这样 csvkit 应用就安装好了。顾名思义，csvkit 提供了一组工具用来处理 CSV 文件，这些工具都以 csv 开头，让我们来认识一下，如代码清单 3-59 所示。

代码清单 3-59 列出 csvkit 工具包所有应用名称并打印应用信息

```
achao@starship:~$ csv<TAB><TAB>          ❶
csvclean   csvcut    csvformat csvgrep    csvjoin    csvjson    csvlook ...
achao@starship:~$ csvcut --version       ❷
csvcut 1.0.4
achao@starship:~$ csvcut -h              ❸
```

❶ 输入 csv 后按两次 Tab 键，列出所有以 csv 开头的命令

❷ 打印其中第 2 个，csvcut 应用的版本号

❸ 打印 csvcut 应用的使用说明

什么是 CSV 文件？

CSV（comma seperated value）文件是以逗号分隔每条记录不同字段的纯文本文件。它与微软 Excel 生成的扩展名为 xlsx 的表格文件类似，主要用来存储结构化数据；不同之处在于，它是纯文本文件，可以用任何平台的任何文本编辑工具打开和阅读。

Python 是使用最广泛的解释型语言之一，下面我们再看一下近来颇受欢迎的编译型语言 Rust，并通过它的包管理器安装一个二进制可执行应用，如代码清单 3-60 所示。

代码清单 3-60 使用 asdf 安装 Rust 稳定版

```
achao@starship:~$ asdf plugin-add rust
achao@starship:~$ asdf list-all rust
nightly
beta
stable
...
1.46.0
1.47.0
1.48.0
achao@starship:~$ asdf install rust stable
achao@starship:~$ asdf global rust stable
```

Rust 的包管理器叫 cargo（生锈的货物？），仍然是搜索、安装、运行三步走，如代码清单 3-61 所示。

代码清单 3-61 安装二进制应用 xsv

```
achao@starship:~$ cargo search xsv
xsv = "0.13.0"              # A high performance CSV command line toolkit.
...

achao@starship:~$ cargo install xsv
achao@starship:~$ asdf reshim rust    ❶
achao@x84h:~$ xsv --version
0.13.0
```

❶ 更新 asdf 路径设置，确保 xsv 被加入当前路径中

下面我们观摩一下 asdf 的路径戏法，如代码清单 3-62 所示。

代码清单 3-62 asdf 处理应用路径的方法

```
achao@startship:~$ which xsv
/home/achao/.asdf/shims/xsv
achao@startship:~$ file $(which xsv)
/home/achao/.asdf/shims/xsv: Bourne-Again shell script, ASCII text executable
achao@startship:~$ cat $(which xsv)
#!/usr/bin/env bash
# asdf-plugin: rust stable
exec /home/achao/.asdf/bin/asdf exec "xsv" "$@"
achao@startship:~$ asdf which xsv
/home/achao/.asdf/installs/rust/stable/bin/xsv
achao@startship:~$ file $(asdf which xsv)
/home/achao/.asdf/installs/rust/stable/bin/xsv: ELF 64-bit LSB shared object, x86-64, ...
```

首先用 `which` 得到 xsv 命令文件的位置；用 `file` 分析后发现它并不是二进制文件，而是普通的 shell 脚本；再用 `cat` 打印脚本内容，发现它只是个代理人，这个只有一行的脚本（前两行以 `#` 开头的是注释）唯一做的事就是把 xsv 命令转换成 `asdf exec "xsv"`。那么 xsv 的真身在哪里呢？ `asdf which xsv` 给出了答案。用 `file` 对该文件进行分析，证实它是货真价实的二进制文件（输出中的 `ELF 64bit LSB shared object` 等）。

最后，虽然 asdf 的功能是管理其他应用，但它本身仍然是一种（有点儿特殊的）应用，其他应用应有的更新、卸载 asdf 也要有。代码清单 3-54 讲了安装和更新，下面讲一下卸载。

asdf 自身以及所有安装文件都在 ~/.asdf 目录下，通过 ~/.bashrc 加载启动文件，所以卸载方法就是反过来：先从 ~/.bashrc 文件中删除 asdf 相关的加载命令，具体来说是 `. $HOME/.asdf/asdf.sh` 和 `. $HOME/.asdf/completions/asdf.bash` 两段代码，然后删掉 ~/.asdf 目录。

3.7 常用包管理命令一览

3.7.1 apt

表 3-5 列出了 apt 常用命令，表中所示的命令都以应用 Git 为例，管理其他应用时需将 Git 替换为对应的应用名称。

表 3-5 apt 常用命令

命　令	实现功能
`apt list -installed`	列出已安装应用
`apt search git`	搜索应用
`apt show git`	查看应用详细信息
`apt install git`	安装应用
`apt list -upgradable`	列出可升级应用
`apt upgrade`	升级应用
`apt remove git`	删除应用
`apt autoremove`	清理不再使用的包

3.7.2 Homebrew

表 3-6 列出了 Homebrew 常用命令，仍然以 Git 为例。

表 3-6 Homebrew 常用命令

命　令	实现功能
`brew list`	列出已安装应用
`brew search git`	搜索应用
`brew info git`	查看应用详细信息
`brew install git`	安装应用
`brew outdated`	列出可升级应用
`brew upgrade`	升级应用
`brew uninstall git`	删除应用
`brew update`	Homebrew 自身升级

3.7.3 asdf

表 3-7 列出了 asdf 管理插件常用命令，以 Python 为例。

表 3-7 asdf 管理插件常用命令

命　令	实现功能
`asdf plugin-list`	列出已安装插件
`asdf plugin-list-all | grep python`	搜索插件
`asdf plugin-add python`	安装插件
`asdf plugin-update python`	升级插件
`asdf plugin-remove python`	删除插件

表 3-8 列出了 asdf 管理版本常用命令，以 Python 3.8.1 为例。

表 3-8 asdf 管理版本常用命令

命　令	实现功能
`asdf list python`	列出某插件所有已安装版本
`asdf install python 3.8.1`	安装新版本
`asdf current python`	列出插件的当前版本
`asdf global python 3.8.1`	设置全局当前版本
`asdf shell python 3.8.1`	设置当前 shell 会话中使用的插件版本
`asdf local python 3.8.1`	设置当前目录下使用的插件版本
`asdf uninstall python 3.8.1`	卸载插件的某个版本
`brew update`	asdf 自身升级
`asdf reshim python`	更新某插件应用路径

3.8 小结

本章首先介绍了 *nix 系统中包的概念、出现的原因以及现状，然后从 4 个维度说明管理应用的方法。

- 使用系统内置包管理器：以 Debian 系发行版的 apt 为例讲解了 Linux 上最“传统”包管理的方法。
- 使用跨平台包管理器：通过安装包管理器应用，从特定软件源中获取应用并进行管理，重点介绍了在 macOS 上广泛使用、在 Linux 上也广受好评的 Homebrew。
- 管理手动创建的应用：如何借助 `PATH` 环境变量将可执行文件变成应用。

- 管理从源码编译的应用：手动管理应用的升级版，并在 Gentoo 等**基于源码的发行版**（source-based distribution）上得到广泛使用，以 asdf 为例说明了使用这类工具管理应用的方法。

每个维度都尽量按照查看、安装、更新和卸载顺序予以说明。

与 Android、iOS、Windows 的应用市场由一家或几家大公司主导不同，Linux 是完全开放的社区，包管理工具作为一种特殊的应用，也没有统一标准。这种“过于”自由的风格可能会给新用户造成一定困扰。下面是一种相对主观的包管理工具选择方法，前面列出了用户的使用场景或者需求，后面列出了推荐的包管理工具，供大家参考。

- 系统级安装（系统级工具或者需要多人使用），不能与系统其他组件发生冲突：apt、yum 等系统包管理工具。
- 对稳定运行和使用简单有比较高的要求，对新功能要求不强烈：apt、yum 等系统包管理工具。
- 需要最快用上应用的最新功能，愿意为此安装和维护额外的包管理器：Homebrew、snap 等跨平台包管理器。
- 使用一种或多种编程语言的开发者，需要在探索新版本时保留旧版本，或者需要管理自己开发的应用的依赖环境：asdf 等基于源码的包管理工具。

第 4 章

王者归来：命令行及 shell 强化

我要找到你，喊出你的名字，打开幸福的盒子。

——陈明，《我要找到你》

通过第 3 章的介绍，相信你已经对管理五花八门的应用了然于心了，本章我们重点研究一个特别的应用：shell。

说它特殊，是因为被图形界面包围的我们，会觉得哪里不太对劲：如果 shell 是一个应用，为什么前面又说“命令行应用是运行在 shell 里的应用”呢？难道应用里面还能运行应用？

确实如此，shell 和命令行应用的关系，就像航空母舰和舰载机的关系，虽然都是“武器”，但舰载机需要航空母舰提供平台才能发挥作用，shell 就像航空母舰，不过它提供的不是起飞降落甲板和指挥台，而是输入输出界面。它就像我们的传令官和情报官，为方便我们高效使用命令行应用发挥着核心作用。

开源社区的丰富杂乱堪比原始森林，每个应用都少不了几个功能类似但来自不同年代、使用不同方式实现的亲戚，shell 作为命令行世界里的超级巨星，当然也不例外。这个家族发展到今天可谓人丁兴旺，除了老一辈的 sh、ash、Bash、ksh、csh、tcsh，目前还有人气正旺的 Z shell（Zsh），年轻的改良版 fish、Elvish，来自脚本语言家族的 IPython、Xonsh、Rush、Zoidberg，来自 Lisp 家族的 Eshell、Scsh、Rash、Closh，以结构化对象看待文件（而不像传统 shell 那样将其看作文本流）的 nushell 等，是不是已经眼花缭乱了？其实不论如何千变万化，都是围绕易用、高效和功能强大做文章，在以下两种需求之间掌握平衡：一方面，在交互场景中 shell 要响应迅速、操作方便、即时反馈；另一方面，当作为脚本时，又能像高级编程语言一样语法简洁、表达丰富、易于抽象。

本章主要讨论第一种需求，即交互场景中 shell 的功能强化和易用性提升。打磨 shell 的过程，也是我们熟悉 shell 使用方法的过程。在讨论具体实现之前，我们先来了解 shell 是如何组织各种应用实现自身功能扩展的。

4.1 shell 插件系统

在《大教堂与集市》中，Eric Raymond 提到 20 世纪 90 年代接触 Linux 时，其松散混乱却又异常成功的开发模式对他的震撼。在 Linux 之前，人们一直按建造大教堂的方式开发软件，在开发之前做出精确的设计，开发过程中通过各种规章制度保障设计被严格执行。开发过程像生产线一样划分为多个阶段，每个阶段都有清晰的输入 / 输出要求。随着时间的推移和开发经验的积累，人们逐渐发现这套生产物理产品的经验在构建复杂的软件产品时屡屡碰壁。这时 Linux 出现了，它没有长远的设计规划，没有严格的实施约束，早发布、常发布（哪怕初期产品既简单又丑陋），提倡信息共享和充分沟通，允许不同风格并存并互相竞争。Linux 的开发像个乱哄哄的集市，但就是这套土得掉渣的玩法，在十多年的时间里横扫了原本属于 Unix 和 Windows 的服务器市场，孕育了 Android 系统，成了今天使用最广泛的操作系统内核。

Linux 的成功对之后的软件行业产生了深远影响，最大的变化是开源运动蓬勃发展和快速原型方法被广泛使用。shell 的插件系统也是这种思想的产物。Zsh 本身功能有限，却拥有简单易用的插件系统，方便用户编写插件满足自己的需求。用户完成插件后通过代码分享平台（例如 GitHub）等方式发布，供其他用户下载、安装和使用。其他用户在使用过程中发现问题或者提出改进建议，再通过平台反馈给开发者，循环往复，逐步提升 shell 及其插件系统的稳定性和用户体验，吸引更多用户，社区随之不断壮大，产品越来越成熟。

下面我们通过安装 Zsh 及其插件系统 oh-my-zsh 实际体验一下。macOS 系统自带 Zsh，因此不需要安装，只需要安装 oh-my-zsh。

首先安装 Zsh，然后打开官网，在“Install oh-my-zsh now”下找到安装命令，复制并粘贴到一个新的命令行中，如代码清单 4-1 所示。

代码清单 4-1 安装 Zsh 插件管理工具

```
achao@starship:~$ sudo apt install -y curl zsh zsh-doc git  ❶
achao@starship:~$ sh -c "$(curl -fsSL https://raw.githubusercontent.com/ohmyzsh/ohmyzsh/master/tools/
install.sh)"
Cloning Oh My Zsh...
Cloning into '/home/achao/.oh-my-zsh'...
...
Looking for an existing zsh config...
Using the Oh My Zsh template file and adding it to ~/.zshrc.

Time to change your default shell to zsh:
Do you want to change your default shell to zsh? [Y/n]      ❷
Changing the shell...
Password:                                                    ❸
Shell successfully changed to '/usr/bin/zsh'.
...
```

```
p.p.s. Get stickers, shirts, and coffee mugs at https://shop.planetargon.com/collections/oh-my-zsh

➜ ~
```

❶ 通过包管理器安装 Zsh 以及相关工具

❷ 这里直接按回车键接受默认选项，将默认 shell 改成 Zsh

❸ 这里输入用户的登录密码并按回车键

解决在线安装网络不稳定问题

如果执行上面的代码时遇到以下错误信息，很可能是网络不稳定造成的：

```
curl: (35) OpenSSL SSL_connect: SSL_ERROR_SYSCALL in connection to raw.github.com:443
```

可以多尝试几次，如果一直报同样的错误，可以尝试使用国内的镜像，比如将上面的 `sh -c "$(curl …)"` 改为：

```
sh -c "$(curl -fsSL https://gitee.com/mirrors/oh-my-zsh/raw/master/tools/install.sh)"
```

当出现 ➜ ~ 时，说明 Zsh 和 oh-my-zsh 插件系统都安装好了。执行 `exit` 或者使用 Ctrl-d 快捷键退出当前命令行会话并启动一个新的命令行界面，你会发现 shell 已经切换到了新的 Zsh 提示符。简单查看一下新环境，如代码清单 4-2 所示。

代码清单 4-2 打印当前 shell 和 oh-my-zsh 主题

```
➜ ~ ps
  PID TTY          TIME CMD
 2859 pts/0    00:00:00 zsh    ❶
 2957 pts/0    00:00:00 ps
➜ ~ echo $ZSH_THEME
robbyrussell                   ❷
```

❶ 当前 shell 已经变成 Zsh

❷ 当前 oh-my-zsh 主题名称

这里 `ps` 命令打印当前运行 shell 的进程名称，即 `zsh`，`ZSH_THEME` 是表示 oh-my-zsh 主题的环境变量。

用户主要通过**主题**（theme）和**插件**（plugin）对 oh-my-zsh 进行定制，前者侧重于外观和显示效果，具体来说就是定制命令提示符的样式，后者通过方便易用的命令和智能标志提升交互体验。

下面我们从定制主题开始，看看插件系统如何将 Zsh 从“木棍”改造成“狙击步枪”。

4.2 定制命令提示符

命令行常给人一种高冷的感觉，原因之一是展示的信息比较少，需要用户对系统有一定的了解，才知道去哪儿查询各种信息。这种惜字如金的风格是极简主义者的最爱，其核心原则是去掉所有能去掉的东西，才能将注意力集中到有价值的事情上。oh-my-zsh 默认的 robbyrussell 主题就充分体现了这个特点，除了一个箭头符号和当前目录，什么都没有。不过开源的好处是自由，用户可以根据个人口味定制工具。下面我们就反其道而行之，打造一个信息特别完整的主题。具体来说，我们的功能列表完成之后要达到以下要求：

(1) 包含当前用户名；

(2) 包含当前主机名；

(3) 包含当前工作目录；

(4) 包含当前日期和时间；

(5) 显示上一条命令的返回值；

(6) 避免过长的提示符打乱命令布局；

(7) 为各部分信息使用加粗字体和不同颜色，以方便区别。

实现功能 (1) ～ (3)

shell 中展示信息最简单的方法是放在命令提示符里。定制主题其实就是定制提示符。Zsh 提示符的具体内容由一组环境变量定义，其中最常用的是 `PS1`，这里 PS 表示 prompt statement，也就是提示语句，那么后面的 1 是否暗示还有 2、3 呢？没错，不过 `PS2`、`PS3` 一般不用于展示信息，暂且不论。另外，Zsh 还可以使用 `PROMPT` 或者 `prompt` 这两个环境变量作为 `PS1` 的别名。

下面我们修改一下这个环境变量，看看会有什么效果，如代码清单 4-3 所示。

代码清单 4-3 定义新的命令提示符

```
➜  ~ PS1="%n@%M %~ > "                    ❶
achao@starship ~ > cd /usr/local/bin      ❷
achao@starship /usr/local/bin >           ❸
```

❶ 定义新的命令提示符，注意 shell 中变量赋值时等号两边不能有空格

❷ 新的提示符生效，用 cd 命令跳转到其他目录

❸ 命令提示符中显示了新的当前工作目录

看上去定制提示符似乎不太难，不过，`PS1=` 后面那一堆咒语似的符号是什么？原来，为了方便用户定制提示符，Zsh 定义了一组特殊标志，当它在提示符中遇到特殊标志时，就展开成约定好的内容，术语叫 prompt expansion，也就是提示符展开。具体来说，“`%n@%M %~ >`”各部分

含义如下。

- %n：当前用户名，也就是 whoami 命令的返回结果。
- @：没有定义在 prompt expansion 列表中，所以仍然是 @。
- %M：当前主机名，也就是 hostname 命令的返回结果。
- %~：当前工作目录，也就是 pwd 命令的返回结果。
- >：与 @ 一样，没有定义在 prompt expansion 列表中，仍然是 >，注意符号两边的空格也被完整保留了下来。

于是 Zsh 把 PS1 解析成 `achao@starship ~ >`，当切换到 /usr/local/bin/ 目录下时，提示符也相应地变成了 `achao@starship /usr/local/bin >`。

关于提示符的完整列表，见 Zsh 用户手册的 SIMPLE PROMPT ESCAPES 部分。在命令行中输入 `man zshmisc` 打开 Zsh 用户手册，然后输入 `/simple prompt<CR>`。这里 / 表示开始搜索，`<CR>` 表示回车，即在整个手册中搜索 `simple prompt`。

有没有中文文档？

没有，即使有也不建议看，原因是：

(1) 中文文档往往版本落后，翻译质量欠佳，不但不能帮助理解，反而可能误导你；

(2) 开源社区大量优质资源没有中文文档，很多高水平的中国开发者用英文编写文档，抛开语言上的执念，你会发现一个宽广的世界；

(3) 开源代码（以及文档）和物理、化学一样，是属于全人类的知识结晶，不存在中国的开源、美国的开源，只是由于历史原因，英语成了全世界开发者的沟通工具。

那为什么还要阅读这本中文写的书呢？

提倡看英文资料不等于只看英文资料，开源社区之所以日益发展壮大，就是因为摒弃了门户之见，博采众长、兼收并蓄。

读不懂怎么办？

不论是自然语言，比如英语、日语，还是编程语言，比如 Python、Java，都不是通过阅读学会的，而是在使用中掌握的。现在你需要使用英语作为工具，是掌握它的最佳方式。不懂的单词查词典，不要怕麻烦，不要嫌慢，反复读几遍。仍然不懂就猜，反正猜错了天也不会塌下来，改对就行了。假以时日，读英语一定会像读汉语一样流畅。

实现功能 (4)

至此，我们已经实现了功能列表的前 3 项，下面看第 4 项，将当前日期和时间加入提示符中。

一开始似乎没有什么头绪，常言道“最好的学习是模仿”，我们可以看看已经实现的主题里有没有可以借鉴的例子。

打开 oh-my-zsh 的主题列表页面，浏览一番，发现一个名为 junkfood 的主题包含了日期和时间。好消息是主题文件都保存在 ~/.oh-my-zsh/themes 目录下，扩展名都是 .zsh-theme，可以方便地查看源码，如代码清单 4-4 所示。

代码清单 4-4 分析 junkfood 主题的日期时间实现方法

```
achao@starship ~ > head ~/.oh-my-zsh/themes/junkfood.zsh-theme
# Totally ripped off Dallas theme

# Grab the current date (%W) and time (%t):
JUNKFOOD_TIME_="%{$fg_bold[red]%}#%{$fg_bold[white]%}( %{$fg_bold[yellow]%}%W%{$reset_color%}@%{$fg_bold
[white]%}%t )( %{$reset_color%}"

# Grab the current machine name
JUNKFOOD_MACHINE_="%{$fg_bold[blue]%}%m%{$fg[white]%} ):%{$reset_color%}"

# Grab the current username
JUNKFOOD_CURRENT_USER_="%{$fg_bold[green]%}%n%{$reset_color%}"
```

第 3 行的注释中清楚地说明了使用 `%W` 获取日期，使用 `%t` 获取时间，这正是我们想要的，下面验证一下效果，如代码清单 4-5 所示。

代码清单 4-5 验证日期和时间效果

```
achao@starship ~ > PS1="%n@%M %~ %W %t > "
achao@starship ~ 03/07/20 1:00PM >
```

基本达到要求，但日期使用的是美式月 / 日 / 年格式，不符合中文习惯，如何调整成年 / 月 / 日格式？

关于这个问题，查询手册可以马上得到答案。执行 `man zshmisc` 打开手册后，输入 `/%W<CR>`，发现果然有对它的定义：`The date in mm/dd/yy format.`，与代码清单 4-5 的运行结果吻合。

阅读 `%W` 所在的 Date and time 一节，发现并没有能够直接实现年 / 月 / 日格式的标志，不过其中提到 `%D{}` 可以自由定义日期格式，不失为一种可行的方法。你可能会有种似曾相识的感觉，没错，第 3 章代码清单 3-48 就解决过日期格式问题，这里正好可以拿来用，如代码清单 4-6 所示。

代码清单 4-6 定制日期后的提示符

```
achao@starship ~ 03/07/20 1:00PM > PS1="%n@%M %~ %D{%Y/%-m/%-d} %t > "
achao@starship ~ 2020/3/7 1:30PM >
```

完美实现目标!

实现功能 (5)

接下来是第 5 项。在保证正确性方面，命令返回值发挥着很重要的作用，有些命令是否按照预期正确执行了不那么容易判断，查看返回值是最简单的方法：如果返回值是 `0`，说明正常执行了，否则就要仔细阅读上面命令的屏幕输出或者日志文件，找出错误原因。

由于返回值的重要作用，Zsh 为它分配了专门的符号。手册的 Shell state 一节中写道，这个符号是 `%?`。我们把它加到日期后面，如代码清单 4-7 所示。

代码清单 4-7 通过返回值判断命令执行情况

```
achao@starship ~ 2020/3/7 6:34PM > PS1="%n@%M %~ %D{%Y/%-m/%-d} %t Ret: %? > "
achao@starship ~ 2020/3/7 6:44PM Ret: 0 > ls
Desktop  Documents  Downloads  Music  Pictures  Public  Templates  Videos
achao@starship ~ 2020/3/7 6:45PM Ret: 0 > lls        ❶
zsh: command not found: lls
achao@starship ~ 2020/3/7 6:45PM Ret: 127 >          ❷
```

❶ ls 命令正确执行完毕，返回值为 0

❷ 故意执行一个不存在的 lls 命令，返回值变成了 127

这里执行 `lls` 后可以看到错误提示信息：`command not found: lls`。如果执行的是一个复杂的脚本，输出信息很多，正常输出和错误信息混在一起，返回值就很重要了。

为什么手册里搜不到 Shell state ?

有时候打开手册并搜索了某段文字后，再执行 `/shell state<CR>`，下面状态栏里显示 `Pattern not found`，即未找到搜索内容，原因是 / 表示向后搜索，即只搜索当前阅读位置后面的文字，如果你的阅读位置在 Shell state 一节后面，再向后搜索就找不到了。

解决方法有两种。

把向后搜索改成向前搜索，用 ? 代替 /，即 `?shell state<CR>`；或者先按 g 键跳到手册开头，这样所有内容都在当前位置后面，再执行 `/shell state<CR>`。

实现功能 (6)

至此，提示符已经包含了 5 项内容，看上去还不错，不过有时会让人摸不着头脑，如代码清单 4-8 所示。

代码清单 4-8 冗长的命令提示符

```
achao@starship ~ 2020/3/7  7:00PM Ret: 0 > cd /var/log/journal/f3d85c83fd6e458aba76dbf56f683032/
achao@starship /var/log/journal/f3d85c83fd6e458aba76dbf56f683032 2020/3/7 7:00PM Ret: 0 >
```

如果你动手操作的话，请注意每个系统中 /var/log/journal 下的子目录名称都不同，所以在输入上面的代码时，输入 `cd /var/log/journal/` 后按 Tab 键自动补全子目录，后文中的 /var/log/journal/f3d85c83fd6e458aba76dbf56f683032/ 处理方法相同。

由于当前工作目录的路径太长，把提示符推到了屏幕右边，即使在 HOME 目录下，也有半个屏幕被提示符占据，稍微长点儿的命令都会折行，不利于查看命令历史。通过浏览 Zsh 的主题列表页面，我们发现采用双行提示符是个好方法，这样不论当前工作目录长度如何变化，输入命令的位置始终在屏幕左侧的固定位置。实现起来也不难，只要在提示符中插入一个回车符即可，如代码清单 4-9 所示。

代码清单 4-9 设置双行提示符

```
achao@starship ~ 2020/3/7 9:09PM Ret: 0 > cat << EOF > prompt.sh
PS1="%n@%M %~ %D{%Y/%-m/%-d} %t Ret: %?
> "
EOF
achao@starship ~ 2020/3/7 9:10PM Ret: 0 > source prompt.sh
achao@starship ~ 2020/3/7 9:10PM Ret: 0
> ls
Desktop  Documents  Downloads  Music  Pictures  prompt.sh  Public  Templates  Videos
achao@starship ~ 2020/3/7 9:10PM Ret: 0
> cd /var/log/journal/f3d85c83fd6e458aba76dbf56f683032
achao@starship /var/log/journal/f3d85c83fd6e458aba76dbf56f683032 2020/3/7 9:10PM Ret: 0
> pwd
/var/log/journal/f3d85c83fd6e458aba76dbf56f683032
achao@starship /var/log/journal/f3d85c83fd6e458aba76dbf56f683032 2020/3/7 9:10PM Ret: 0
>
```

这里用第 3 章所讲的 heredoc 语法定义了一个两行的 `PS1` 变量，然后用 `source` 命令将其加载到当前会话中。现在不论提示符有多长，命令都固定从左侧第 3 列开始输入，不必担心很短的命令也要折行了。

实现功能 (7)

至此，命令提示符已经比较完整了，但颜色单一，与 Zsh 主题列表里的例子相比易读性较差，现在我们为提示符加上颜色和粗体效果。查阅手册 Visual effects 一节可知，为命令提示符添加颜色的方法是：用 `%F` 加上颜色名开始，用 `%f` 结束；加粗则是以 `%B` 开始，以 `%b` 结束，并且二者可以并用，添加颜色的同时加粗。下面动手实现一下，改写之前的 prompt.sh，如代码清单 4-10 所示。

代码清单 4-10　添加字体渲染后的提示符

```
PS1="%F{green}%n%f@%F{yellow}%M%f %~ %F{blue}%D{%Y/%-m/%-d}%f %t Ret: %B%F{cyan}%?%f%b
> "
```

用绿色标识符 `%F{green}` 和结束符 `%f` 包裹了代表用户名的 `%n`；用黄色标识符 `%F{yellow}` 和结束符 `%f` 包裹了代表主机名的 `%M`；用蓝色标识符 `%F{blue}` 和结束符 `%f` 包裹了代表日期的 `%n`；最后同时用加粗和青色标识符 `%B%F{cyan}` 以及结束符 `%f%b` 包裹了代表命令返回值的 `%?`。保存文件，然后执行 `source prompt.sh`，欢迎来到彩色的命令行世界！

命令行支持多少种颜色取决于终端模拟器，绝大多数模拟器支持最基本的 8 种颜色，如表 4-1 所示。

表 4-1　基本的 8 种终端颜色

名　称	代　码
black	0
red	1
green	2
yellow	3
blue	4
magenta	5
cyan	6
white	7

更丰富的色彩

在提示符中使用颜色名称和代码是等价的，比如 `%F{green}` 和 `%F{2}` 效果完全相同，可以通过执行 `print -P '%F{green}color%f and %F{2}2%f'` 验证。

现在执行 `echoti colors` 命令，如果输出 256，而不是 8，说明你的终端模拟器支持 256 种颜色，0 ~ 255 中的每个数字对应一种颜色。在搜索引擎中搜索 xterm 256 color chart 找到终端色彩对照表，从中选择喜欢的颜色定制自己的提示符吧。

到这里，我们的增强版命令提示符就打造完成了，但是每次打开命令行还要执行一次 `source prompt.sh` 未免太麻烦了些，能不能做到自动加载呢？

当然可以，因为我们已经从头实现了一个 oh-my-zsh 主题！

让制作好的主题文件生效需要两步。

(1) 将 prompt.sh 移动到 ~/.oh-my-zsh/custom/themes 目录下，并重命名为 achao.zsh-theme，应该如何操作呢？没错：`mv ~/prompt.sh ~/.oh-my-zsh/custom/themes/achao.zsh-theme`。

(2) 将 ~/.zshrc 文件中的 ZSH_THEME 设置为 achao，即：ZSH_THEME="achao"。

现在，重新打开一个命令行窗口，是不是有种焕然一新的感觉？

到这里，我们就实现了一个基本的 oh-my-zsh 主题，说它基本，是因为命令提示符几乎可以展示任何你感兴趣的信息，Zsh 默认提供的只是很小一部分。如果希望展示更多信息，可以参考 ~/.oh-my-zsh/themes 下的其他文件，然后将 ~/.zshrc 中 ZSH_THEME 的值改成对应主题的名字观察效果。注意，有些主题依赖的命令需要单独安装，如果没有安装就应用了该主题，开启命令行窗口时就会报“命令找不到”错误。这时也不必紧张，仔细阅读一下代码，一般开头注释里会写明依赖哪些命令、如何安装。如果对它不再感兴趣，只要修改 ZSH_THEME 的值，重启命令行会话就可以了。

4.3 目录跳转

刚从图形界面进入命令行世界时，文件浏览器大概是最让人想念的应用了，比如代码清单 4-8 中的路径 /var/log/journal/f3d85c83fd6e458aba76dbf56f683032，点三四次鼠标就能打开文件夹，用键盘输入可太麻烦了。不过这只是生活中无处不在的刻板印象中的一个罢了。以“懒惰”著称的程序员当然不允许在这些毫无意义的事情上浪费时间，于是发明了各种工具减少机械重复操作。看完下面介绍的几个工具，你会发现命令行中目录跳转几乎可以和你的思考速度一样快，点击鼠标一层层展开目录反而显得过于笨拙缓慢了。

4.3.1 路径智能补全

梁静茹在《暖暖》里唱到：“我哼着歌，你自然的就接下一段……”表达的是两个人互相了解，知道彼此爱唱什么歌，所以接得上。

shell 路径补全的道理和上面一样：虽然你输入的命令理论上可以是任何文字，但能执行的命令只有几十或者几百个。具体到输入路径的场景中，当前主机文件系统的路径名称也是很有限的一个集合，所以你一开口，shell 就会接上后面的词，是不是很贴心？

目前主流 shell 都支持使用 Tab 键补全路径。下面我们打开一个命令行，查询一下 HOME 目录下有哪些文件夹，如代码清单 4-11 所示。

代码清单 4-11 列出 HOME 目录下的文件夹

```
achao@starship ~ 2020/3/9 11:04PM Ret: 0
> ls ~
Desktop  Documents  Downloads  Music  Pictures  Public  Templates  Videos
```

为简单起见，下面的目录跳转都以 HOME 为当前工作目录，使用相对路径跳转。比如使用绝对路径跳转到 HOME 的 Documents 文件夹下的命令是 `cd ~/Documents`，使用相对路径则是 `cd Documents`。

跳转到该目录下不需要输入整个 Documents，只要输入 `cd Doc<TAB>`（即输入 `cd Doc` 后按 Tab 键。类似的还有上面用过的 `<CR>` 表示回车键），shell 就会自动补全成 `cd Documents`。shell 如何知道要把 Doc 补全成 Documents 呢？毕竟当前目录下只有一个文件夹以 Doc 开头，所以 Documents 是唯一可行的选项。

如果再简单些，只输入第一个字母 D 就按 Tab 键，也就是 `cd D<TAB>`，shell 会如何反应呢？你会发现提示符下面一行会出现所有满足条件的目录列表：`Desktop/ Documents/ Downloads/`。

这时我们有两个选择：在 D 后继续输入 oc 然后按 Tab 键，补全为 Documents；或者不输入字母，而是继续按 Tab 键，这时 3 个备选目录会依次高亮显示，输入的命令跟着发生变化，比如我们按了两次 Tab 键后 Documents 高亮，这时按回车键，达到和手动输入 Documents 一样的效果。

如果 `cd` 后什么都不输入，直接按 Tab 键会是什么效果呢？尝试一下你会发现，shell 列出了当前文件夹下的所有子文件夹。这时再用前面的方法，追加字母或者多次按 Tab 键选择，都能达到补全成完整文件夹名的效果。

Zsh 在基本的路径补全基础上进行了扩展，支持多级补全，比如 `cd /usr/lib/dpkg/methods/apt` 可以写成 `cd /u/l/d/m/a<TAB>`，这相当于告诉 shell：我要去一个以 u 开头的文件夹下的一个以 l 开头的文件夹下的……那个以 a 开头的目录。Zsh 在扫描了整个文件系统后，发现符合这个要求的只有 `/usr/lib/dpkg/methods/apt`，于是进行补全。是不是有点儿像拼音输入法，虽然 cao、zuo、xi、tong 都有很多同音字，但 czxt 指一个专有名词时，十有八九代表操作系统。

需要说明的是，Tab 补全不仅用于 `cd` 命令的路径参数，命令名和参数都可以用它补全。比如输入 us 后按 Tab 键，会出现 `useradd`、`usermod`、`userdel` 等以 us 开头的命令，同样可以继续按 Tab 键在列表中选择想要执行的命令。再比如想查看 /usr/lib/dpkg/methods/apt/names 文件内容，不需要把整个命令 `cat /usr/lib/dpkg/methods/apt/names` 输全，输入 `cat /u/l/d/m/a/n<TAB>` 即可。

有时备选项太多，完全列出来整个屏幕放不下，shell 会给出提示，比如输入命令 `ls /usr/bin/<TAB>`，提示信息如下：

```
zsh: do you wish to see all 1641 possibilities (821 lines)?
```

提示说 /usr/bin 目录下有 1641 个可选项，完全列出来有 821 行，确定要都列出来吗？

这时如果输入 y，就会看到屏幕上很多内容一闪而过，只剩下最后几行；按其他键表示不要列出所有可选项，相当于撤销补全要求。这时可以输入开头一两个字母缩小范围，比如输入 r 再按 Tab 键（`ls /usr/bin/r<TAB>`），这时备选项减少到了 54 个，只占据半个屏幕。

4.3.2 省略 cd

是的，不但可以只写开头字母或者什么都不写让 shell 猜，而且连 `cd` 都可以省了。

还是上面的场景，直接输入 `Doc<TAB>` 会被补全为 `Documents/`，然后按回车键，效果与执行 `cd Documents/` 完全相同，已经跳转到 Documents 文件夹下了。那么回到上一级文件夹应该怎么做呢？没错，不必再用 `cd ..` 了，只要 `..` 就行了，是不是很方便？

你可能要问了，既然直接输入 Doc 就能跳转到 Documents 文件夹下，先说省略 `cd`，再说 Tab 补全不是更自然吗？

很好的问题，这里的缘故 4.3.1 节开头提到了，Tab 补全是常见 shell 都支持的特征，而省略 `cd` 和下面要说的大小写混合匹配则是 Bash 所不支持的。如果你翻开本书直接阅读这里，并且使用的是 Mint 自带的 Bash，而不是 Zsh。要注意，本节是按适用范围从大到小的顺序介绍的。

省略 `cd` 后的 Tab 补全和有 `cd` 时基本一样，都可以在一条命令中多次使用 Tab 补全各层目录。唯一的例外是，输入 `cd` 后可以直接按 Tab 键，shell 会列出当前目录下所有文件夹，省略 `cd` 时则至少要写一个字母再按 Tab 键。直接按 Tab 键会发生什么？动手试试就知道了。

省略 `cd` 带来的一个问题是，Zsh 怎么知道要执行命令还是目录跳转呢？比如当前目录下有个名为 ls 的文件夹，当输入 `ls` 时，Zsh 到底执行 `ls` 命令，还是 `cd ls` 呢？老规矩，用事实说话，如代码清单 4-12 所示。

代码清单 4-12 执行命令还是文件夹跳转

```
achao@starship ~ 2020/3/10  9:58PM Ret: 0
> mkdir ls
achao@starship ~ 2020/3/10  9:58PM Ret: 0
> ls
Desktop  Documents  Downloads  ls  Music  Pictures  Public  Templates  Videos
```

搞清楚了，Zsh 的原则是执行命令的优先级高于目录跳转。

那么是不是想进入 ls 文件夹就只能写成 `cd ls` 呢？不必，写成 `./ls` 就行了，这是因为 shell 命令里不能有 `/` 符号，如果有，说明一定是路径，只能做文件夹跳转。

这一点也提醒我们，尽量不要用 shell 命令命名文件夹。

4.3.3 大小写混合匹配

在路径名称是否区分大小写这件事上，Linux 和 Windows 选择了不同的策略，前者区分大小，mydir 和 myDir 是两个不同的文件夹；后者不区分大小，将 mydir 和 myDir 视为同一个文件夹。

由于这一点，传统的 Linux shell 里输入目录名称对大小写要求很严格。比如在 Bash 中，`cd Doc<TAB>` 会被补全为 `cd Documents`，但 `cd doc<TAB>` 就抱歉了，由于 HOME 文件夹下没有以 doc 开头的文件夹，所以按下 Tab 键不会有反馈。

然而不可否认的是，输入大写字母比小写字母麻烦得多（要同时按住 Shift 键或者按一次 Caps Lock 键），所以当我们输入 `cd doc` 的时候，我们其实希望匹配任何大小写的以 doc 这 3 个字母开头的文件夹，不管是 Doc、DOC、doC 还是 dOc。Zsh 满足了这个要求，在 HOME 下输入 `cd doc<TAB>` 后会被补全为 `cd Documents/`，并且能够和前面的路径智能补全、省略 `cd` 配合使用。下面我们在 Documents 和 Downloads 下分别创建两个子文件夹，看看把它们组合起来的效果，如代码清单 4-13 所示。

代码清单 4-13 路径智能补全、省略 cd 与大小写混合匹配的组合效果

```
achao@starship ~ 2020/3/10 10:20PM Ret: 0
> mkdir Downloads/aDir Documents/bDir
achao@starship ~ 2020/3/10 10:21PM Ret: 0
> d/a<TAB>
```

首先在 Downloads 目录下创建子文件夹 aDir，在 Documents 目录下创建子文件夹 bDir，然后输入 d/a 并用 Tab 键补全。如你所料，结果正是 Downloads/aDir/，那么输入 d/b 会补全成什么呢？

4.3.4 历史目录跳转

通过上述 3 种方法的组合，已经极大地缩短了路径输入的长度。不过开发者为了避免机械重复劳动而发明工具的精神是“可歌可泣”的，到这里只能算开了个头，下面这出好戏叫历史目录跳转。

所谓历史目录，就是之前曾经访问的目录。虽然一台主机上路径很多，但常用的往往就那么十几（或者几十）条，其中有些是访问特别频繁的，即使使用缩写加上 Tab 补全仍然很麻烦。比如我们在 ~/Documents/aDir/ 下编写代码，需要去 /usr/lib/dpkg/methods/apt/ 目录下查看某个文件，这时你愉快地输入了 `/u/l/d/m/a<TAB>`，瞬间跳转，感觉很酷。查看完文件后要回到原来的目录，好吧，`~/d/a<TAB>`，也不错。过了一会儿你又要查看 /usr/lib/dpkg/methods/apt/ 下的另一个文件，再次输入 `/u/l/d/m/a<TAB>`，感觉有点儿麻烦，毕竟你只是想回到上次那个目录而已。

等查看完文件要再次返回 ~/Documents/aDir/ 时，你会发现问题出在了哪里：我只想回到刚才那个目录，至于它是 /usr/lib/dpkg/methods/apt/ 还是 ~/Documents/aDir/，是 /u/l/d/m/a 还是 ~/d/a，不应该是我们操心的事嘛！我们需要的，是一个代表上一个目录的符号，或者再进一步，假设我们从 /a1/a2 跳到 /b1/b2/b3，然后跳到 /c1/c2/c3/c4，最后来到 /d1/d2/d3/d4/d5，如何能够方便地回到之前访问过的某个目录？

我们来看看 Zsh 能把这件事简化到什么程度，如代码清单 4-14 所示。

代码清单 4-14 Zsh 中的历史目录跳转

```
achao@starship ~ 2020/3/11 10:43PM Ret: 0
> /usr/lib/dpkg/methods/apt                ❶
achao@starship /usr/lib/dpkg/methods/apt 2020/3/11 10:44PM Ret: 0
> ~/Downloads/aDir                         ❷
achao@starship ~/Downloads/aDir 2020/3/11 10:44PM Ret: 126
> /var/log/apt/                            ❸
achao@starship /var/log/apt 2020/3/11 10:45PM Ret: 0
> ~/Documents/bDir                         ❹
achao@starship ~/Documents/bDir 2020/3/11 10:47PM Ret: 0
> d                                        ❺
0       ~/Documents/bDir
1       /var/log/apt
2       ~/Downloads/aDir
3       /usr/lib/dpkg/methods/apt
4       ~
achao@starship ~/Documents/bDir 2020/3/11 10:47PM Ret: 0
> 1                                        ❻
/var/log/apt
achao@starship /var/log/apt 2020/3/11 10:47PM Ret: 0
> 1                                        ❼
~/Documents/bDir
achao@starship ~/Documents/bDir 2020/3/11 10:47PM Ret: 0
>
```

❶ 第 1 次目录跳转

❷ 第 2 次目录跳转

❸ 第 3 次目录跳转

❹ 第 4 次目录跳转

❺ 按最近访问顺序列出历史目录

❻ 返回当前目录（~/Documents/bDir）上次访问的目录 /var/log/apt

❼ 又回到了 ~/Documents/bDir 目录

你可以随便在目录间跳转，想回到上个目录只要输入 1 就行了。如果忘了上个或者上上个目录具体是什么，可以用 d 命令打印历史目录列表，当前目录的序号是 0，最近访问过的目录的序号是 1，越早访问的目录越靠后。要跳到某个历史目录，只要输入它对应的序号即可。

通过把最近的历史放在最前面，完美解决了在两个目录间来回跳转的问题。如果想在 3 个目录间来回跳转，应该输入几呢？动手试验一下，不要忘了前面介绍的各种智能补全技巧哦。

可能你会好奇，d 命令怎么知道我们访问过哪些历史目录以及它们的顺序呢？为了弄清楚这个问题，不妨请老朋友 which 命令帮忙，如代码清单 4-15 所示。

代码清单 4-15 显示历史目录

```
achao@starship /var/log/apt 2020/3/15  7:50AM Ret: 127
> which d
d () {
        if [[ -n $1 ]]
        then
                dirs "$@"
        else
                dirs -v | head -10
        fi
}
```

原来 d 是一个 shell 函数（实际上它定义在 oh-my-zsh 里）。它做的工作很简单：如果用户执行的 d 命令后面有一个参数（if [[-n $1]]），就把它传给 dirs 命令（参数列表用 $@ 表示）并执行；否则执行 dirs -v | head -10 命令（else 从句）。所以 d 命令最多能显示几条历史目录呢？

没错，dirs -v | head -10 中的管道符表明前面命令 dirs -v 的输出交给 head -10 处理，取输入文本的前 10 行，所以 d 命令最多能取最近 10 条历史目录。

那么 dirs 命令又是如何得到历史命令列表的呢？

原来在我们每次目录跳转时，Zsh 都把它记录在一个叫作**目录栈**（directory stack）的地方，后放入的目录盖在原有目录上面。由于目录栈是基于会话的，即每个命令行会话保存自己的目录栈，会话关闭，目录栈也就释放了，所以每次新开一个命令行会话时目录栈都是空的。

用同样的方法看看跳转是如何实现的，如代码清单 4-16 所示。

代码清单 4-16 实现跳转

```
achao@starship /var/log/apt 2020/3/15  7:57AM Ret: 0
> which 1
1: aliased to cd -
achao@starship /var/log/apt 2020/3/15  8:02AM Ret: 0
> which 2
2: aliased to cd -2
```

也没有什么魔法，1 就是 cd - 的简写，2 就是 cd -2 的简写，以此类推。

目录栈中的每条目录都会被编号，从上往下依次标志，越晚入栈的越靠上。你可能已经猜到了，编号正是 `\-`、`-2`、`-3`……，所以一个简单的函数包装配合目录栈，就实现了短小精悍的历史目录列表和跳转。

4.3.5 模糊匹配跳转

4.3.4 节介绍的历史目录跳转基于目录栈，同一个会话里，在两三个目录间跳转很方便，而且不同会话保留自己的历史目录，彼此不会互相干扰。

不过，有时我们恰好需要跨会话的历史目录，比如有两个数据分析项目，根目录分别是 ~/Documents/python-workspace/data-science/cool-project 和 ~/Documents/R-workspace/tidyverse-environment/hot-project。每天伴着清晨的阳光，我们都要打开一个命令行会话，跳转到 cool-project 目录下开始一天的工作。而 hot-project 接近完工，隔十天半个月根据客户反馈进行一些小的调整。整个工作流程都比较顺畅，但有两个问题时不时打断我们的思路。

首先，工作过程中经常需要临时打开一个命令行窗口进行一些辅助性工作，比如编写算法时要看某个数据表有多少条记录（等于保存那个数据表的文件行数）。我们当然可以关闭文本编辑器退回到命令行环境下查看，但这样一关一开会打断思路。更好的方法是保持编辑器窗口不变，新开一个命令行会话，跳转到根目录下，查询文件行数，关闭会话，回到文本编辑窗口继续开发。

其次，由于全身心投入 cool-project 的开发，完全忘记了 hot-project 的事情，当有一天客户要求我们对 hot-project 做些改进的时候，发现自己只记得 hot-project 这个名字，忘了文件夹具体放在哪里。

这时当然可以打开一个图形文件管理器，在文件夹树上点开每一个目录耐心寻找，或者在 HOME 下用 `find` 命令暴力搜索。但即使找到了目录位置，每次跳转还是要写一串地址（或者地址简写）。其实我们根本不关心项目放在了哪里，只要能方便地跳转到项目目录下就行了。

为了解决上述问题，人们开发了基于模糊匹配的跳转工具。只要说出某条你曾经去过的路径中有代表性的一部分，就能直接跳转过去，不需要提供完整路径。

这里我们使用 `wting/autojump` 实现模糊跳转。首先用 `audo apt install autojump` 命令安装，然后告诉 oh-my-zsh 加载它，即在 ~/.zshrc 文件的插件列表（`plugins=(...)`）中加上它的名字，如代码清单 4-17 所示。

代码清单 4-17 安装 autojump 以及 oh-my-zsh 插件

```
...
plugins=(git autojump)
...
```

插件列表第一个 Git 是 oh-my-zsh 创建 .zshrc 文件时默认开启的插件，在后面加上 autojump，插件名称之间用空格隔开。

autojump 前面的 wting/ 是什么意思？

越来越多的开源软件作者使用代码共享网站发布自己的软件，这些网站基本采用相同的格式为软件分配地址：< 网站 URL>/< 作者 ID>/< 软件名称 >。比如 autojump 的完整地址是 https://github.com/wting/autojump，其中网站 URL 部分是 https://github.com，作者 ID 是 wting，软件名称是 autojump。由于发布到 GitHub 上的比重最大，为简洁起见，人们慢慢开始省略第一部分，只写作者 ID 和软件名称。

除了 GitHub，常用的分享网站还有 GitLab、BitBucket 等，这时就要加上网站前缀以示区别，比如矢量图绘制软件 Inkscape 的地址是 https://gitlab.com/inkscape/inkscape，可以简写为 gitlab:inkscape/inkscape。

配置好 autojump 插件后，启动一个新的命令行会话体验一下，如代码清单 4-18 所示。

代码清单 4-18　使用 autojump 实现路径的模糊匹配跳转

```
achao@starship ~ 2020/3/15  8:32AM Ret: 0
> mkdir -p ~/Documents/python-workspace/data-science/cool-project          ❶

achao@starship ~ 2020/3/15 12:53PM Ret: 0
> mkdir -p ~/Documents/R-workspace/tidyverse-environment/hot-project       ❷

achao@starship ~ 2020/3/15 12:54PM Ret: 0
> ~/Documents/python-workspace/data-science/cool-project                   ❸

achao@starship ~/Documents/python-workspace/data-science/cool-project 2020/3/15 12:54PM Ret: 0
> ~/Documents/R-workspace/tidyverse-environment/hot-project                ❹

achao@starship ~/Documents/R-workspace/tidyverse-environment/hot-project 2020/3/15 12:55PM Ret: 0
> j cool                                                                   ❺
achao@starship ~/Documents/python-workspace/data-science/cool-project 2020/3/15 12:55PM Ret: 0
> j hot                                                                    ❻
achao@starship ~/Documents/R-workspace/tidyverse-environment/hot-project 2020/3/15  1:04PM Ret: 0
>
```

❶ 创建第 1 个新项目根目录

❷ 创建第 2 个新项目根目录

❸ 用完整路径跳转到第 1 个目录

❹ 用完整路径跳转到第 2 个目录

❺ 使用模糊匹配直接跳转到第 1 个项目根目录

❻ 使用模糊匹配直接跳转到第 2 个项目根目录

模糊匹配工具会将你在所有会话中到过的每个目录记录在数据文件（默认为 ~/.local/share/autojump/autojump.txt）里，并计算每个目录的访问频次和距现在的时间。当使用 `j` 命令跳转时，它根据这个数据文件决定跳转的目标。以 `j hot` 为例，autojump 挑选出你到过的每一个包含 `hot` 字符串的路径，如果只有一条，就直接跳转过去；如果发现有多条路径包含 `hot`，则跳转到得分最高的那条路径。分数计算规则是：之前访问次数越多得分越高，最后一次访问时间离现在越近得分越高。

有时 autojump 跳转到的目录并不是我们想要的，比如我们想跳转到 baseline 目录，输入 `j ba` 结果跳转到了 bagwords 目录。这时有两种方法可以修正 autojump 的匹配结果。

- 提供更多信息：比如把命令改为 `j bas`，就可以避免跳转到 bagwords。
- 降低非目标目录的权重：如果 bagwords 不是你创建的，以后也不打算进入这个目录，可以执行 `j -d 100` 命令将当前目录权重**降低**（decrease）100。

如果你对具体细节感兴趣，可以通过 `j -s` 命令查看每个目录的积分，或者用文本编辑器打开数据文件，手动修改某些目录的分值，从而改变跳转目标。这反映了开源软件的一个核心思想：给用户最大的权限和自由——既可以像普通商业软件那样忽略背后数据的存在，只使用功能，也可以通过了解和修改它的运行机制更好地为你服务。更重要的是，你始终拥有你的数据，可以随意备份、修改、删除，而不像商业软件将原本属于你的数据保存在只有它自己能识别的二进制文件里，如果用户不想放弃长时间积累的宝贵数据，就只能继续被绑死在这个软件上。

4.4 搜索文件和目录

在日常工作中，如果能够确定查找目标所在的目录，且目录里文件也不多，用 `ls` 命令看一看就行了，不需要使用搜索技术。本节所说的搜索指一般只知道目标的大概位置或者部分名称，需要在数量庞大的多级目录中找出它们的藏身之地。这个范围的最上一级目录叫作起始位置，比如要在 /etc 目录下找到所有扩展名为 conf 的文件，起始位置是 /etc；在 ~/Documents 下找到所有扩展名为 csv 的文件，起始位置是 ~/Documents。下面我们先看看在 shell 里搜索文件和目录的基本方法，然后了解 Zsh 和第三方工具提供了哪些更高效的方法。

4.4.1 基本搜索技术

shell 中最常用的搜索工具是 `find`，它的基本格式是：`find <起始位置> 表达式`。表达式可以包含筛选条件和动作，即搜索满足条件的目标，并对它执行指定动作：如果没指定筛选条件，则列出起始位置及其子目录下的所有文件和目录；如果没指定动作，则不对找到的目标执行任何操作。下面举例说明，如代码清单 4-19 所示。

代码清单 4-19 按指定扩展名搜索文件

```
achao@starship ~ 2020/3/25  3:19PM Ret: 0
> find /usr/lib -type f -name '*.conf'
/usr/lib/sysctl.d/50-coredump.conf
/usr/lib/sysctl.d/50-default.conf
/usr/lib/initramfs-tools/etc/dhcp/dhclient.conf
/usr/lib/NetworkManager/conf.d/no-mac-addr-change.conf
/usr/lib/NetworkManager/conf.d/20-connectivity-ubuntu.conf
/usr/lib/NetworkManager/conf.d/10-dns-resolved.conf
/usr/lib/NetworkManager/conf.d/10-globally-managed-devices.conf
/usr/lib/tmpfiles.d/var.conf
/usr/lib/tmpfiles.d/cryptsetup.conf
/usr/lib/tmpfiles.d/systemd-nologin.conf
/usr/lib/tmpfiles.d/legacy.conf
...
```

代码清单 4-19 查找 /etc 目录下所有扩展名为 .conf 的文件，这里 `/etc` 是起始位置，`-type f` 和 `-name '*.conf'` 组成了表达式。前者表示只搜索文件，后者表示目标的扩展名是 .conf，不对搜索结果执行操作。

另一个例子如代码清单 4-20 所示。

代码清单 4-20 搜索指定名字的目录

```
achao@starship ~ 2020/3/25  3:23PM Ret: 0
> find /usr/lib -type d -name tar
/usr/lib/tar
```

代码清单 4-20 查找 /usr/lib 目录下所有名为 tar 的目录，表达式第 1 部分 `-type d` 中的 `d` 表示目录。同样不对搜索结果执行操作。

再一个例子如代码清单 4-21 所示。

代码清单 4-21 按指定规则搜索文件并执行操作

```
achao@starship ~ 2020/3/25  3:27PM Ret: 0
> find /usr/lib/gcc -type f -name 'c*' -exec wc {} +
  12    24 2976 /usr/lib/gcc/x86_64-linux-gnu/7/crtbeginT.o
   1     7 1248 /usr/lib/gcc/x86_64-linux-gnu/7/crtoffloadend.o
 187  1244 9855 /usr/lib/gcc/x86_64-linux-gnu/7/include/sanitizer/common_interface_defs.h
 139   631 4743 /usr/lib/gcc/x86_64-linux-gnu/7/include/cilk/cilk_undocumented.h
  82   537 3541 /usr/lib/gcc/x86_64-linux-gnu/7/include/cilk/cilk.h
  71   436 3007 /usr/lib/gcc/x86_64-linux-gnu/7/include/cilk/cilk_stub.h
  436  2205 15236 /usr/lib/gcc/x86_64-linux-gnu/7/include/cilk/cilk_api.h
  49   365 2445 /usr/lib/gcc/x86_64-linux-gnu/7/include/cilk/cilk_api_linux.h
  ...
```

代码清单 4-21 查找 /usr/lib/gcc 下所有以 c 开头的文件，并统计每个文件的字符、单词和行数。其中 -type f -name 'c*' 是筛选条件；-exec wc {} + 是对搜索目标执行的动作——exec 是 execute 的简写，wc 是统计文件字符、单词和行数的命令，{} 是代表搜索结果的占位符，最后的 + 用来告诉 -exec 所执行命令的结束位置。这里需要说明一点：还有一种常见的写法是用 \; 代替 +，写成 find … -exec wc {} \;，效果一样。不过需要注意的是：由于 ; 同时还是 shell 的命令分隔符（例如 pwd; ls），因此需要用反斜杠符号对它进行转义，告诉 shell 不要解析分号，把它交给 find 命令去处理。

筛选条件还有很多其他维度，比如按所有者或者组、创建时间、修改时间、是否为空等条件筛选，这里就不一一赘述了。

如果只想找到文件的位置，有个更快的方法：locate。例如想在 /usr 目录下查找一个名为 cilk.h 的文件，可以用 locate 命令和 find 命令分别实现，如代码清单 4-22 所示。

代码清单 4-22 使用两种方法搜索指定文件

```
achao@starship ~ 2020/3/25  4:01PM Ret: 0
> locate '/usr/*/cilk.h'
/usr/lib/gcc/x86_64-linux-gnu/7/include/cilk/cilk.h
achao@starship ~ 2020/3/25  4:01PM Ret: 0
> find /usr -type f -name 'cilk.h'
/usr/lib/gcc/x86_64-linux-gnu/7/include/cilk/cilk.h
```

locate 命令几乎瞬间就返回了结果，find 则用了几秒钟才返回结果。原因在于 locate 并没有真的去文件系统中查找，而是在一个记录文件系统的数据库中查找的。这样做的好处是速度飞快，缺点是如果数据库没有及时与文件系统同步，可能会给出错误的结果。如果你不确定数据库是否与文件系统同步，可以执行 sudo updatedb 命令手动同步（Mac 用户执行 sudo /usr/libexec/locate.updatedb）。

4.4.2 任意深度展开

通过前面几个例子，相信你对通配符已经比较熟悉了。它不止能用来表示文件名称的某种模式，还可以查找文件。这里仍然用 4.3.5 节的例子，要列出 Python 和 R 语言下所有的项目，可以用通配符实现，如代码清单 4-23 所示。

代码清单 4-23 用通配符列出所有项目根目录

```
achao@starship ~ 2020/3/25  7:19PM Ret: 0
> Documents
achao@starship ~/Documents 2020/3/25  7:19PM Ret: 0
> ls */*/*project
```

```
python-workspace/data-science/cool-project:

R-workspace/tidyverse-environment/hot-project:
```

进入 ~/Documents 目录后，用 * 代表其中任何一个子目录，以此类推，`*/*/*project` 的意思是：任何子目录下的任何子目录下所有以 project 结尾的目录（以及文件）。

虽然达到了目的，但总觉得有点儿问题：为了列出所有项目，还要记住整个目录的结构和层数，记忆负担未免太大了。脑子里总记这些东西，就没有多少精力思考工作本身了。

为了解决这个问题，Zsh 提供了增强版的通配符：**，它的意思是任意层任意目录，听上去有点儿绕，其实很简单。下面用它来列出所有项目根目录，如代码清单 4-24 所示。

代码清单 4-24 使用 ** 列出所有项目根目录

```
achao@starship ~/Documents 2020/3/25  7:19PM Ret: 0
> ls **/*project
python-workspace/data-science/cool-project:

R-workspace/tidyverse-environment/hot-project:
```

同理，4.4.1 节查找 cilk.h 的命令可以简化为代码清单 4-25。

代码清单 4-25 使用 ** 简化文件查找

```
achao@starship ~/Documents 2020/3/25  7:47PM Ret: 0
> ls /usr/lib/**/cilk.h
/usr/lib/gcc/x86_64-linux-gnu/7/include/cilk/cilk.h
```

你可能注意到了，代码清单 4-22 中的 `locate '/usr/*/cilk.h'` 命令只用了一个 * 就实现和这里 ** 相同的效果。这是由于 `locate` 命令并不将 * 看作路径通配符，导致 `locate` 参数的通配符无法在其他命令中发挥作用。而 ** 可用于任何需要路径参数的地方，如代码清单 4-26 所示。

代码清单 4-26 任何需要路径参数的地方都可以使用 **

```
achao@starship ~/Documents 2020/3/25  7:58PM Ret: 0
> wc -l /usr/lib/**/cilk.h
82 /usr/lib/gcc/x86_64-linux-gnu/7/include/cilk/cilk.h
achao@starship ~/Documents 2020/3/25  7:58PM Ret: 0
> head /usr/lib/**/cilk.h
/*  cilk.h                  -*-C++-*-
 *
 *  Copyright (C) 2010-2016, Intel Corporation
 *  All rights reserved.
 *
 *  Redistribution and use in source and binary forms, with or without
 *  modification, are permitted provided that the following conditions
 *  are met:
 *
 *    * Redistributions of source code must retain the above copyright
```

这里展示了在 wc 和 head 命令参数中使用 **，你可以试试在 cat、tail 等任何需要路径参数的地方使用它。

4.4.3　路径模糊匹配

4.4.2 节介绍的方法用来查找文件很方便，不过当目标特征不太确定时，就会有点儿麻烦，比如想查看 /usr 下 Python 3 某个以 apt 开头的包中 core 文件的文件头（前 5 行代码），Python 3 的目录一般以 python3 开头，但也可能带小版本号，比如 python3.4、python 3.6 之类的，用 ** 表达这个意思要写成代码清单 4-27。

代码清单 4-27　基于 ** 的模糊搜索方法

```
achao@starship ~ 2020/3/26  8:14AM Ret: 0
> cd /usr
achao@starship /usr 2020/3/26  8:16AM Ret: 0
> head -5 **/python3*/**/apt*/**/core*
==> /usr/lib/python3/dist-packages/aptdaemon/core.py <==
#!/usr/bin/env python
# -*- coding: utf-8 -*-
"""
Core components of aptdaemon.

==> /usr/lib/python3/dist-packages/aptdaemon/__pycache__/core.cpython-36.pyc <==
3
i^h@sdZdZdIZd
lZd          d
   dlmZd

...
```

找到了搜索目标 /usr/lib/python3/dist-packages/aptdaemon/core.py，但有两个问题。

- 首先，路径写起来有点儿啰唆，完全不像前面单搜索文件时的干脆利索。
- 其次，搜索结果第 2 项，那个 pyc 是二进制文件，不像文本文件那样分行，所以输出了一大堆奇怪的东西。由于事先不知道具体文件名，因此这种情况很难避免。

如果能一边输入一边观察筛选结果，根据结果决定后面怎么输入就好了。比如输入到 core 时，列出所有符合条件的文件，再选择最后打印哪个文件。是的，这种反映广大同行心声的需求当然会被无私的开发者实现并分享出来，其中知名度比较高的是 junegunn 开发的 fzf。首先仍然是按照文档安装，如代码清单 4-28 所示。

代码清单 4-28　安装模糊搜索工具 fzf

```
achao@starship ~ 2020/3/15  2:06PM Ret: 0
> git clone --depth 1 https://github.com/junegunn/fzf.git ~/.fzf
```

```
~/.fzf/install
...
Do you want to enable fuzzy auto-completion? ([y]/n)            ❶
Do you want to enable key bindings? ([y]/n)                     ❷
...
Do you want to update your shell configuration files? ([y]/n)   ❸
...
```

❶ 直接按回车键接受默认选项，开启模糊补全功能

❷ 直接按回车键接受默认选项，开启快捷键

❸ 直接按回车键接受默认选项，更新 shell 配置文件

安装过程完成后重启 shell，fzf 默认将模糊文件匹配绑定到 Ctrl-t 快捷键上。在命令中任何位置用这组快捷键，命令行下方会显示当前目录下所有子目录、文件的模糊匹配结果，输入新字符后匹配结果会随之更新，如代码清单 4-29 所示。

代码清单 4-29　fzf 路径模糊匹配功能示例

```
achao@starship ~ 2020/3/26  8:14AM Ret: 0
> cd /usr
achao@starship /usr 2020/3/26  8:16AM Ret: 0
> head -5 <Ctrl-t>                                    ❶
> python3aptcore                                      ❷
  71/287145                                           ❸
> lib/python3/dist-packages/aptdaemon/core.py         ❹
  /usr/lib/python3/dist-packages/aptdaemon/__pycache__/core.cpython-36.pyc
  ...
```

❶ 初始命令行

❷ 模糊匹配输入位置

❸ 匹配结果（71）和搜索范围内总体数量（287 145）

❹ 当前匹配结果，用行首的 > 符号标示

在初始命令 `head -5` 需要添加目标路径的位置按模糊匹配快捷键，下方出现模糊匹配列表，直接输入关键词 `python3`、`apt`、`core`，不需要加空格等分隔符。由于当前匹配结果 `lib/python3/dist-packages/aptdaemon/core.py` 正是我们想要的，因此按回车键后，初始命令行变为 `head -5 lib/python3/dist-packages/aptdaemon/core.py`。如果想选择其他文件，只要用向上 / 向下键（或者 Ctrl-p 和 Ctrl-n）在列表中移动到对应位置按回车键即可。

4.5 智能辅助

前面研究了路径的补全和展开，接下来我们看看命令中其他成分的智能增强方法。在开始介绍新理念和新工具之前，先复习一项简单却很有用的命令行编辑技术：通过 Up 键（向上移动）

调出上次执行的命令。有了它，我们就不用担心辛苦输入的命令哪里不对，还要重新输入，而可以放心大胆地写，甚至可以故意写错一部分观察系统的反应。shell 不会在你连续写错十次后冲你翻白眼或者叫你白痴，只要出错后调出上次的输入，根据错误信息进行修改，并再次运行就行了。

言归正传，下面从补全开始了解各项增强工具。

4.5.1 历史命令自动补全

与经常要跳转到某个目录类似，有些命令也会被反复执行。比如写作本书就要经常执行 `asciidoctor -a data-uri book.adoc` 命令，把 Asciidoc 源码编译为 HTML 文件以观察效果。如果 asciidoctor 是个会思考的人，成百上千次重复后，只要我一叫他名字，他就会把文件编译好，毕竟十有八九是要他编译文件。

虽然 asciidoctor 只是一段程序，但它的聪明程度比上面提到的有过之而无不及。比如只要输入整个命令的第一个字母 `a`，就会立即被补全成 `asciidoctor -a data-uri book.adoc`。不过光标并没有跳到整个命令的最后，而是仍在 `a` 后面。这样做的好处是，如果我们想运行的不是编译文件，而是搜索一个叫 Neovim 的包（`apt search neovim`），不用辛苦地删掉 `a` 后面的 `sciidoctor -a data-uri book.adoc` 这一大段文字，只要继续输入第 2 个字母 `p` 即可。

这个方便的功能是通过一个叫 zsh-autosuggestions 的工具实现的，它可以作为 oh-my-zsh 的插件安装，具体分为两步：首先将代码 clone 到 oh-my-zsh 的插件目录下（clone 是版本控制工具 Git 的一个操作，相当于将代码从代码分享网站复制到本地目录下，后文会详细说明），然后把名字加到 oh-my-zsh 的插件列表里即可，如代码清单 4-30 所示。

代码清单 4-30 开启 zsh-autosuggestions 插件

```
achao@starship ~ 2020/3/15  1:55PM Ret: 0
> git clone https://github.com/zsh-users/zsh-autosuggestions \
  ${ZSH_CUSTOM:-~/.oh-my-zsh/custom}/plugins/zsh-autosuggestions
achao@starship ~ 2020/3/15  2:03PM Ret: 0
> vi .zshrc
...
plugins=(autojump git zsh-autosuggestions)
...
```

重启命令行后，输入几个以前执行过的命令就能看到效果了。zsh-autosuggestions 从后向前搜索命令历史，找到第一个匹配现有输入的完整命令补全。比如你上个月执行了 1 次 `apt search neovim`，上周执行了 3 次 `asdf plugin-list`，昨天执行了 1 次 `asdf list python`，当你输入 `a` 后，补全的是最近一次的 `asdf list python`，而不是使用最频繁的 `asdf plugin-list`。这时光标停在 a 后面，自动补全的部分 sdf list python 以浅灰色显示，表示它们只是建议，不是真的命令。如果你确实要执行 asdf list python，只要按 Right 键（向右移动）或者 Ctrl-e 快捷键，这时字体不再以浅灰色显示，表示它们已经是真实的命令了，然后按回车键执行。如果要执行的是 apt search neovim，只要在已经输入的 a 后面继续输入 p，自动补全就会变成 apt search neovim。这时光标仍然停留在 p 后面，需要用 Right 键或者 Ctrl-e 快捷键确认，再按回车键执行。

如果要执行的是 asdf plugin-list，需要输入几个字母才能被自动补全呢？没错，6 个，asdf p，即 asdf plugin-list 和 asdf list python 出现差异的第一个字母。

4.5.2 历史命令模糊匹配

前面的历史命令自动补全有个局限：必须从头开始严格匹配，如果两个比较长的命令前面都一样，到中间或者后面才不同，输入还是比较麻烦的，比如下面这个场景。

一个 CSV 文件，每行包含一个时间戳（用从 1970 年 1 月 1 日零时到某个时间点间隔的秒数代表这个时间，比如 3 表示 1970 年 1 月 1 日 00:00:03，1564762961 表示 2019 年 8 月 3 日 00:22:41 等），需要转换成指定格式的日期时间字符串，这里我们只打印前 5 行，如代码清单 4-31 所示。

代码清单 4-31　将时间戳转换为字符串

```
achao@starship ~ 2020/3/23  7:53PM Ret: 0
> cd Documents

achao@starship ~/Documents 2020/3/23  7:53PM Ret: 0
> cat << EOF > times.csv                                          ❶
heredoc> 1524792961
1564762961
1582492961
1582792961
1584792961
EOF

achao@starship ~/Documents 2020/3/23  7:54PM Ret: 0
> head -5 times.csv                                               ❷
1524792961
1564762961
1582492961
1582792961
1584792961

achao@starship ~/Documents 2020/3/23  8:09PM Ret: 0
> head -5 times.csv|xargs -I {} python -c 'from datetime import datetime;
  dt = datetime.fromtimestamp({});
  print(dt.strftime("Full date and time: %Y-%m-%d %H:%M:%S"))'    ❸
```

```
Full date and time: 2018-04-27 09:36:01
Full date and time: 2019-08-03 00:22:41
Full date and time: 2020-02-24 05:22:41
Full date and time: 2020-02-27 16:42:41
Full date and time: 2020-03-21 20:16:01

achao@starship ~/Documents 2020/3/23  9:55PM Ret: 0
> head -5 times.csv|xargs -I {} python -c 'from datetime import datetime;
  dt = datetime.fromtimestamp({});
  print(dt.strftime("Local time: %H:%M:%S"))'                    ❹
Local time: 09:36:01
Local time: 00:22:41
Local time: 05:22:41
Local time: 16:42:41
Local time: 20:16:01
```

❶ 生成样例文件，只做了前 5 行

❷ 验证文件内容

❸ 转换为日期 + 时间格式字符串

❹ 转换为时间字符串

首先用 `head -5` 取出文件前 5 行，将每一行文本（比如 1524792961）通过管道交给 `xargs`，`xargs` 再用它替换后面命令中的占位符，这里是 `{}`。最后的效果是执行了 5 次 Python 代码进行转换。第 1 行文本处理过程如代码清单 4-32 所示。

代码清单 4-32　转换第 1 行文本的 Python 代码

```
from datetime import datetime
dt = datetime.fromtimestamp(1524792961)
print(dt.strftime("Full date and time: %Y-%m-%d %H:%M:%S"))
```

后面 4 行除了 `datetime.fromtimestamp()` 中的参数不同，其他完全一样。可能你会发现 `xargs` 的功能类似于函数式编程中的 `map` 函数，确实如此，不过它和 Python 代码如何转换时间戳都不是这里的重点，只是为了举一个日常工作中会用到又比较长的例子。

为什么写完第 1 行后按回车键，shell 没有像往常一样马上执行而是等待我们继续输入命令呢？这是由于第 1 行命令中 `python -c` 后的单引号还没有配对，shell 会等待我们在后续命令中（不论分成多少行）再输入一个单引号完成配对再执行。

这两次转换中，一个包含日期和时间两部分，另一个则只包含时间，其他处理方法完全一样。当需要再次执行其中某个命令时，不难想象用命令自动补全方法会比较麻烦，要输入很多字符才能到达第 3 行有区别的地方（一个是 `Full date and time`，另一个是 `Local time`），实际上我们想表达的意思是：执行那个以 `python` 命令开头、后面有 `Full` 的命令，翻译成模糊匹配就是 `pythonfull`，或者更简单些：`pyfull`。

4.4.3 节中的 fzf 工具实现了这一思路，其使用方法和 Ctrl-t 类似，用快捷键 Ctrl-r 开启历史命令匹配列表，输入 `pyfull`，可以看到 fzf 正确匹配到了我们想再次执行的命令。如果没有，请再执行一下代码清单 4-31 里的命令，确保目标在历史命令记录中。

同理，如果想再次执行前面第 2 种转换，应该如何匹配呢？没错，输入 `pylocal`，就可以匹配到历史命令中 `py` 后面跟着 `local`（不区分大小写）的命令了。

命令模糊匹配打开了一扇通往新世界的大门，在它的帮助下，一个命令只要被执行过一次（从而被记录到了命令历史中），不论它包含 3 个字符还是 300 个字符，在我们看来都是一两个关键词的拼接，通过几次按键就能把它调出来再执行一次，或者拼接成更复杂的命令。

4.5.3 语法高亮

补全工具用文字提供帮助，语法高亮则通过颜色提供帮助。它一方面用不同颜色渲染命令中的不同成分以方便我们理解，另一方面将错误部分用醒目的颜色（一般为红色）标记出来提醒我们注意。

Zsh 的语法高亮通过 zsh-syntax-highlighting 实现，作为 oh-my-zsh 插件，安装方法和 zsh-autosuggestions 一样分两步，如代码清单 4-33 所示。

代码清单 4-33 添加语法高亮后的 Zsh 插件列表

```
achao@starship ~ 2020/3/24  1:55AM Ret: 0
> git clone https://github.com/zsh-users/zsh-syntax-highlighting.git \
  ${ZSH_CUSTOM:-~/.oh-my-zsh/custom}/plugins/zsh-syntax-highlighting
achao@starship ~ 2020/3/24  2:03AM Ret: 0
> vi .zshrc
...
plugins=(autojump git zsh-autosuggestions zsh-syntax-highlighting)
...
```

重启命令行后，不妨用 `head` 命令来体验一下：当输入 `h`、`e` 和 `a` 时，文字为红色，表示 `h`、`he` 和 `hea` 都不是有效命令，继续输入 `d` 后，`head` 变成了绿色，表示这是有效的命令。

语法高亮不仅在手动输入时为用户提供即时反馈，从外面复制进来的命令也能被正确标记。比如前面提到的文件编译命令 `asciidoctor -a data-uri book.adoc`，如果你的系统里没有安装 asciidoctor，当你把该命令复制到命令行里时，asciidoctor 会被渲染成红色，表示该命令不存在。

4.5.4 智能安装建议

安装建议这类工具为用户提供的价值，本质上反映了人们对待错误的态度转变。农业时代，社会发展缓慢，祖辈使用的东西，子子孙孙继续用，一切都有确定的标准答案，人们要做的就是将它们烂熟于心变成本能，随心所欲不逾矩。在这种社会文化中，错误是一个贬义词，像害虫瘟疫一样讨厌。后来，在文艺复兴和工业革命的推动下，人类的认知和生存空间快速扩展，在未知领域开疆拓土的探索者和改变传统的创新者成了英雄，与之相伴的探索者文化中，错误不再像害虫或者耻辱，变成了一个中性词，像探险家身上的指南针。

命令行就是一群创造者为包括自己在内的创造者打造的系统，在这个世界里，错误信息不是责备，而是继续前进的线索和指引。开发者编写错误信息时，会让用户尽量具体地了解什么地方出了岔子，并给出解决问题的建议。

但这个世界毕竟不完美，我们还是经常看到没什么建设性的错误信息，其中最常见的大概就是 command not found（命令未找到）。为了解决这个问题，人们开发了一个名叫 command-not-found 的 oh-my-zsh 插件。作为内置插件，只要加入 ~/.zshrc 的 plugins 列表里就可以使用了，如代码清单 4-34 所示。

代码清单 4-34　增加了 command-not-found 的插件列表

```
plugins=(autojump command-not-found git zsh-autosuggestions zsh-syntax-highlighting)
```

修改、保存 ~/.zshrc 文件并重启命令行后，以 CSV 文件分析工具 csvstat 为例，看看现在的错误信息是什么样的，如代码清单 4-35 所示。

代码清单 4-35　csvstat 命令未找到的错误信息

```
achao@starship ~ 2020/3/24  3:54PM Ret: 0
> csvstat

Command 'csvstat' not found, but can be installed with:

sudo apt install csvkit
```

提示首先指出 csvstat 命令未找到，然后给出了解决问题的具体建议：安装 csvkit。

command-not-found 会根据你使用的系统给出不同的建议，目前支持 Ubuntu/Linux Mint、Fedora、macOS 和 NixOS 等系统，比如在没有安装 csvkit 的 Fedora 系统中执行 csvstat 命令，如代码清单 4-36 所示。

代码清单 4-36　在没有安装 csvkit 的 Fedora 系统中执行 csvstat 命令

```
$ csvstat

zsh: csvstat: command not found...

Install package 'python3-csvkit' to provide command 'csvstat'? [N/y]
```

4.6 别名机制

别名（alias）是消除机械重复劳动的终极武器。如果应用了上述各种方法之后，仍然有一些很长的命令需要反复输入，那就给它定义个别名吧。

以第 3 章介绍的 asdf 应用为例，安装一种新编程语言或者工具时，第一个动作是检查某门编程语言是否被 asdf 支持，如果支持的话叫什么名字。这时要用到 `asdf plugin-list-all` 命令（参考代码清单 3-58），比如安装 Node.js，首先要搞清楚如果 asdf 可以安装，插件名称是 Node.js、node.js、node 还是 nodejs？不管怎么变，其中一定包含 node（不区分大小写），那么可以像代码清单 4-37 这样查找。

代码清单 4-37　查找 Node.js 在 asdf 中的插件名称

```
achao@starship ~ 2020/3/26  2:55PM Ret: 0
> asdf plugin-list-all|grep -i node
nodejs                    *https://github.com/asdf-vm/asdf-nodejs.git
```

这样就确定了 Node.js 的插件名称是 nodejs。如果觉得每次都输入这么一长串命令很麻烦，即使有历史命令自动补全和模糊匹配加持，还是拖累了你运转如飞的大脑，不妨尝试一下别名，如代码清单 4-38 所示。

代码清单 4-38　为查找插件命令定义别名

```
achao@starship ~ 2020/3/26  2:57PM Ret: 0
> alias apla='asdf plugin-list-all'          ❶
achao@starship ~ 2020/3/26  2:57PM Ret: 0
> apla|grep -i node                          ❷
nodejs                    *https://github.com/asdf-vm/asdf-nodejs.git
```

❶ 为 `asdf plugin-list-all` 命令定义别名 `alpa`

❷ 使用别名执行查询操作

代码清单 4-38 首先为 `asdf plugin-list-all` 命令定义了别名 `alpa`，即每个单词首字母的缩写。当然，也可以使用任何你喜欢的字母数字组合，然后用别名进行查询，效果与原命令完全一样。

定义别名是通过 `alias` 命令实现的，格式是：`alias <alias-name>=<command>`，其中 `alias-name` 是别名，`command` 是原来的命令，比如上面的例子中 `alias-name` 是 `apla`，`command` 是 `asdf plugin-list-all`。

当 `command` 中包含空格时，为了避免 `alias` 将空格后面的部分当成参数，需要用单引号或者双引号将其包裹起来，以告诉 `alias` 引号包裹的是一个整体。但有时候 `command` 内部也有引号，如果内外使用相同的引号，就可能发生解析错误，比如代码清单 4-39 所示的定义。

代码清单 4-39　引号混淆导致别名定义错误

```
achao@starship ~ 2020/3/26  3:41PM Ret: 0
> alias ehw='echo 'hello world''
achao@starship ~ 2020/3/26  3:41PM Ret: 1
> ehw
hello
```

为什么只有 hello，world 跑哪儿去了？原来 shell 从左到右依次解析命令，'echo ' 被当成了一个整体，与紧接着的 hello 组成了 alias 命令的 command 参数，因此后面的 world'' 被当成无效参数舍弃了。

怎么解决这个问题？

避开引号冲突就行了，具体来说，就是 command 的包裹引号与 command 内部不要使用相同的引号，如代码清单 4-40 所示。

代码清单 4-40　使用不同的引号避免解析错误

```
achao@starship ~ 2020/3/26  3:49PM Ret: 130
> alias ehw="echo 'hello world'"
achao@starship ~ 2020/3/26  3:49PM Ret: 0
> ehw
hello world
```

单双引号有区别

单引号和双引号的行为并不完全一致，不能随意互换。比如上面的例子中，如果等号后面写成 'echo "hello world"'，执行 ehw 后输出就变成了 "hello world"，多了一对双引号，所以定义别名后要注意查验一下引号的处理是否符合预期。

你也许会问，如果 command 里既有单引号又有双引号怎么办？这时不论用哪种引号包裹 command 都会发生冲突，是不是这样的命令就不能分配别名了呢？

不是的，为了让这样的命令也能定义别名，需要使用**转义**（escape）技术。顾名思义，当一个字符被转义后，该字符就不再是它原本的意义了。下面结合代码清单 4-31 看看转义是如何解决引号冲突问题的，如代码清单 4-41 所示。

代码清单 4-41　使用转义解决引号冲突问题

```
achao@starship ~ 2020/3/26  4:12PM Ret: 130
> alias ct="head -5 times.csv|xargs -I {} python -c 'from datetime import datetime;\
  dt = datetime.fromtimestamp({});\
  print(dt.strftime(\"Full date and time: %Y-%m-%d %H:%M:%S\"))'"
achao@starship ~ 2020/3/26  4:12PM Ret: 0
```

```
> ct
Full date and time: 2018-04-27 09:36:01
Full date and time: 2019-08-03 00:22:41
Full date and time: 2020-02-24 05:22:41
Full date and time: 2020-02-27 16:42:41
Full date and time: 2020-03-21 20:16:01
```

我们对原来的命令做了两处修改后，成功为它定义了别名 `ct`（代表 convert time），并得到了与原来命令相同的结果。

首先原命令中的双引号前面加上了反斜杠，它告诉 `alias` 命令：这不是包裹 `command` 的双引号，而属于 `command` 内部。

其次整个命令比较长，都写在一行不方便阅读，所以做了折行处理。由于 Python 是区分缩进的语言，第 2 行 `dt = ...` 和第 3 行 `print(...)` 前面的空格会导致无效缩进错误，所以行尾的反斜杠告诉 Python 这些代码都在一行，不要做缩进解析。

一口气说了这么多，是不是有点儿晕？没关系，这里的重点是说明使用转义技术能够解决引号冲突问题，至于具体方法，随着经验的积累慢慢就明白了。

在命令行会话中使用 `alias` 命令定义别名，当会话结束时别名随之失效，新的命令行会话中将没有这个别名，适合临时使用或者测试。如果想让这个别名在所有会话中都有效，就得把它放到启动文件里，对于 Zsh 来说，就是 ~/.zshrc 文件。

最后，要列出当前会话中已定义的别名，执行 `alias` 命令（不带参数）即可，如代码清单 4-42 所示。

代码清单 4-42 列出当前会话中的别名

```
achao@starship ~ 2020/3/26  3:31PM Ret: 0
> alias
-='cd -'
...=../..
....=../../..
.....=../../../..
......=../../../../..
1='cd -'
2='cd -2'
...
l='ls -lah'
la='ls -lAh'
ll='ls -lh'
ls='ls --color=tty'
lsa='ls -lah'
md='mkdir -p'
rd=rmdir
which-command=whence
```

现在知道为什么 `l` 命令能够以详细格式显示包括隐藏文件在内的目录和文件了吧，原来它只是 `ls -lah` 的马甲而已！

4.7　帮助文档随手查

4.2 节中我们用 `man zshmisc` 命令打开 Zsh 用户手册查询命令提示符的定制方法，你也许会觉得，在这个互联网时代，上网查一下什么都有，没必要查看命令行格式的文档吧？

使用互联网查询当然是很重要的方法，但也有不足之处。

- 首先，未必能查到要找的信息，尤其用不太靠谱的搜索引擎的时候。
- 其次，即便能找到，未必是合适的。造成信息不合适的原因很多，比如发布信息的作者对信息的理解不准确，或者查到的信息所使用的版本、操作系统等和你使用的不同。这样的信息不完全匹配有时不但不能解决问题，反而可能帮倒忙。
- 最后，即便能查到合适的信息，也会由于离开命令行环境而打断你的工作流。

所以，当你需要查询的是命令格式、参数选项、实例说明等信息时，使用命令行帮助工具比使用浏览器查询效果好。

下面按照从简单到复杂的顺序介绍几种常用的命令行帮助工具。

4.7.1　应用信息查询工具

应用信息查询工具可以帮助我们了解一个应用某方面的特征，从而方便使用或者维护应用。本节用到的并不是这类工具的全部，而是出镜频率比较高的几个。这些工具的用法比较简单，只需将待查询的应用名称作为参数即可。首先让它们做个自我介绍，如代码清单 4-43 所示。

代码清单 4-43　打印各工具的功能介绍

```
achao@starship ~ 2020/3/27  2:27PM Ret: 0
> whatis whatis whereis which type file dpkg    ❶
whatis (1)           - display one-line manual page descriptions
whereis (1)          - locate the binary, source, and manual page files for a command
which (1)            - locate a command
file (1)             - determine file type
dpkg (1)             - package manager for Debian
Dpkg (3perl)         - module with core variables
type: nothing appropriate.
```

❶ macOS 默认输出到 pager 里，可以将这个命令拆分成 `whatis whatis`、`whatis whereis`、`whatis which` 等分别查看，并用 `whatis brew` 代替 `whatis dpkg`

为简洁起见，这里将要查询的命令（包括 whatis 本身）全部作为 whatis 的参数，一次性返回所有查询结果。每次只写一个参数执行 5 次当然也可以。返回结果对各工具的功能给出了简单的解释。

- whatis：给出用户手册中的单行描述。
- whereis：给出命令二进制、源代码以及手册文件的位置。
- which：给出命令的位置。
- file：给出文件类型。
- dpkg：Debian 发行版的包管理工具。

没有说明 type 工具的功能，不过从名字推断应该是查询应用的类型，下面尝试一下，如代码清单 4-44 所示。

代码清单 4-44 打印各工具的类型

```
achao@starship ~ 2020/3/27  3:08PM Ret: 0
> type whatis whereis which type file dpkg
whatis is /usr/bin/whatis
whereis is /usr/bin/whereis
which is a shell builtin
file is /usr/bin/file
type is a shell builtin
dpkg is /usr/bin/dpkg
```

果然，type 对普通应用给出了命令文件位置，对 shell 内置函数（shell builtin）说明了类型。

下面来看一个实际工作中使用它们答疑解惑的例子。

Python 是数据分析、系统运维、网站开发经常用的一门编程语言，由于它的 3.x 版本不完全兼容 2.x 版本以及其他一些历史原因，从 2008 年 Python 3 发布，直到 2020 年 Python 官方才不再维护 2.x 版本。这造成在很长一段时间里，发行版要同时提供两个版本的 Python。如果使用者用错版本，就可能出现正确代码运行出错的问题。下面我们用上面的工具分析一下系统中安装的 Python 解释器，看能不能提供有价值的信息，如代码清单 4-45 所示。

代码清单 4-45 使用应用信息查询工具分析 Python 应用

```
achao@starship ~ 2020/3/28 10:01PM Ret: 0
> whatis python
python (1)           - an interpreted, interactive, object-oriented programming language
achao@starship ~ 2020/3/28 10:05PM Ret: 0
> whereis python
python: /usr/bin/python /usr/bin/python3.6 /usr/bin/python2.7 /usr/bin/python3.6m
/usr/lib/python3.6 /usr/lib/python2.7 /usr/lib/python3.7 /usr/lib/python3.8 /etc/python
/etc/python3.6 /etc/python2.7 /usr/local/lib/python3.6 /usr/local/lib/python2.7
```

```
/usr/include/python3.6m /usr/share/python /usr/share/man/man1/python.1.gz
achao@starship ~ 2020/3/28 10:05PM Ret: 0
> which python
/usr/bin/python
achao@starship ~ 2020/3/28 10:05PM Ret: 0
> type python
python is /usr/bin/python
achao@starship ~ 2020/3/28 10:05PM Ret: 0
> file /usr/bin/python
/usr/bin/python: symbolic link to python2.7
achao@starship ~ 2020/3/28 10:05PM Ret: 0
> dpkg -l python
Desired=Unknown/Install/Remove/Purge/Hold
| Status=Not/Inst/Conf-files/Unpacked/halF-conf/Half-inst/trig-aWait/Trig-pend
|/ Err?=(none)/Reinst-required (Status,Err: uppercase=bad)
||/ Name                             Version              Architecture         Description
+++-================================-====================-====================-===========================
ii  python                           2.7.15~rc1-1         amd64                interactive high-level ...
```

上面的 file 命令只接受路径作为参数，所以用 which python 的输出作为 file 参数。对于 dpkg 应用，通过第 3 章的讲解我们已经很熟悉了，这里只用它的 -l 参数作为查询工具。这两个命令的输出显示 python 对应 Python 2.7，而不是 Python 3；whereis python 的返回结果显示，还有几个 python 加上版本号的源码和帮助文件路径，可以去感兴趣的路径下面查看。不过，如果只关心可执行应用，更简单的方法是利用 shell 的自动补全机制，如代码清单 4-46 所示。

代码清单 4-46 使用补全机制列出相关应用

```
achao@starship ~ 2020/3/28 10:05PM Ret: 0
> python<TAB>
python      python2      python2.7   python3      python3.6   python3.6m  python3m
```

用应用信息查询工具检查这几个应用，不难发现其中大部分是文件链接，只有 python2.7 和 python3.6 是真正可执行的二进制文件，如代码清单 4-47 所示。

代码清单 4-47 python2.7 和 python3.6 的文件信息

```
achao@starship ~ 2020/3/29 10:23AM Ret: 0
> file /usr/bin/python2.7
/usr/bin/python2.7: ELF 64-bit LSB shared object, x86-64, version 1 (SYSV),
dynamically linked, interpreter /lib64/l, for GNU/Linux 3.2.0,
BuildID[sha1]=f13a620d8b11b76f9ced92adf36191bb8456bf4c, stripped
achao@starship ~ 2020/3/29 10:24AM Ret: 0
> file /usr/bin/python3.6
/usr/bin/python3.6: ELF 64-bit LSB executable, x86-64, version 1 (SYSV),
dynamically linked, interpreter /lib64/l, for GNU/Linux 3.2.0,
BuildID[sha1]=287763e881de67a59b31b452dd0161047f7c0135, stripped
```

现在可以确定，用 python 或者 python2.7 运行 2.x 版本的 Python 程序，用 python3 或者 python3.6 运行 3.x 版本的 Python 程序。

4.7.2 实例演示工具

信息查询工具能够提供关于一个应用的背景信息，但对于该应用具体如何使用就帮不上忙了。就像看书首先看目录一样，初次接触一个应用，我们往往想了解它的用法示例和说明，而不是一头扎进用户手册的细节中去。

满足实例演示这个需求的应用有很多，其中比较成熟且使用广泛的是 tldr。这个词原本是个网络俚语，意思是（文章）太长了，不看（too long, don't read），拿来作为应用的名字也算传神。下面我们就以压缩和解压应用 tar 为例体验一下，如代码清单 4-48 所示。

代码清单 4-48 安装并使用实例演示工具 tdlr

```
achao@starship ~ 2020/3/29 10:51AM Ret: 0
> sudo apt install tldr      ❶
[sudo] password for achao:
Reading package lists... Done
Building dependency tree
Reading state information... Done
The following NEW packages will be installed:
  tldr
...

achao@starship ~ 2020/3/29 10:52AM Ret: 0
> tldr tar
tar
Archiving utility.
Often combined with a compression method, such as gzip or bzip.
More information:
https://www.gnu.org/software/tar
.

  - Create an archive from files:
    tar cf {{target.tar}} {{file1}} {{file2}} {{file3}}

  - Create a gzipped archive:
    tar czf {{target.tar.gz}} {{file1}} {{file2}} {{file3}}

  - Create a gzipped archive from a directory using relative paths:
    tar czf {{target.tar.gz}} -C {{path/to/directory}} .

  - Extract a (compressed) archive into the current directory:
    tar xf {{source.tar[.gz|.bz2|.xz]}}

  - Extract an archive into a target directory:
    tar xf {{source.tar}} -C {{directory}}
...
```

❶ Mac 用户使用 brew install tldr 安装

返回结果首先给出了被查询应用（tar）的名称，然后对功能做了简要介绍（包括官网地址，供用户查找更多文档），接下来是各种场景中的使用方法，用户根据实际情况替换 `{{...}}` 中的内容即可。注意例子中的中括号表示可选内容，比如 `source.tar[.gz]` 表示 `source.tar` 或者 `source.tar.gz` 都是对的，竖线表示或的关系，比如 `.gz|.bz2|.xz` 表示从 `.gz`、`.bz2`、`.xz` 中任选一个。把它们组合起来，`source.tar[.gz|.bz2|xz]` 表示什么意思呢？没错，表示以下 4 种情形中的任何一种都是对的：

- `source.tar`
- `source.tar.gz`
- `source.tar.bz2`
- `source.tar.xz`

4.7.3 用户手册和帮助文档

虽然很少有人闲暇时阅读某个应用的用户手册打发时间（然而真的有），但用户手册至少在下面 3 个场景中是最有效的参考资料：

- 查询某个参数的含义和使用方法；
- 系统性地了解某个应用的设计思路和整体架构，确保正确、高效地使用它；
- 用其他方法（包括网络搜索）得不到要找的信息。

打开用户手册的方法也很简单：`man` 后面加上要查询的应用名称，比如执行 `man tar` 就打开了 tar 应用的用户手册。另一个具体的例子见 4.2 节，这里不再赘述，需要强调的有两点。

首先，在比较长的文档中，要善于使用搜索技术：在 `/` 后面加上要搜索的关键字，再配合 n/N 跳到上一个/下一个关键字的位置。查找选项或者参数的用法时，还可以借助正则表达式（3.3.1 节曾用过）提高搜索效率。比如要查询 tar 的 `-d` 选项的使用方法，打开手册后输入命令 `/^\s*-d` 就能直接跳到对 `-d` 的说明部分，其各部分含义如下。

- `/`：向下搜索。
- `^`：一行的行首（开头）。
- `\s*`：任意（包括 0）个空格。
- `-d`：代表要搜索的文本 `'-d'` 本身。

连起来就表示：向下搜索以任意个空格开头并且后面跟着 `-d` 的字符串。

另外，还可以开启一个叫作 colored-man-pages 的 oh-my-zsh 插件。老办法，把名字加

入 `~/.zshrc` 的 `plugins=()` 列表里，如代码清单 4-49 所示。

代码清单 4-49 添加了 colored-man-pages 后的 Zsh 插件列表

```
plugins=(autojump colored-man-pages command-not-found git zsh-autosuggestions zsh-syntax-highlighting)
```

保存文件后重启命令行会话，输入 `man tar`，有没有焕然一新的感觉？

有时候你会看到 `man 3 printf` 这样的使用方法，其中的 `3` 是什么意思呢？

原来 shell 的帮助系统按类别分成了 9 节（section），分别用 1 ～ 9 表示。`man` 的第 1 个参数就是节编号，默认值是 1，所以 `man tar` 的完整形式是 `man 1 tar`。日常工作中使用其他节的机会不多，如果你对这方面内容感兴趣，可以查看 `man` 自己的用户手册，没错，`man man`。

有些应用没有用户手册或者写得很简单，文档放在帮助选项里，比如第 3 章用到的 asdf 工具。执行 `man asdf` 返回 `No manual entry for asdf`，表示该应用没有用户手册，但可以执行 `asdf -h` 获得详细说明。

在 Zsh 中使用已安装的 asdf

第 3 章中我们在 Bash 里安装了 asdf，在 Zsh 里使用它不需要重新安装一遍，只要在 ~/.zshrc 的 `plugins` 里加上 `asdf` 即可。

现在的 `plugins` 包含下列插件：

```
plugins=(asdf autojump colored-man-pages command-not-found git zsh-autosuggestions zsh-syntax-
highlighting)
```

还有些应用提供了 `help` 命令，比如 Git，执行 `git help` 查看应用级帮助文档。要查看它的某个命令的说明，只要把命令的名字作为 `help` 的参数即可，例如要查看日志功能的帮助文档，执行 `git help log` 即可。

4.8 常用命令行增强工具一览

表 4-2 列出了常用的命令行增强工具及其实现的功能。

表 4-2 常用命令行增强工具

命　令	实现功能
autojump	目录模糊匹配跳转
fzf	路径模糊匹配

（续）

命　　令	实现功能
zsh-autosuggestions	历史命令自动补全
fzf	历史命令模糊匹配
zsh-syntax-highlighting	命令语法高亮
command-not-found	智能安装建议
tldr	命令实例演示工具
colored-man-pages	用户手册语法高亮

4.9 小结

本章我们聚焦于改进 shell 环境。对于新用户来说，“原始” shell 的不友好主要体现在以下几个方面：

- 缺乏环境信息和提示；
- 输入复杂，涉及大量重复劳动；
- 记忆负担重，记不住那么多参数的写法就无法使用命令行应用。

针对这些问题，我们首先将 shell 从 Bash 改成扩展能力更强的 Zsh，然后对它的插件系统进行了如下改进：

- 增加信息展示，不用任何操作就能获取当前环境的核心信息；
- 简化目录跳转操作，随心所欲地在不同目录间跳转；
- 简化目录和文件查找，只提供少量关键信息就能达到目标；
- 避免重复输入相同的命令；
- 方便地找出曾经执行过的命令再次执行；
- 命令输入过程中即时反馈，避免输入错误浪费时间；
- 用别名提高命令输入的效率；
- 各种贴心的帮助工具，忘记参数、格式随时查询。

虽然，改造之后的 shell 已经给人以脱胎换骨的感觉，但这不是重点。这些改进只是进入命令行世界的“引路人”，这里不需要当听话的学生和无奈的用户，你要做的是张开想象的翅膀，创造一个崭新的世界。

第 5 章

纵横捭阖：文本浏览与处理

世事洞明皆学问，人情练达即文章。

——曹雪芹，《红楼梦》

在人类创造的各种信息交流方式中，文字占有重要的一席之地。从泥板、龟甲，到竹简、草纸，再到今天越来越流行的无纸化办公，不论存储介质如何变迁，文字始终稳如磐石。

通过前面几章的学习，我们已经了解到用户与命令行应用之间、命令行应用彼此间的沟通都是通过文字这个媒介进行的。本章我们就让它做主角，看看在命令行里如何高效处理文字信息。

5.1 理解文本数据

如果生活在一百年前的人穿越到现在，大概会觉得我们生活在神话里——只要在一个小方块上动动手指，就可以和地球上任何一个地方的人聊天、买东西、玩游戏、看电影……要知道一百年前的电影和今天的 5G 技术一样，是不折不扣的高科技。生活在一百年前的人们只能把想说的话写在纸上寄给远方的朋友，去市场买东西，玩扑克牌和积木……他们肯定非常羡慕我们在**网络空间**（cyberspace）里拥有的一切。

可是假如有一天，开发这些应用的公司突然集体消失了——可能是由于灭霸打了个响指，幸好办公软件和绘图软件是安装在电脑上的，之前保存的文件还能打开。可是你很清楚，这些文件只能用这台电脑的软件打开，你要做的就是祈祷电脑不要坏，资料不要丢，软件不要升级，也不要联网检查证书。如果把文件导出成不依赖具体软件的格式呢？遗憾的是，这些软件有个共同的毛病：和丰富的导入格式相比，导出格式少得可怜，而且导出后的文件残缺不全。

即使这样，我猜很多人也不愿意写信聊天或者把笔记写到纸上。毕竟手写的速度很慢，也不方便修改、备份和传输，更别提在几千页文档中查找某个词了。那么，要享受数字时代的便利，是不是只能祈祷这些应用广告不要太多，内容审核不要太苛刻，订阅费不要太贵……或者这些都忍了，起码公司不要倒闭呢？这就要说到被商业软件精心隐藏起来的数据以及数据的格式问题了。

商业应用不希望用户关心数据，他们希望用户最好不知道世界上还有数据这回事，这样他们就可以把用户数据控制在自己手里。不论是推送广告、软文，还是增加订阅费，用户都只能乖乖听话。用户越多，利润越高，再用一部分利润提升产品质量，打更多广告获得更多用户……如果这个循环一直持续下去，看上去也不错，毕竟商业应用的产品质量也在提升，用户对产品的满意度也会缓慢提升。这个美好的前景让很多人想进来分一杯羹，于是利润越高的领域竞品越多，这时用户就成了各软件公司争夺的核心资源。为了留住用户，他们往往会搞一套私有数据格式，这样用户拿到数据也还是离不开自己。另外，他们会尽可能增加应用能读取的数据格式种类，争取把竞争对手的用户吸引过来。到目前为止他们干得不错，我们经常看到一些人以自己是某某产品的粉丝为荣，很多人看到一个文件的本能反应是：应该用哪个应用打开？然而那些高喊用户是上帝的商家永远不会告诉你的是：作为数据的主人，你连随心所欲使用自己数据的权利都没有。

开源运动改变了这出荒诞剧，开发者为了满足自身需求开发一个应用，再把它分享出来，与其他开发者一起改进。其他人可以单纯作为使用者，也能以开发者的身份参与进来添加新功能或者完善既有功能。应用只是生成数据的工具，开源用户不会执着于某个工具，而是选择最合适的工具。为了避免数据被绑定到某个应用上，开源应用尽量使用公共的编码方式保存数据。这样一来，即使创建数据的应用消失了（几乎是一定的），还可以借助通用的文本查看和编辑工具处理数据，就像当年记录心情的笔已经找不到了，但写在纸上的字不会变成密码。

我们在第 2 章介绍文件的编码和解码时谈到了字符集的概念，文本文件就是由这些字符集中包含的符号组成的文件，文本文件之外的文件就是二进制文件。

文本包括**纯文本**（plain text）和**格式化文本**（formatted text）。前者只包含表达语义的文字（包括各种语言的文字）、符号（比如标点符号等）和换行符；后者在此基础上还包含格式标记符号，用来描述内容的展现形式。这些符号本身也是文本符号，比较常见的标记系统包括 HTML、Markdown、JSON、CSV 等。

上面对文件分类的说明采用了纯文本（语言描述）方式，下面改用格式化文本展示。

- 文本文件
  - 纯文本文件：只有**表达含义**的文字和符号。
  - 格式化文本文件：除了表达含义，还包括定义**展示形式**的符号。
- 二进制文件

相同效果的 HTML 文本如代码清单 5-1 所示。

代码清单 5-1　文件分类对应的 HTML 文本

```
<ul>
  <li> 文本文件
    <ul>
      <li> 纯文本文件：只有 <strong> 表达含义 </strong> 的文字和符号 </li>
      <li> 格式化文本文件：还包括定义 <strong> 展示形式 </strong> 的符号 </li>
    </ul>
  </li>

  <li> 二进制文件 </li>
</ul>
```

其中 `<ul>`、`<li>`、`</li>`、`</ul>` 表示列表符号，`<strong>`、`</strong>` 在展示上表现为加粗效果。

再写成相同效果的 Markdown 文本，如代码清单 5-2 所示。

代码清单 5-2　文件分类对应的 Markdown 文本

```
* 文本文件
    * 纯文本文件：只有 ** 表达含义 ** 的文字和符号
    * 格式化文本文件：还包括定义 ** 展示形式 ** 的符号
* 二进制文件
```

其中 * 表示列表符号，** 表示加粗效果。

这里只展示了格式化文本一个小小的片段，实际上它还可以展示表格、数学公式、流程图、表情符号（emoji）、图片、声音、视频等（后面 3 种是通过嵌入二进制内容实现的）。

代码清单 5-1 和代码清单 5-2 的渲染过程仍然需要某种应用（标记解释器）参与。与前述商业软件的不同之处在于，这里的转换规则是公开的，任何实现转换规则的应用都可以，不论这些应用属于谁。如果没有转换工具，只要花几分钟了解一下规则，就能看懂包含这些标记的内容。这时才可以说，你真正“拥有”了你的数据。

文本文件这种一览无余的特点不仅保证了数据的安全，还实现了文本处理的标准化。前面的章节中我们已经领略了不同工具组合起来处理信息的威力，但由于主题的关系没有充分展开，本章就仔细聊聊文本处理这件事。

5.2　文本浏览

在鼠标和触摸板成为个人电脑标配的时代，专门讨论文本浏览工具似乎有点儿奇怪。你或许会问，用前面介绍的 `cat` 命令打印出文件内容，然后用鼠标向上滚动不就行了吗，为什么要使用额外的工具呢？

`cat` 加鼠标在图形化的**终端模拟器**（terminal emulator）中浏览小文件是可行的，但总的来说，在命令行环境中要尽量避免使用滚动功能（不论是鼠标还是触摸板），原因是：

- 对于比较大的文件，打印到屏幕上会很耗时，在这段时间里你除了看屏幕上翻滚变化的字符，什么也不能做；
- 不能在浏览过程中搜索感兴趣的内容；
- 文本可能超出模拟器缓存而导致显示不全；
- 部分 shell（例如 mosh）不支持滚动；
- 向上滚动会导致文本用户界面应用（例如 Vim）显示异常；
- 基于文本的终端模拟器不支持鼠标。

那么，如何在计算机屏幕上方便地阅读文本呢？直观的想法是借鉴纸质书本，把内容分成很多页，一次显示一页。实现这种功能的软件叫作**分页器**（pager）。第一款得到广泛应用的分页器是 more（因每页底部都有 --More-- 字样提醒用户向后翻页而得名）。但它功能有限，比如只能向后翻页，对向前翻页支持不充分，没有搜索功能等。less 最初是作为 more 的功能增强版被开发出来的，为了让用户方便地记住名字而借用了俗语：less is more（少比多好），得名 less。

less 提供了 3 种文本移动方式。

- 移动一行：向后和向前移动一行的快捷键分别是 j 和 k，与 Vim 快捷键一致。
- 移动半页：向后和向前翻半页的快捷键分别是 d（down）和 u（up）。
- 移动整页：向后和向前翻页的快捷键分别是空格键和 b（backward）。

除了按顺序浏览，还可以跳转到文档的固定位置，也有 3 种方式。

- 跳转到文档头 / 尾：快捷键是 g/G。
- 跳转到指定行：行号加上 G，比如跳转到 234 行就是 234G。
- 按文档百分比跳转：百分比加上 %，比如跳转到文档中间部分是 50%，跳转到文档 3/4 处是 75%，以此类推。

除了固定位置，还可以通过**标记**（mark）跳转到自定义位置，比如要理解问题 A 先要搞清楚问题 B，A 和 B 又相隔很远，这时可以在 A 处执行 `ma`，即在 `m` 后面加上标记名 `a`，在 B 处执行 `mb`，然后就可以用 `'a` 跳转到 A 处，用 `'b` 跳转到 B 处，即单引号加上要跳转的标记名。标记名可以用任何一个英文字母。

上面说的是电子文档对纸质文档的模仿，下面的功能纸质文档就望尘莫及了，这就是搜索整个文档。

前面在阅读用户手册时，我们多次接触过文档内搜索，对此你应该不会太陌生。按照方向不同，搜索分为向后搜索和向前搜索，比如以你现在阅读的这句话为例，在往后一直到文档末尾的文本中搜索叫作**向后搜索**，用 / 命令开头。比如搜索 shell，输入 /shell<CR>，就会自动跳转到第一次匹配到 shell 的位置。反之，在往前一直到文档开头的文本中搜索叫作**向前搜索**，用 ? 开头。比如从当前位置向文档开头搜索 shell，输入 ?shell，注意要使用英文问号。

匹配到一个结果后，按 n 键跳到下一个匹配结果，使用 N 跳到上一个匹配结果。less 默认会高亮显示所有匹配到的结果以方便查看，但匹配结果比较多时，也会影响阅读。这时执行 <ESC>u 就可以关闭高亮显示（先按 ESC 键，松开后再按 u 键）。

现在，用 less 打开一个比较长的文本文件，例如 ~/.asdf/docs/core-manage-asdf-vm.md，输入上述命令感受一下吧。

less 默认的设置适合浏览普通文本，对浏览代码不太友好，尤其是当窗口比较窄时，比如 ~/.asdf/lib/utils.sh 文件在宽度为 37 列的窗口中如代码清单 5-3 所示。

代码清单 5-3　窄窗口中 less 默认显示效果

```
asdf_version() {
  local version git_rev
  version="$(cat "$(asdf_dir)/VERSION
")"
  if [ -d "$(asdf_dir)/.git" ]; then
    git_rev="$(git --git-dir "$(asdf_
dir)/.git" rev-parse --short HEAD)"
    echo "${version}-${git_rev}"
  else
    echo "${version}"
  fi
}
```

可读性差的原因有两点，首先折行破坏了原有的代码缩进，其次没有显示行号。不过调整 less 的显示效果并不难，只需输入 -S<CR> 关闭折行，输入 -N<CR> 显示行号，效果如代码清单 5-4 所示。

代码清单 5-4　窄窗口中 less 不折行并显示行号

```
10 asdf_version() {
11   local version git_rev
12   version="$(cat "$(asdf_dir)
13   if [ -d "$(asdf_dir)/.git"
14     git_rev="$(git --git-dir
15     echo "${version}-${git_re
16   else
17     echo "${version}"
```

```
18   fi
19 }
```

现在缩进是不是很清楚了？但是不折行，代码显示不全怎么办？试试用左右方向键移动一下。

-N 和 -S 是开关选项，比如说在不显示行号的情况下，执行 -N 会显示行号，这时再执行一次同样的命令就会隐藏行号。

另外，这些选项既可以在 less 窗口内执行，也可以作为命令参数执行，比如以不折行并显示行号的方式浏览 ~/.asdf/lib/utils.sh 文件的命令是：`less -N -S ~/.asdf/lib/utils.sh`。

最后，用 q 命令退出 less。

说了这么多，各式各样的快捷键记不住怎么办？放心，别忘了我们的口号是帮助随手查。less 窗口中查看帮助的命令是 h，其中详细列出了所有快捷键和参数，并且退出帮助页面的命令也是 q。

很多应用的快捷键系统和 less 如出一辙：j、k、g、G 移动，q 退出，/ 搜索，y 复制，m 标记书签，比如 PDF 浏览器 Zathura、文件管理器 ranger、图片浏览器 feh、音乐播放器 cmus、网页浏览器 w3m 等。你或许会问，难道这又是开源社区的某种文化传统？这里先卖个关子，后面会细说。对于所有这些浏览器的使用重点就是多用多练习，形成本能反应。比如想到向下移动时，手自动按 j 键而不用经过大脑思考，也就是形成所谓的**肌肉记忆**（muscle memory），这将会大幅提升你的工作效率和幸福感。

5.3 文本搜索

在比较长的文本中寻找信息可以用浏览工具的搜索功能实现，但如果不能确定要找的信息在哪个文件里，而需要在成千上万个很长的文本里查找怎么办呢？本节我们就来解决这个问题。

shell 里常用的文本搜索工具是 grep，按照 Unix/Linux 的工具命名传统，这又是一组单词的首字母缩写吧？没错，是 globally search a regular expression and print（全局搜索正则表达式并打印）的首字母缩写。关于正则表达式（常简称为 regex 或者 regexp），前面的章节中我们已经打过交道了，它们是一组按照特定语法规则编写的字符串，功能强大但晦涩难懂，好在大多数时候只要记住一些简单的规则就足够了。下面结合实际场景介绍如何用 grep 完成常见的搜索任务。

5.3.1 常用文本搜索方法

俗话说：talk is cheap, show me the code。还记得第 4 章安装的实例演示工具 tldr 吗？当下正好可以用起来，如代码清单 5-5 所示。

代码清单 5-5 grep 使用方法示例

```
achao@starship ~ 2020/4/16 12:18AM Ret: 0
> tldr grep
grep
Matches patterns in input text.
Supports simple patterns and regular expressions.

 - Search for an exact string:
   grep {{search_string}} {{path/to/file}}

 - Search in case-insensitive mode:
   grep -i {{search_string}} {{path/to/file}}

 - Search recursively (ignoring non-text files) in current directory for an exact string:
   grep -RI {{search_string}} .
...
```

不难看出 grep 的基本用法是 `grep <选项> <匹配模式> <文件列表>`。

最后一部分既可以是文件列表，也可以是标准输入。对于后者，实际工作中大多是其他命令的输出文本，通过管道符交给 grep，从中找出符合 `<匹配模式>` 的文本。

文本搜索最常见的情形是挑选出包含某段文字的行，比如想了解 asdf 应用的文档中与 java 有关的内容，可以搜索包含 java 的行，如代码清单 5-6 所示。

代码清单 5-6 找出 asdf 说明文档里所有包含 java 的行

```
achao@starship ~ 2020/4/7  5:17PM Ret: 0
> grep java ~/.asdf/docs/*.md
/home/achao/.asdf/docs/core-manage-plugins.md:# java
/home/achao/.asdf/docs/core-manage-plugins.md:# java            https://github.com/skotchpine/asdf-java.git
/home/achao/.asdf/docs/DEPRECATED_README.md:# java
/home/achao/.asdf/docs/DEPRECATED_README.md:# java              https://github.com/skotchpine/asdf-java.git
```

输出结果由 4 行组成，每行是一条匹配结果，每个匹配结果包含两部分。

- 结果所在文件的完整路径，例如第 1 条结果所在文件的完整路径是 /home/achao/.asdf/docs/core-manage-plugins.md。
- 结果所在行的完整内容，例如第 1 条结果所在行的内容为 `# java`，第 2 条结果所在的行更长一些：`# java https://github.com/skotchpine/asdf-java.git`。

上面的搜索结果中，第 1 条匹配结果和第 2 条匹配结果的文件路径一样，只是行内容不同，第 3 条和第 4 条也是如此，表明 grep 在两个文件中找到了搜索目标 java，每个文件中都有两个不同位置包含搜索目标。

有时我们希望知道更具体的位置，也就是匹配到的文本在文件的哪一行，应该怎么做呢？

是的，搜索手册。执行 `man grep` 打开手册后搜索 line number（执行 `/line number<CR>`），第 2 条匹配结果如代码清单 5-7 所示。

代码清单 5-7 grep 用户手册中对行号的说明

```
-n, --line-number
       Prefix each line of output with the 1-based line number within its input file.
```

原来 grep 的 `-n` 选项可以显示行号，下面验证一下，如代码清单 5-8 所示。

代码清单 5-8 为搜索结果添加行号

```
achao@starship ~ 2020/4/7 11:10PM Ret: 0
> grep -n java ~/.asdf/docs/*.md
/home/achao/.asdf/docs/core-manage-plugins.md:27:# java
/home/achao/.asdf/docs/core-manage-plugins.md:34:# java        https://github.com/skotchpine/asdf-java.git
/home/achao/.asdf/docs/DEPRECATED_README.md:118:# java
/home/achao/.asdf/docs/DEPRECATED_README.md:125:# java         https://github.com/skotchpine/asdf-java.git
```

现在每条结果由 3 部分组成：文件名、行号和行内容，比如第 1 条搜索结果显示，/home/achao/.asdf/docs/core-manage-plugins.md 文件的第 27 行内容是 # java。

有了行号，阅读文档的效率就高多了，首先执行 `less /home/achao/.asdf/docs/core-manage-plugins.md` 打开文件，然后输入 `27G` 跳到第 27 行，是不是很方便？

文档搜索经常会遇到区分大小写的问题，比如想了解文档中与 Python 有关的内容，只搜索 python 就会漏掉包含 Python 的内容，如代码清单 5-9 所示。

代码清单 5-9 是否区分大小写的搜索结果对比

```
achao@starship ~ 2020/4/8  8:27AM Ret: 0
> grep -n python ~/.asdf/docs/*.md
/home/achao/.asdf/docs/core-configuration.md:26:python 3.7.2 2.7.15 system
achao@starship ~ 2020/4/8  8:28AM Ret: 0
> grep -ni python ~/.asdf/docs/*.md
/home/achao/.asdf/docs/core-configuration.md:22:Python 3.7.2, fallback to Python 2.7.15 and finally to
the system Python, the
/home/achao/.asdf/docs/core-configuration.md:26:python 3.7.2 2.7.15 system
/home/achao/.asdf/docs/_coverpage.md:10:- Node.js, Ruby, Python, Elixir ... [your favourite language?]
(plugins-all?id=plugin-list)
```

上面第 2 条命令 `grep -ni` 是 `grep -n -i` 的缩写（毕竟可以节约两次按键），所以它在第 1 条命令的基础上增加了 `-i` 参数，表示忽略大小写。这里搜索到 3 条结果，其中第 1 条和第 3 条匹配的是 Python，第 2 条匹配的是 python，与区分大小写的搜索结果一致。

除了是否区分大小写，还有一个常见场景——**匹配全词**（match whole word）。比如要查询文档中与格式有关的信息，就要搜索 format，但如果执行 `grep -n format ~/.asdf/docs/*.md`，你会发现 in**format**ion 和 **format**ted 也出现在搜索结果中，这时要告诉 grep 要查询的是一个完整的词，不包括把它当成一部分的情形。实现方法是加上 -w（w 表示 word）选项，如代码清单 5-10 所示。

代码清单 5-10　grep 全词匹配示例

```
achao@starship ~ 2020/4/8 12:31PM Ret: 0
> grep -wn format ~/.asdf/docs/*.md
/home/achao/.asdf/docs/contributing-doc-site.md:20:- [prettier](https://prettier.io/) to format our
markdown files
/home/achao/.asdf/docs/core-configuration.md:14:The versions can be in the following format:
/home/achao/.asdf/docs/core-manage-versions.md:78:The version format is the same supported by the
`.tool-versions` file.
/home/achao/.asdf/docs/DEPRECATED_README.md:225:The version format is the same supported by the
`.tool-versions` file.
/home/achao/.asdf/docs/DEPRECATED_README.md:276:The versions can be in the following format:
```

除了搜索单个词，有时还需要按顺序搜索多个词，比如设置 asdf 时可以通过一个环境变量指定配置文件位置，但是只记得该环境变量由 ASDF 开头，后面有 FILE，不知道中间是 CONFIG 还是 CONF 怎么办？不要紧，告诉 grep 要搜索的是 ASDF 后面跟着 FILE 就行了，如代码清单 5-11 所示。

代码清单 5-11　grep 顺序搜索示例

```
achao@starship ~ 2020/4/8 12:43PM Ret: 0
> grep -n 'ASDF.*FILE' ~/.asdf/docs/*.md
/home/achao/.asdf/docs/core-configuration.md:48:- `ASDF_CONFIG_FILE` - Defaults to `~/.asdfrc`
as described above. Can be set to any location.
/home/achao/.asdf/docs/core-configuration.md:49:- `ASDF_DEFAULT_TOOL_VERSIONS_FILENAME` - The name of
the file storing the tool names and versions. Defaults to `.tool-versions`. Can be any valid file name.
/home/achao/.asdf/docs/DEPRECATED_README.md:309:* `ASDF_CONFIG_FILE` - Defaults to `~/.asdfrc` as
described above. Can be set
/home/achao/.asdf/docs/DEPRECATED_README.md:311:* `ASDF_DEFAULT_TOOL_VERSIONS_FILENAME` - The name of
the file storing the tool
/home/achao/.asdf/docs/plugins-create.md:122:available. Also, the `$ASDF_CMD_FILE` resolves to the
full path of the file being sourced.
```

这里又用到了正则表达式，. 表示任意字符，* 表示 0 个或者多个，所以 ASDF.*FILE 的意思是 ASDF 后面可能有些字符，后面跟着 FILE 这样一段文本。搜索结果给出了 ASDF_CONFIG_FILE、ASDF_DEFAULT_TOOL_VERSIONS_FILENAME 和 ASDF_CMD_FILE 三个选项，显然第 1 个是我们要找的。

如果连顺序也无法确定怎么办呢？比如搜索涉及 Python 和 Ruby 的文档，顺序可能是 Python 在前，也可能是 Ruby 在前。这时管道符就可以帮上忙了。思考一下命令怎么写，再往下读。

答案是先用其中一个搜索一遍，再用第 2 个词在前面的输出结果中筛选，如代码清单 5-12 所示。

代码清单 5-12 包含多个词且不确定顺序的搜索方法

```
achao@starship ~ 2020/4/8 12:44PM Ret: 0
> grep -ni python ~/.asdf/docs/*.md | grep -ni ruby
3:/home/achao/.asdf/docs/_coverpage.md:10:- Node.js, Ruby, Python, Elixir ... [your favourite language?]
(plugins-all?id=plugin-list)
```

现在思考一下，如果搜索同时包含 list、install 和 plugin 这 3 个词的文本行，应该怎么写呢？

除了按照内容搜索，有时文本的位置也很重要。比如用 Markdown 写的文档中，一级标题用 # 开头，二级标题用两个 # 开头，以此类推，如代码清单 5-13 所示。

代码清单 5-13 Markdown 标记语法的一级标题、二级标题、三级标题

```
# 这是一级标题
## 这是二级标题
### 这是三级标题
#### 这是四级标题
```

如果要列出一篇文档中所有的二级标题，应该怎么办呢？搜索 ## 可以吗？不行，因为三级、四级等标题里也包含它。加上全词匹配搜索 ## 可以吗？还是不行，因为全词匹配只能分辨英语单词的边界，而 ## 不是英语单词。如果在 ## 后面加上一个空格，即 ##␣（␣ 表示空格，下同），是否能区分出来？不行，和 ## 同理，三级、四级等标题也包含它。4.7.3 节介绍过的行首标识符 ^ 恰好在这里可以派上用场，写成 ^##␣，即行首标识符后面跟着两个 #，再接一个空格，就可以将二级标题和其他层级分开。测试一下效果，如代码清单 5-14 所示。

代码清单 5-14 搜索 Markdown 文档中所有的二级标题

```
achao@starship ~ 2020/4/8  2:43PM Ret: 0
> grep -n '^## ' ~/.asdf/docs/*.md
/home/achao/.asdf/docs/contributing-core-asdf-vm.md:1:## Development
/home/achao/.asdf/docs/contributing-core-asdf-vm.md:13:## Docker Images
...
/home/achao/.asdf/docs/thanks.md:1:## Credits
/home/achao/.asdf/docs/thanks.md:7:## Maintainers
/home/achao/.asdf/docs/thanks.md:15:## Contributors
```

这样就很好地实现了目标。

记住以上几种场景中正则表达式的用法，就足以应付大多数搜索任务了。对于更复杂的搜索要求，可以从一个简单的表达式开始，一边扩展一边测试效果，直到满足要求。

5.3.2 增强型文本搜索工具

grep 自诞生以来一直是 Unix/Linux 文本搜索界的当家花旦，但在一些特定场合下，它也会显得力不从心。比如你是一个 Python 程序员，与几十名开发者一起向代码库中提交代码，这个

代码库包含几万个用各种编程语言编写的源代码文件，总代码行数在百万级。虽然你已经用上了八核笔记本电脑，但 grep 对此视而不见，仍然用一个核慢悠悠地“跑”。你要查找同事提交的一段 Python 代码，却无法简单地告诉 grep 只搜索 Python 文件，忽略几十万行的 C++ 代码和 Java 代码。最要命的是，grep 不识别 Git 的忽略列表（不被版本控制系统管理的文件，保存在 .gitignore 文件里），导致它要耗费大量时间来扫描巨大的 CSV 文件。当然，这不是 grep 的错，毕竟在它诞生的年代，既没有多核 CPU，也没有 Git，更别提忽略列表了。但问题总是要解决的，用 grep 搜索代码库确实太慢了。

针对这类场景，人们开发了一些 grep 的改进版工具，其中使用比较广泛、性能也很不错的是 the_silver_searcher，它主要从以下几个方面做了改进。

- 支持并行计算，充分挖掘多核 CPU 的并行计算能力。
- 支持按文件类型指定搜索范围。
- 忽略 .gitignore 文件中的目录 / 文件。
- 通过 .ignore 文件自定义搜索忽略列表。
- 智能大小写匹配：如果搜索模式中全部是小写字母，则忽略大小写；如果有大写字母，则区分大小写。
- 支持搜索压缩包内的文件。
- 易用性方面的改进：比如默认开启多层目录递归搜索，默认关闭二进制文件搜索等。

这个工具的命令名很简洁：ag。还是先看用法说明，如代码清单 5-15 所示。

代码清单 5-15 ag 使用方法示例

```
achao@starship ~ 2020/4/16 12:22AM Ret: 0
> tldr ag
ag
The Silver Searcher. Like ack, but aims to be faster.
More information:
https://github.com/ggreer/the_silver_searcher
.

 - Find files containing "foo", and print the line matches in context:
   ag {{foo}}

 - Find files containing "foo" in a specific directory:
   ag {{foo}} {{path/to/directory}}

 - Find files containing "foo", but only list the filenames:
   ag -l {{foo}}

...
```

命令参数看上去也比 grep 简洁一些，动手体验一下，如代码清单 5-16 所示。

代码清单 5-16　尝试执行 ag 命令

```
achao@starship ~ 2020/4/8  2:57PM Ret: 0
> ag

Command 'ag' not found, but can be installed with:
sudo apt install silversearcher-ag
```

哦，忘了安装就直接运行了，好在第 4 章安装的 command-not-found 插件发挥了作用，给出了清晰的行动建议，照做就行了，如代码清单 5-17 所示。

代码清单 5-17　安装 the_silver_searcher

```
achao@starship ~ 2020/4/8  4:33PM Ret: 127
> sudo apt install silversearcher-ag
...
```

安装成功后，运行一下代码清单 5-8 的 ag 版本，如代码清单 5-18 所示。

代码清单 5-18　使用 the_silver_searcher 进行文本搜索

```
achao@starship ~ 2020/4/8  5:29PM Ret: 0
> ag java ~/.asdf/docs
/home/achao/.asdf/docs/DEPRECATED_README.md
118:# java
125:# java            https://github.com/skotchpine/asdf-java.git

/home/achao/.asdf/docs/core-manage-plugins.md
27:# java
34:# java             https://github.com/skotchpine/asdf-java.git
```

ag 默认开启行号显示，默认递归搜索文件夹下的文件，所以输入命令比 grep 精简，另外输出自动按文件分组，可读性更强。

后面几个例子也用 ag 实现一遍，首先是忽略大小写的搜索，如代码清单 5-19 所示。

代码清单 5-19　ag 的智能大小写匹配示例

```
achao@starship ~ 2020/4/8  5:30PM Ret: 0
> ag python ~/.asdf/docs
/home/achao/.asdf/docs/_coverpage.md
10:- Node.js, Ruby, Python, Elixir ... [your favourite language?](plugins-all?id=plugin-list)

/home/achao/.asdf/docs/core-configuration.md
22:Python 3.7.2, fallback to Python 2.7.15 and finally to the system Python, the
26:python 3.7.2 2.7.15 system
```

由于 ag 默认使用智能大小写匹配规则，并且这里搜索模式（python）全部小写，因此按照匹配规则进行了忽略大小写的搜索。

接下来是 ag 的全词匹配搜索，如代码清单 5-20 所示。

代码清单 5-20 ag 全词匹配搜索示例

```
achao@starship ~ 2020/4/8  5:47PM Ret: 0
> ag -w format ~/.asdf/docs
/home/achao/.asdf/docs/core-manage-versions.md
78:The version format is the same supported by the `.tool-versions` file.

/home/achao/.asdf/docs/contributing-doc-site.md
20:- [prettier](https://prettier.io/) to format our markdown files
38:## Format before Committing

/home/achao/.asdf/docs/DEPRECATED_README.md
225:The version format is the same supported by the `.tool-versions` file.
276:The versions can be in the following format:

/home/achao/.asdf/docs/core-configuration.md
14:The versions can be in the following format:
```

与 grep 的相同点是也用 -w 选项，区别是由于采用智能大小写匹配规则，因此多了一条包含 Format 的结果。

接下来是顺序多词搜索，如代码清单 5-21 所示。

代码清单 5-21 ag 的顺序多词搜索示例

```
achao@starship ~ 2020/4/8  5:47PM Ret: 0
> ag 'ASDF.*FILE' ~/.asdf/docs
/home/achao/.asdf/docs/DEPRECATED_README.md
309:* `ASDF_CONFIG_FILE` - Defaults to `~/.asdfrc` as described above. Can be set
311:* `ASDF_DEFAULT_TOOL_VERSIONS_FILENAME` - The name of the file storing the tool

/home/achao/.asdf/docs/plugins-create.md
122:available. Also, the `$ASDF_CMD_FILE` resolves to the full path of the file being sourced.

/home/achao/.asdf/docs/core-configuration.md
48:- `ASDF_CONFIG_FILE` - Defaults to `~/.asdfrc` as described above. Can be set to any location.
49:- `ASDF_DEFAULT_TOOL_VERSIONS_FILENAME` - The name of the file storing the tool names and versions.
Defaults to `.tool-versions`. Can be any valid file name.
```

由于搜索模式里包含大写字母，所以这次按区分大小写规则进行搜索，搜索结果与 grep 一致。

多词无序搜索示例如代码清单 5-22 所示。

代码清单 5-22 ag 的多词无序搜索示例

```
achao@starship ~ 2020/4/8  5:51PM Ret: 0
> ag python ~/.asdf/docs | ag ruby
/home/achao/.asdf/docs/_coverpage.md:10:- Node.js, Ruby, Python, Elixir ... [your favourite language?]
(plugins-all?id=plugin-list)
```

两次搜索都采用忽略大小写策略，结果与 grep 版本一致。

最后是增加位置约束的 ag 版本，如代码清单 5-23 所示。

代码清单 5-23 增加了位置约束的 ag 搜索示例

```
achao@starship ~ 2020/4/8  5:54PM Ret: 0
> ag '^## ' ~/.asdf/docs
/home/achao/.asdf/docs/core-manage-versions.md
1:## Install Version
10:## Install Latest Stable Version
...
/home/achao/.asdf/docs/core-manage-plugins.md
7:## Add
22:## List Installed
38:## Update
51:## Remove
```

正则表达式的写法与 grep 版本相同，搜索结果也一致。

5.4 文本连接

上面讨论的浏览和搜索都不会改变文本内容，下面研究如何修改文本。本节将文本作为一个整体，并使用不同方式把它们拼接在一起。后面会继续深入文本内部，了解各种处理和转换的实现方法。

5.4.1 行连接

行连接有两种比较常见的场景。第 1 种是顺序连接，即将两个或更多文件内容首尾相连组成一段新文本，这种连接方式不会改变被连接的原文件。是否生成新文件完全由用户决定。第 2 种是文件追加，在一个文件末尾追加新文本，这种追加方式会直接改变被追加文件。

第一种场景要用到我们的老朋友 cat 命令。前面它一直用来打印单个文件，其实它还能依次打印多个文件的内容，如代码清单 5-24 所示。

代码清单 5-24 用 cat 顺序打印多个文件的内容

```
> cat ~/Documents/readme ~/.asdf/docs/README.md ~/.asdf/docs/thanks.md
...
[](https://raw.githubusercontent.com/asdf-vm/asdf/master/ballad-of-asdf.md ':include')

Append a new line here
Append the 2nd line                   ❶
<!-- asdf-vm homepage -->             ❷
...
<!-- include the ballad of asdf-vm -->
[](https://raw.githubusercontent.com/asdf-vm/asdf/master/ballad-of-asdf.md ':include')  ❸
## Credits                             ❹
...
```

❶ 第 1 个文件 ~/Documents/readme 末尾

❷ 第 2 个文件 ~/.asdf/docs/README.md 开头

❸ 第 3 个文件 ~/.asdf/docs/README.md 末尾

❹ 第 4 个文件 ~/.asdf/docs/thanks.md 开头

上面的运行结果让我们对文本连接这个功能有了非常直观的理解。那么现在请思考一下，如果需要将结果保存到文件 ~/Documents/bigfile 里，应该怎么做呢？

接下来介绍第 2 种场景，即文本追加的实现。我们知道 shell 的输出重定向符号 > 可以改变命令的输出位置，比如将原本输出到屏幕（术语叫“标准输出”，stdout）上的文本写入文件中。而将两个重定向符号连在一起，就可以表示文本追加了（由于命令不依赖于当前工作目录，因此这里省略命令提示符，下同），如代码清单 5-25 所示。

代码清单 5-25　使用 >> 进行文本追加

```
> cat ~/.asdf/docs/README.md                          ❶
<!-- asdf-vm homepage -->

<!-- include the repo readme -->
[](https://raw.githubusercontent.com/asdf-vm/asdf/master/README.md ':include')

<!-- include the ballad of asdf-vm -->
[](https://raw.githubusercontent.com/asdf-vm/asdf/master/ballad-of-asdf.md ':include')

> cp ~/.asdf/docs/README.md ~/Documents/readme

> echo "\nAppend a new line here\nAppend the 2nd line" >> ~/Documents/readme    ❷

> cat ~/Documents/readme
<!-- asdf-vm homepage -->

<!-- include the repo readme -->
[](https://raw.githubusercontent.com/asdf-vm/asdf/master/README.md ':include')

<!-- include the ballad of asdf-vm -->
[](https://raw.githubusercontent.com/asdf-vm/asdf/master/ballad-of-asdf.md ':include')

Append a new line here                               ❸
Append the 2nd line                                  ❸
```

❶ 打印原始文件内容

❷ 使用 >> 向文件末尾追加文本

❸ 文件 ~/Documents/readme 末尾新增加的行

这里首先用 cat 命令打印了原始文件 ~/.asdf/docs/README.md 的内容，由于我们并不想改变这个文件，所以用 cp 命令为它做了一个副本：~/Documents/readme；然后用 >> 向该副本追加了两行文本（在 echo 命令中，用 \n 表示换行符）；最后用 cat 命令再次打印文件内容。与原始文件对比可以发现，文件末尾确实多了两行文本。

文件的连接和追加可以组合使用，如代码清单 5-26 所示。

代码清单 5-26 组合使用连接和追加

```
> echo "This file contains 3 files:\n" > ~/Documents/threefiles

> cat ~/Documents/readme ~/.asdf/docs/README.md ~/.asdf/docs/thanks.md >> \
  ~/Documents/threefiles
```

首先使用 echo 命令生成了一个新文件 ~/Documents/threefiles，然后将 3 个文件连接（使用 cat 命令）起来，再整体追加到文件 threefiles 后面。

5.4.2 列连接

有些文本文件主要用来保存数据，相当于开源世界里的 Excel 文件。比如代码清单 5-27 所示的两个 CSV 文件，names.csv 记录了 5 名学生的学号和姓名，info.csv 记录了他们的性别、年龄和所在年级。

代码清单 5-27 记录了学生姓名和其他信息的 CSV 文件

```
> cat ~/Documents/names.csv
202001,程新
202002,单乐原
202003,彭维珊
202004,刘子乔
202005,王立波

> cat ~/Documents/info.csv
男,12,5
男,11,4
女,13,6
女,10,3
男,11,4
```

没有输入法能不能输入中文？

我们在 1.6.2 节为 Mint 系统安装了中文输入法，如果由于某些原因没有安装成功，可以先用英文代替里面的汉字，效果完全一样。

如果你是个有极客精神的人，可以尝试一下不用输入法输入汉字——只要知道相应汉字的 Unicode 编码即可。

比如要输入“程”字，首先找到它的 Unicode 编码（通过搜索引擎或者借助 Unicode 码表查询工具）：U+7A0B，然后在命令行窗口需要输入文字的位置按下 Ctrl-Shift-u 快捷键（按住 Ctrl 键和 Shift 键再按 u 键，然后松开 Ctrl 键和 Shift 键），再输入 7a0b 并按回车键，“程”字就出现了。

有些终端模拟器（比如 WSL）不能正确解析 Ctrl-Shift-u，导致上述方法无法正常工作。不过在 Linux Mint Cinnamon 桌面自带的 gnome-terminal 中这个方法能够正常工作。

现在需要将这两个数据表合并到一起并加上序号，即每条学生信息要包含序号、学号、姓名、性别、年龄和所在年级，我们看看如何通过列连接实现，如代码清单 5-28 所示。

代码清单 5-28 使用列连接合并数据表

```
> cd ~/Documents

> seq 5 > ids     ❶

> cat ids
1
2
3
4
5

> paste -d',' ids names.csv info.csv    ❷
1,202001,程新,男,12,5
2,202002,单乐原,男,11,4
3,202003,彭维珊,女,13,6
4,202004,刘子乔,女,10,3
5,202005,王立波,男,11,4
```

❶ 使用 seq 命令生成包含序号的文件

❷ 使用 paste 命令实现多个文件按列拼接

为了生成序号，首先用 seq 生成一个 5 行的文本文件，每行是从 1 ～ 5 的一个数字，并通过重定向保存到文件中；然后用 paste 命令将 3 个文件的每一行依次连接，即列连接，并通过 -d 参数指定文本间的分隔符使用英文逗号。

思考题

上面 3 个文件各自都包含 5 行文本，如果其中一个与其他行数不同，连接后会出现什么情况呢？将代码清单 5-28 的 seq 5 > ids 改成 seq 7 > ids，再运行一遍看看效果吧。

5.5 文本转换

文本搜索既可以看成从一大堆文字中找到想要的内容，也可以从转换的角度来理解。

现有输入文本序列 C，包含 n 个元素 $L_1, L_2, \cdots, L_n$，每个元素代表一行文本。另有函数 $T(L) = \text{True}|\text{False}$，输入 L 代表以换行符结束的任意一段文本，输出为 True 或者 False。现在把 C 的每个元素 $L_i\,(i \in 1, \cdots, n)$ 依次传给 T，T 为每个元素打上标记，例如将 L_1 标记为 True，将 L_2 标记为 False，……，直到 L_n 标记为 False，整个处理过程结束。我们把带 True 标签的文本行留下，去掉带 False 标签的行，就完成了一次文本搜索。

下面将函数 T 升级为 $\hat{T}(L)$，使得其不仅可以输出 True 或者 False，还能输出字符串，$\hat{T}(L) = \text{True} \mid \text{False} \mid L'$。也就是说，转换器不仅能保留或者舍弃一行文本，还能把它变成一行不同的文本，这样文本搜索工具就变成了文本转换工具。

下面介绍两类文本转换工具在不同场景中的使用方法。一类是专门工具，例如 `tr`、`cut` 等，另一类是通用工具，例如 sed 和 awk。

5.5.1 字符替换和过滤

顾名思义，字符转换就是对输入文本中的相关字符进行转换。转换方式很多，但不论使用什么方式，都是一个字符一个字符地处理。比如把所有小写字母转换为大写字母、把所有逗号转换为空格、去掉所有空格（相当于把空格转换为空字符串）等。

`tr` 是专门用于转换字符的工具，它的常见用途如下所示：

- 将文件中的某个字符替换成另一个字符；
- （通过管道）替换某个命令输出结果中的字符；
- 将输入文本（包括文件或者命令输出文本，下同）中的一组字符按顺序替换为另一组字符；
- 删除输入文本中的指定字符；
- 合并输入文本中相邻的重复字符；
- 大小写转换；
- 字符集取反替换；
- 去掉字符串中不在指定范围内的字符。

下面结合具体的例子看看这些功能是如何实现的，首先是替换文件内容中的单个字符，如代码清单 5-29 所示。

代码清单 5-29 对文件做单个字符替换

```
> cat ~/.asdf/docs/README.md                ❶
<!-- asdf-vm homepage -->

<!-- include the repo readme -->
[](https://raw.githubusercontent.com/asdf-vm/asdf/master/README.md ':include')

<!-- include the ballad of asdf-vm -->
[](https://raw.githubusercontent.com/asdf-vm/asdf/master/ballad-of-asdf.md ':include')

> tr h S < ~/.asdf/docs/README.md
<!-- asdf-vm Somepage -->                   ❷

<!-- include tSe repo readme -->
[](Sttps://raw.gitSubusercontent.com/asdf-vm/asdf/master/README.md ':include')

<!-- include tSe ballad of asdf-vm -->
[](Sttps://raw.gitSubusercontent.com/asdf-vm/asdf/master/ballad-of-asdf.md ':include')  ❸
```

❶ 打印原始文件内容

❷ homepage 变成了 Somepage

❸ http 和 githubusercontent 中的 h 都被替换成了 S

接下来使用管道符，输入自定义文本观察替换效果，如代码清单 5-30 所示。

代码清单 5-30 tr 命令使用复杂的字符替换

```
> echo "print('Hello world')" | tr "aeiou" "12345"            ❶
pr3nt('H2ll4 w4rld')

> echo "大小写转换" | tr "大小" "小大"                          ❷
小大写转换

> echo "tr, cut, sed & awk." | tr -d ',&.'                    ❸
tr cut sed  awk

> echo "tr,,,, cut, sed & awk." | tr -s ','                   ❹
tr, cut, sed & awk.

> echo "tr, cut, sed & awk." | tr '[:lower:]' '[:upper:]'     ❺
TR, CUT, SED & AWK.

> echo "tR, cUt, sEd & aWk." | tr '[:upper:]' '[:lower:]'     ❻
tr, cut, sed & awk.

> echo "tr, cut, sed & awk." | tr -cs '[a-z]' '-'             ❼
tr-cut-sed-awk-

> echo "tr, cut, sed & awk." | tr -cd '[a-z]'                 ❽
trcutsedawk
```

❶ 多字符替换，a 替换为 1，e 替换为 2，以此类推

❷ Unicode 多字符替换

❸ 使用 -d（delete 的简写）选项去掉指定字符

❹ 将连续多个字符（这里是逗号）合并为单个字符，-s 是 squeeze repeats（合并重复项）的简写

❺ 将所有小写字母（[:lower]）转换为大写字母（[:upper]）

❻ 将所有大写字母转换为小写字母

❼ 将不是小写字母的所有字符转换为横杠，并合并相邻的多个横杠。这里 -cs 是 -c 和 -s 的简写，前者表示**取反**（complement），后者表示合并相邻重复项

❽ 去掉（-d）所有不是（-c）小写字母（[a-z]）的字符

这里我们反复使用 echo 命令加管道符为 tr 命令提供输入文本，这个方法可以方便地测试 shell 中的各种字符串处理工具。

<1> 中 tr 的参数是字符序列 aeiou 和 12345，而不是单个字符（h 和 S）。字符序列与字符串不同，aeiou 不是一个整体，而是要与第二个序列成对使用，即把 a 替换为 1，把 e 替换为 2，以此类推。

有些序列实际应用得很广泛，写起来又比较复杂，于是人们给它们起了简短的名字以方便使用，比如代表所有大写字母的 [:upper:] 相当于 ABC...Z，[:lower:] 相当于 abc...z。此外，比较常见的有字母集合 [:alpha:]（相当于 [:upper:]+[:lower:]）、数字集合 [:digit:]、字母和数字集合 [:alnum:]（alpha+number），等等。详细内容可以查阅 tr 用户手册的 DESCRIPTION 部分。

最后一个例子将 -c 和 -d 组合在一起，实现了基于字符的过滤：只保留小写字符，去掉所有其他字符。如果只保留 tR, cUt, sEd & aWk. 中的字母（包括大写字母和小写字母）应该怎么做呢？动手试试吧。

5.5.2　字符串替换

如果要把一行文本中的某个字符串转换为另一个字符串，字符转换就帮不上忙了，shell 中处理此类问题的常用工具是 sed。

sed 是 stream editor 的缩写，也就是流编辑器，它基于一款叫作 ed 的行编辑器。我们先看看 ed 是怎样编辑文件的，如代码清单 5-31 所示。

代码清单 5-31　使用 ed 编辑文件示例

```
achao@starship ~ 2020/4/16  9:14AM Ret: 0
> cd Documents
achao@starship ~/Documents 2020/4/16  9:14AM Ret: 0
> ed ~/.asdf/docs/README.md      ❶
266                              ❷
n                                ❸
7       [](https://raw.githubusercontent.com/asdf-vm/asdf/master/ballad-of-asdf.md ':include')
```

```
1                             ❹
<!-- asdf-vm homepage -->     ❺
s/asdf/xyz/g                  ❻
1
<!-- xyz-vm homepage -->      ❼
w readme                      ❽
265                           ❾
q                             ❿
achao@starship ~/Documents 2020/4/16  9:36AM Ret: 1
> cat readme                  ⓫
<!-- xyz-vm homepage -->
...
```

❶ 用 ed 编辑文件

❷ ed 打印文件字符数

❸ 用 n 命令查看当前所在行号和内容

❹ 输入行号 1 跳转到第 1 行

❺ 执行上面命令后的屏幕输出：打印第 1 行内容

❻ 用 s 命令将 asdf 替换为 xyz，最后的 g 表示替换该行中所有的 asdf

❼ 再次输入行号打印当前行内容，确认 s 命令修改的效果

❽ 用 w 命令将修改后的文件保存到当前目录下的 readme 文件中

❾ 执行写文件命令后的输入：打印文件字符数

❿ 用 q 命令退出 ed

⓫ 用 cat 命令查看新生成文件的内容

上面用 ed 编辑了 ~/.asdf/docs/README.md 文件，该文件一共 7 行，ed 打开文件后跳到最后一行，所以 n 命令返回的结果是 7。输入 1 跳到第 1 行，用 s/asdf/xyz/g 将该行中所有的 asdf 替换为 xyz，这里 s 是**替换**（substitute）的意思。然后将修改后的内容保存到当前目录的 readme 文件中。最后退出 ed 编辑器。如果用 q 命令返回了“?”，说明有修改未保存，可使用 Q 强制退出，或者执行 w 命令后再退出。

通过体验 ed 的使用，应该感觉到 Vim 其实是相当友好的编辑器，因为使用 Vim 至少能看见要编辑的文本（所以得名“看见”，visual）。考虑到 ed 是 20 世纪 70 年代的“上古神器”，那时人们还是用终端（真正的终端机，如图 5-1 所示）登录到主机上，内存和带宽都十分宝贵，ed 这种极简风格也是可以理解的。

图 5-1 vt100 终端[①]

① By Jason Scott - Flickr: IMG_9976, CC BY 2.0, via Wikimedia Commons。

随着硬件和网络的不断更新，人们不再用 ed 这样的编辑器手动修改文件了。sed 继承了 ed 惜字如金的风格，但已经变成一款非交互式的文本转换工具了。上面的修改过程用 sed 实现如代码清单 5-32 所示。

代码清单 5-32　用 sed 实现相同的修改过程

```
> sed '1s/asdf/xyz/g' ~/.asdf/docs/README.md > readme
```

与前面 ed 中使用的替换命令基本一样，只是为了避免 shell 解析 sed 指令而添加了单引号。另外，s 前多了一个 1，后面会详细说明这样做的原因和规则，这里只要知道它表示只对第 1 行执行替换操作即可。

初次见面，sed 给我们的印象还是很正面的，格式标准，语法简洁。随着经验的积累，你会发现它成为 shell 中首选非交互式编辑工具绝非偶然，它确实在易用性和功能性上做到了比较好的平衡。下面我们来了解这个工具的基本概念和用法。

一条完整的 sed 命令由如下几部分组成：

```
sed [options] instruction input_stream
```

可选参数 `[options]`（中括号表示里面的参数可选，下同）用来控制 sed 的行为，后面跟着编辑指令 `instruction`，最后是输入文本 `input_stream`。其中，`input_stream` 可以是文件名或者通过管道传递的文本。这里 `options` 和 `input_stream` 的用法与其他命令类似，`instruction` 比较特别，它表示一条编辑指令（也可以用分号隔开多条指令，但不推荐这样写），而一条指令又包含地址和动作两部分：

```
instruction = [address]action
```

以代码清单 5-32 为例，`s` 是动作（`action`），而前面的 `1` 就是地址（`address`），即只对第 1 行执行替换操作，其他行保持不变。由于地址是可选的，因此没有地址（即 `s/asdf/xyz/g`）表示对输入文本的所有行执行 `action`，即替换所有位置的 `asdf`。sed 这种除非专门限制否则默认处理全部内容的特点，与交互式编辑器 ed、Vim 等正好相反。

sed 指令中的地址用来限定动作的范围，有下面几种形式。

- 单个行：地址用行号表示，例如代码清单 5-32 中的替换命令。
- 起止范围：由起点和终点两部分组成，中间用逗号分隔。
- 模式匹配：地址写成正则表达式的形式，如果匹配当前行，则执行操作，否则跳过。也可以通过取反标志对不匹配的行执行操作，跳过匹配的行。

sed 有 25 种编辑动作，其中常用的有字符串替换（s）、行删除（d）、行打印（p）、行插入（i）、行追加（a）、行替换（c）等。本节只介绍与字符串处理有关的替换命令（完整格式：s/regexp/replacement/flags），其他命令 5.5.3 节有相关介绍。

交互式编辑器与非交互式编辑器的另一个显著区别是，使用交互式编辑器时，如果对一次操作的效果不满意，可以**撤销**（undo），而在非交互式编辑器里不存在撤销操作。

如此说来，岂不是非交互式编辑器对用户很不友好？

非也。交互式文本编辑器默认保存修改后的文件，即覆盖原文件，而非交互式编辑器默认将转换后的文本输出到屏幕上(stdout)，而不改变原文件的内容。对非交互式编辑器的用户而言，尽可以放心大胆地尝试各种编辑命令。如果想保存编辑后的结果，使用重定向把标准输出的内容写到一个新文件里即可。

理论介绍完毕，下面通过几个常见实例看看 sed 如何搭配不同的 option、address 和 action 来满足多种多样的转换要求吧。

首先，只替换指定行中的字符串，如代码清单 5-33 所示。

代码清单 5-33 替换输入文本最后一行中的字符串

```
> cat ~/.asdf/docs/README.md
<!-- asdf-vm homepage -->

<!-- include the repo readme -->
[](https://raw.githubusercontent.com/asdf-vm/asdf/master/README.md ':include')

<!-- include the ballad of asdf-vm -->
[](https://raw.githubusercontent.com/asdf-vm/asdf/master/ballad-of-asdf.md ':include') ❶

> sed '$s/asdf/xyz/g' ~/.asdf/docs/README.md              ❷
<!-- asdf-vm homepage -->

<!-- include the repo readme -->
[](https://raw.githubusercontent.com/asdf-vm/asdf/master/README.md ':include')

<!-- include the ballad of asdf-vm -->
[](https://raw.githubusercontent.com/xyz-vm/xyz/master/ballad-of-xyz.md ':include')    ❸

> sed -n '$s/asdf/xyz/gp' ~/.asdf/docs/README.md           ❹
[](https://raw.githubusercontent.com/xyz-vm/xyz/master/ballad-of-xyz.md ':include')
```

❶ 输入文件最后一行的内容

❷ s 命令前的 $ 表示最后一行

❸ 转换后最后一行中所有的 asdf 都变成了 xyz

❹ 通过 -n 和 p 控制输出内容

第 1 条编辑指令 '$s/asdf/xyz/g' 将最后一行文本中的 asdf 改为 xyz，其中 address 采用了前述 3 种形式中的第 1 种：指定行。不论输入文本实际有多少行，$ 始终表示最后一行。注意，不要和正则表达式中的 $（代表行尾）混淆。参数 g 表示替换所有匹配到的字符串，没有的话则只替换一行文本中第 1 次出现的 asdf，后面的保持不变。

第 2 条指令 -n '$s/asdf/xyz/gp' 只输出最后一行被替换后的文本，其主体与第 1 条相同，但增加了 option -n 和 flag p。前者表示不打印原始文本(no printing 的简写)，后者表示打印(print 的简写）替换后的文本，组合在一起就实现了只打印被修改文本的效果。

现在要求只将第 4 行中第 1 个 asdf 替换为 ABC，并输出整个文件，应该怎么写呢？

如果只修改指定范围内的文本，可以用范围的形式定义 address，如代码清单 5-34 所示。

代码清单 5-34 只修改指定范围内的文本

```
> cat -n ~/.asdf/docs/README.md
     1  <!-- asdf-vm homepage -->
     2
     3  <!-- include the repo readme -->
     4  [](https://raw.githubusercontent.com/asdf-vm/asdf/master/README.md ':include')
     5
     6  <!-- include the ballad of asdf-vm -->
     7  [](https://raw.githubusercontent.com/asdf-vm/asdf/master/ballad-of-asdf.md ':include')

> sed '3,5s!readme!read/me!i' ~/.asdf/docs/README.md
<!-- asdf-vm homepage -->

<!-- include the repo read/me -->
[](https://raw.githubusercontent.com/asdf-vm/asdf/master/read/me.md ':include')

<!-- include the ballad of asdf-vm -->
[](https://raw.githubusercontent.com/asdf-vm/asdf/master/ballad-of-asdf.md ':include')
```

编辑指令 '3,5s!readme!read/me!i' 将第 3 行到第 5 行范围内文本中的 readme（不区分大小写）替换为 read/me，其中：

- 表示范围的 address 格式为 <start>,<end>，这里是 3,5；
- s 命令的分隔符一般用 /，但也可以使用其他字符，比如这里为了避免与 read/me 中的字符混淆，使用 ! 作为分隔符（注意它的位置在命令之后，如果在命令前则可能表示取反）；
- s 命令 flag 部分的 i 表示**不区分大小写**（case-insensitive）。

如果指定行号和范围都不能满足你的要求，还有更灵活的地址定义方法：正则表达式，如代码清单 5-35 所示。

代码清单 5-35　使用正则表达式替换文本

```
> sed '/^<!-- include/s/-->/=>/g' ~/.asdf/docs/README.md
<!-- asdf-vm homepage -->

<!-- include the repo readme =>          ❶
[](https://raw.githubusercontent.com/asdf-vm/asdf/master/README.md ':include')

<!-- include the ballad of asdf-vm =>    ❷
[](https://raw.githubusercontent.com/asdf-vm/asdf/master/ballad-of-asdf.md ':include')

> sed -e '/^<!-- include/s/-->/=>/g' -e '1s/asdf/ASDF/g' ~/.asdf/docs/README.md
<!-- ASDF-vm homepage -->                ❸

<!-- include the repo readme =>
[](https://raw.githubusercontent.com/asdf-vm/asdf/master/README.md ':include')

<!-- include the ballad of asdf-vm =>
[](https://raw.githubusercontent.com/asdf-vm/asdf/master/ballad-of-asdf.md ':include')
```

❶ 第 1 个匹配到的行

❷ 第 2 个匹配到的行

❸ 第 2 条编辑指令产生的效果

第 1 条命令 '/^<!-- include/s/-->/=>/g' 是将所有以 <!-- include 开头的行中的 --> 替换为 ⇒，s 前面用 / 包裹的 ^<!-- include 是正则表达式定义。

第 2 条命令演示了如何在一条命令中执行多个编辑指令：使用 -e 选项加上指令文本。其中第 1 条编辑指令与前面的命令内容相同（'/^<!-- include/s/- → /⇒/g'），第 2 条编辑指令要求将第 1 行中的 asdf 替换为 ASDF。

还有一种常见的场景，不是替换目标字符串，而是在原有基础上做一些调整，示例如代码清单 5-36 所示。

代码清单 5-36　改进替换文本

```
> sed 's/readme/<&>/ig' ~/.asdf/docs/README.md
<!-- asdf-vm homepage -->

<!-- include the repo <readme> -->       ❶
[](https://raw.githubusercontent.com/asdf-vm/asdf/master/<README>.md ':include')   ❷

<!-- include the ballad of asdf-vm -->
[](https://raw.githubusercontent.com/asdf-vm/asdf/master/ballad-of-asdf.md ':include')

> sed '1s/asdf/ASDF/g' ~/.asdf/docs/README.md | sed 's/\(asdf\)-\(vm\)/\1 - \2/ig'
<!-- ASDF - vm homepage -->   ❸

<!-- include the repo readme -->
```

```
[](https://raw.githubusercontent.com/asdf-vm/asdf/master/README.md ':include')

<!-- include the ballad of asdf - vm --> ❹
[](https://raw.githubusercontent.com/asdf-vm/asdf/master/ballad-of-asdf.md ':include')

> sed '/^<!-- include/!s/asdf/ASDF/g' ~/.asdf/docs/README.md
<!-- ASDF-vm homepage -->    ❺

<!-- include the repo readme -->
[](https://raw.githubusercontent.com/ASDF-vm/ASDF/master/README.md ':include')

<!-- include the ballad of asdf-vm -->    ❻
[](https://raw.githubusercontent.com/ASDF-vm/ASDF/master/ballad-of-ASDF.md ':include')
```

❶ readme 被转换为 <readme>

❷ README 被转换为 <README>

❸ ASDF-vm 被转换为 ASDF - vm

❹ asdf-vm 被转换为 asdf - vm

❺ asdf 被转换为 ASDF

❻ asdf 没有被转换为 ASDF

第 1 条命令 `'s/readme/<&>/ig'` 将 readme（不区分大小写）包裹进 <> 里。由于我们事先不知道匹配到的是 readme、README 还是 Readme，无法直接写在 s 命令里，所以用 & 表示匹配到的各种情况。

第 2 条命令演示了更为复杂的转换要求：在 asdf-vm（不区分大小写）的横杠两侧各插入一个空格。由于不区分大小写，因此无法直接写成 asdf - vm，也不能简单地在横杠两侧插入空格（`s/-/ - /g`），那样会导致 `<!--`、`-->`、ballad-of-asdf 中的横杠也被插入空格。

解决方法是使用正则表达式的**分组**（group）工具，将不变的部分放在组中，即用括号包裹起来。例如 asdf 变成了 `\(asdf\)`（括号在正则表达式中需要用反斜杠转义），是第 1 组；vm 变成了 `\(vm\)`，是第 2 组。在替换文本里，用 `\1` 代表第一组，`\2` 代表第 2 组，以此类推，最多可以到 `\9`。

原始输入文件里 asdf-vm 只有一种情况，所以我们用前一部分 `sed '1s/asdf/ASDF/g' ~/.asdf/docs/README.md` 人为构造出 ASDF-vm，通过管道交给第 2 部分 `sed 's/\(asdf\)-\(vm\)/\1 - \2/ig'` 处理。

最后一条命令演示了对 address 取反的方法：加感叹号（!）。原本 `/^<!-- include/` 的意思是所有以 `<!-- include` 开头的行，取反之后 `/^<!-- include/!` 表示所有不以 `<!-- include` 开头的行。整个编辑指令 `'/^<!-- include/!s/asdf/ASDF/g'` 的意思是：将所有不以 `<!-- include` 开

头的行中的 asdf 替换为 ASDF。

取反不仅能与正则表达式配合使用，也可以与其他两种 address 形式配合实现取反的效果，这些内容后面还会讲到。

5.5.3 文本行转换

这里的行转换指将文本行作为一个整体进行操作，包括删除、插入、替换、追加、打印等。

本节仍以 sed 作为主要转换工具，5.5.2 节编辑指令中的各种 address 定义方法仍适用，只是 action 不同。

首先我们看一个很常见的操作，删除空行，如代码清单 5-37 所示。

代码清单 5-37 使用 sed 删除文本中的空行

```
> sed '/^$/d' ~/.asdf/docs/README.md
<!-- asdf-vm homepage -->
<!-- include the repo readme -->
[](https://raw.githubusercontent.com/asdf-vm/asdf/master/README.md ':include')
<!-- include the ballad of asdf-vm -->
[](https://raw.githubusercontent.com/asdf-vm/asdf/master/ballad-of-asdf.md ':include')
```

编辑指令 '/^$/d 仍然是 address+action 格式。address 部分采用第 3 种地址格式：用 / 包裹的正则表达式，其中 ^ 表示行首，$ 表示行尾，行首和行尾之间什么都没有表示这是一个空行。action 部分的 d 是 delete 的简写，整个指令去除空行，将非空行发送到标准输出。

根据上面的介绍，$d、1,3d、/http/d 分别去掉了哪些行，保留了哪些行呢？动手运行一下，验证自己的想法吧。

接下来是“三兄弟”：插入、替换、追加，放在一起看会更清楚，如代码清单 5-38 所示。

代码清单 5-38 对特定文本行的插入、替换和追加

```
> cat -n ~/.asdf/docs/README.md          ❶
     1  <!-- asdf-vm homepage -->
     2
     3  <!-- include the repo readme -->
     4  [](https://raw.githubusercontent.com/asdf-vm/asdf/master/README.md ':include')
     5
     6  <!-- include the ballad of asdf-vm -->
     7  [](https://raw.githubusercontent.com/asdf-vm/asdf/master/ballad-of-asdf.md ':include')

> sed '/http/i http line' ~/.asdf/docs/README.md          ❷
<!-- asdf-vm homepage -->

<!-- include the repo readme -->
```

```
http line
[](https://raw.githubusercontent.com/asdf-vm/asdf/master/README.md ':include')

<!-- include the ballad of asdf-vm -->
http line
[](https://raw.githubusercontent.com/asdf-vm/asdf/master/ballad-of-asdf.md ':include')
achao@starship ~ 2020/4/21 11:27PM Ret: 0

> sed '/http/c http line' ~/.asdf/docs/README.md      ❸
<!-- asdf-vm homepage -->

<!-- include the repo readme -->
http line

<!-- include the ballad of asdf-vm -->
http line
achao@starship ~ 2020/4/21 11:28PM Ret: 0

> sed '/http/a http line' ~/.asdf/docs/README.md      ❹
<!-- asdf-vm homepage -->

<!-- include the repo readme -->
[](https://raw.githubusercontent.com/asdf-vm/asdf/master/README.md ':include')
http line

<!-- include the ballad of asdf-vm -->
[](https://raw.githubusercontent.com/asdf-vm/asdf/master/ballad-of-asdf.md ':include')
http line
```

❶ 打印原始文件

❷ i 命令在匹配文本行前插入 `http line`

❸ c 命令将匹配文本行替换为 `http line`

❹ a 命令在匹配文本行后追加 `http line`

3 条指令的 address 部分相同：`/http/`，即所有包含 http 字符串的行，action 分别是在前面插入行、替换当前行和在后面追加行。为保证清晰易读，action（i）和后面的内容（http line）之间用空格分开。

借助换行符和命令组合能实现更丰富的效果，如代码清单 5-39 所示。

代码清单 5-39 插入、替换为多行文本以及指令组合

```
> sed '/http/i HTTP header\naddress details:' ~/.asdf/docs/README.md      ❶
<!-- asdf-vm homepage -->

<!-- include the repo readme -->
HTTP header
address details:
[](https://raw.githubusercontent.com/asdf-vm/asdf/master/README.md ':include')
```

```
<!-- include the ballad of asdf-vm -->
HTTP header
address details:
[](https://raw.githubusercontent.com/asdf-vm/asdf/master/ballad-of-asdf.md ':include')
achao@starship ~ 2020/4/21 11:40PM Ret: 0

> sed '/http/c HTTP header\nHTTP address\nAddress over' ~/.asdf/docs/README.md     ❷
<!-- asdf-vm homepage -->

<!-- include the repo readme -->
HTTP header
HTTP address
Address over

<!-- include the ballad of asdf-vm -->
HTTP header
HTTP address
Address over

> sed -e '/http/i HTTP header:' -e '/http/a More details...'  ~/.asdf/docs/README.md     ❸
<!-- asdf-vm homepage -->

<!-- include the repo readme -->
HTTP header:
[](https://raw.githubusercontent.com/asdf-vm/asdf/master/README.md ':include')
More details...

<!-- include the ballad of asdf-vm -->
HTTP header:
[](https://raw.githubusercontent.com/asdf-vm/asdf/master/ballad-of-asdf.md ':include')
More details...
```

❶ 插入两行文本，行间用 \n 分隔

❷ 替换为三行文本，行间用 \n 分隔

❸ 组合插入和追加指令

前两条命令通过在 i 和 c 的替换参数里加入换行符 \n 实现了插入、替换为多行文本的效果。第 3 条命令使用两个 -e 选项实现对目标行同时做插入和追加操作。

最后一个比较常用的 action 是 p（print 的简写）。它主要与 -n 选项组合使用，打印出 address 匹配到的行，如代码清单 5-40 所示。

代码清单 5-40 使用 p 打印匹配行

```
> sed -n '3,5!p' ~/.asdf/docs/README.md     ❶
<!-- asdf-vm homepage -->

<!-- include the ballad of asdf-vm -->
[](https://raw.githubusercontent.com/asdf-vm/asdf/master/ballad-of-asdf.md ':include')
```

```
> sed -n '/http/p' ~/.asdf/docs/README.md     ❷
[](https://raw.githubusercontent.com/asdf-vm/asdf/master/README.md ':include')
[](https://raw.githubusercontent.com/asdf-vm/asdf/master/ballad-of-asdf.md ':include')
```

❶ 范围型 address 加感叹号表示对范围取反，即除 3 ～ 5 行外的其他文本行

❷ 打印包含 http 的文本行

你会发现 p 命令和文本搜索部分介绍的 grep 命令功能类似，二者都可以使用正则表达式作为匹配工具，只是 grep 功能单一，写法相对简洁一些。

5.5.4 文本列筛选

假设有这样一个数据表，在前面学生信息的基础上还包含了每个人的成绩，如代码清单 5-41 所示。

代码清单 5-41 学生信息和成绩表

```
> cat ~/Documents/scores.csv
ID,学号,姓名,性别,年龄,年级,语文,数学,英语
1,202001,程新,男,12,5,92,95,88
2,202002,单乐原,男,11,4,86,92,90
3,202003,彭维珊,女,13,6,94,85,82
4,202004,刘子乔,女,10,3,88,84,82
5,202005,王立波,男,11,4,92,95,98
```

现在需要提取出每个学生的学号和各科成绩，供后续统计，即以逗号作为列分隔符，提取每行文本的第 2、第 7、第 8、第 9 这 4 列。

或许可以借助字符串转换方法，用正则表达式匹配出需要保留的列，然后用分组引用的方法提取目标列(参考代码清单 5-36 第 2 条命令)。这个方法理论上可行,但实现比较复杂,不理想。

除了数据文件，以普通文本格式（而不是 CSV 格式）写成的文件也会有按列处理的需求。比如为一篇列宽 80 的文章生成一段预览，列宽变为 60，比如用 cat 命令在列宽为 60 的终端窗口中输出文件 ~/.asdf/docs/thanks.md，如代码清单 5-42 所示。

代码清单 5-42 thanks.md 文件原始状态

```
> cat ~/.asdf/docs/thanks.md
## Credits

Me ([@HashNuke](https://github.com/HashNuke)), High-fever, cold, cough.

Copyright 2014 to the end of time ([MIT License](https://github.com/asdf-vm/asdf...

## Maintainers
```

```
- [@HashNuke](https://github.com/HashNuke)
- [@danhper](https://github.com/danhper)
- [@Stratus3D](https://github.com/Stratus3D)
- [@vic](https://github.com/vic)
- [@jthegedus](https://github.com/jthegedus)

## Contributors

See the [list of contributors](https://github.com/asdf-vm/asdf/graphs/...
```

在这些场景中，我们需要一种工具，将每行文本按某种规则拆分成独立的列，方便重新组织。比如第 1 种场景中，每行按逗号拆开，第 1 列是 ID，第 2 列是学号，等等。第 2 种场景中，每个字符是独立的一列，由于生成文章预览不需要显示完整内容，保留每行前 60 个字符即可。

shell 中最适合完成这类任务的是 `cut`，对于第 1 种场景，只要告诉它以逗号分隔，取第 2 列和第 7 列到第 9 列即可，如代码清单 5-43 所示。

代码清单 5-43　使用 cut 提取指定列

```
> cut -d',' -f2,7-9 ~/Documents/scores.csv
学号,语文,数学,英语
202001,92,95,88
202002,86,92,90
202003,94,85,82
202004,88,84,82
202005,92,95,98
```

这里 `-d` 指定**分隔符**（delimiter）为逗号（注意是英文逗号）。`-f` 指出按**域**（field，而不是字符）拆分行，并提取指定列：`2,7-9`。不连续的列以逗号分隔，连续列不需要都写出来，可以简写为 `start-end`。

对于第 2 种场景，则要通过 `-c` 选项告诉 `cut` 按字符拆分，如代码清单 5-44 所示。

代码清单 5-44　使用 cut 将文本行截断为指定宽度

```
> cut -c1-60 ~/.asdf/docs/thanks.md
## Credits

Me ([@HashNuke](https://github.com/HashNuke)), High-fever, c

Copyright 2014 to the end of time ([MIT License](https://git

## Maintainers
- [@HashNuke](https://github.com/HashNuke)
- [@danhper](https://github.com/danhper)
- [@Stratus3D](https://github.com/Stratus3D)
- [@vic](https://github.com/vic)
- [@jthegedus](https://github.com/jthegedus)
```

```
## Contributors

See the [list of contributors](https://github.com/asdf-vm/as
```

这里 -c1-60 表示提取第 1 个到第 60 个字符。

-f、-c 的列范围定义除了明确指出起始（start-end）位置，还可以用 -n 表示第 1 列到第 *n* 列。比如上面的 -c1-60 可以写为 -c-60。也可以用 m- 表示第 *m* 列到最后一列。比如 -c61- 表示第 61 个字符到行尾。那么问题来了，cut -d',' -f7- ~/Documents/scores.csv 会输出哪些列呢？

最后，当列比较多并且只需要去掉其中少数几列时，把需要保留的写出来会很麻烦。我们需要像使用 sed address 后的感叹号一样，通过某些表达式来表示除列出的几列外，其他都要，简便做法如代码清单 5-45 所示。

代码清单 5-45　通过 --complement 选项选择除 ID 外的其他列

```
> cut -d',' -f1 --complement ~/Documents/scores.csv
学号，姓名，性别，年龄，年级，语文，数学，英语
202001,程新，男，12,5,92,95,88
202002,单乐原，男，11,4,86,92,90
202003,彭维珊，女，13,6,94,85,82
202004,刘子乔，女，10,3,88,84,82
202005,王立波，男，11,4,92,95,98
```

没错，就像上面几行代码所显示的那样，只要在 field 列表 -f1 后面加上 --complement 就可以实现我们需要的功能。

5.6 常用文本处理命令一览

表 5-1 列出了常见的文本处理任务及其对应的命令。

表 5-1　常用文本处理命令

文本处理任务		命　令
文本浏览		less
文本搜索		grep、ag
文本连接	行连接	cat、>>
	列连接	paste
文本转换	字符转换	tr
	字符串转换	s 命令（sed 编辑器）
	文本行转换	d、i、c、a、p 等命令（sed 编辑器）
	文本列筛选	cut

5.7 小结

本章讲述了在过去和现在（以及可预见的未来）的科技水平下，信息最主要的展现形式——文本的处理方法。

说明在丰富多样的信息展示形式中文本仍然处于核心位置的原因之后，本章主体内容按照信息流向分为以下两个主要部分。

(1) 信息输入：如何从文本中提取感兴趣的信息，包括宏观的文本浏览技术和微观的文本搜索技术。

(2) 信息输出：基于已有信息，如何创造新信息，并将其保存到文件中。从粗粒度的文件级处理，到细粒度的字符、字符串、文本行和列处理，都做了介绍。

本章介绍的应用不是彼此割裂的，而是能通过管道符等工具有机地组合在一起——每个工具像一块积木，通过不同的组合方式，可以实现从简单到复杂的各种功能要求。这种 1+1>2 的特点是命令行应用的一大优势，在后面的章节中还会不断体现。

第 6 章

点石成金：数据分析

在所有关于自然的特定理论中，我们能够发现多少数学，就能发现多少真正的科学。

——康德

通过第 5 章的介绍，我们已经能够对**表格数据**（tabular data）进行简单处理了，比如列连接和筛选等。不过这些操作是从纯粹的“文本”角度看待数据的，如果要对它们做些计算统计，比如计算每个学生各门功课的平均分，列处理工具就无能为力了。可能你会感到奇怪，这类工作难道不是电子表格处理软件（比如 Excel 或者 Numbers）做的吗？就算不想付费购买商业软件，还有开源的 LibreOffice Calc 可用，为什么要在命令行里分析数据呢？

图形化的电子表格处理软件确实可以很好地完成数据分析任务，但面对一个包含 15 000 名学生成绩的数据文件，要计算每个学生的各门功课平均分，大体会经历如下过程：

(1) 启动电子表格软件，关掉时不时冒出来的升级或者广告弹窗；

(2) 点击“打开文件”菜单，打开数据文件；

(3)“文件编码解析失败”是为什么？上网搜索一番，原来是编码问题，指定 UTF-8 编码，总算打开了文件；

(4) 修正了几处缺失或者格式错误的数据，虽说有点儿卡，但还不影响使用；

(5) 计算平均值的菜单在什么位置想不起来了，再上网查询一番；

(6) 拖动鼠标选中包含成绩的各列，点击确认；

(7) 鼠标变成了漏斗、漩涡或者其他可爱的小东西，即使盯着它发呆也不会感觉无聊。

下楼取个快递，回来去趟洗手间，再次坐到电脑前，界面还在“转圈圈”，更糟糕的是电子表格软件不响应鼠标点击了。只好强制关闭，再次打开，不但平均值没算出来，一开始修改的几处异常数据也没有保存。

与此同时，某个平行世界中的你，默默地敲了代码清单 6-1 所示的命令。

代码清单 6-1　使用 awk 计算平均分

```
> awk -F',' 'NR>1 {print $1": " ($7 + $8 + $9)/3}' scores.csv    ❶
1: 91.6667    ❷
2: 89.3333
3: 87
4: 84.6667
5: 95
...
```

❶ 假设学生成绩数据保存在 scores.csv 里

❷ 每行代表一个学生三门功课的平均分

瞬间得到了答案。

不用购买、安装、学习任何电子表格软件，许多信息处理任务只用一行代码就能搞定。

是不是有些跃跃欲试了？在进入具体的分析场景之前，我们先来了解一些必要的背景知识。

6.1　数据格式和分析工具

首先以第 5 章的学生信息和成绩表为例，看看表格数据的特点，如代码清单 6-2 所示。

代码清单 6-2　学生信息和成绩表内容

```
> xsv table scores.csv
ID  学号    姓名    性别  年龄  年级  语文  数学  英语
1   202001  程新    男    12    5     92    95    88
2   202002  单乐原  男    11    4     86    92    90
3   202003  彭维珊  女    13    6     94    85    82
4   202004  刘子乔  女    10    3     88    84    82
5   202005  王立波  男    11    4     92    95    98
...
```

xsv 的安装过程请参考代码清单 3-61（也可以通过 `brew install xsv` 安装），它的 `table` 命令将表格数据打印成方便查看的形式，第 1 行是表头，后面是数据。

表中包含 5 **行**（row）、9 **列**（column）数据，每行叫作一条**记录**（record），每列叫作一个**特征**（attribute）。每条记录包含一个学生的信息，由 9 个**字段**（field）组成，每条记录包含特征的数量和顺序都必须一致。

同一特征中，字段的数据类型要一致，比如“年级”在 5 条记录中要么都是整数，要么都是字符串，不能既有“4”又有“五”。但不同特征的数据类型可以不一样，比如“姓名”是字符串类型，“语文”则是实数类型。

存储表格数据的文件，常见的有 CSV 和 TSV 两种格式，本章的分析对象都采用 CSV 格式，如代码清单 6-3 所示。

代码清单 6-3 学生信息和成绩表的原始文本

```
> head scores.csv
ID,学号,姓名,性别,年龄,年级,语文,数学,英语
1,202001,程新,男,12,5,92,95,88
2,202002,单乐原,男,11,4,86,92,90
3,202003,彭维珊,女,13,6,94,85,82
4,202004,刘子乔,女,10,3,88,84,82
5,202005,王立波,男,11,4,92,95,98
```

CSV 格式使用英文逗号作为字段分隔符，TSV 格式采用制表符 Tab 分隔字段，其他与 CSV 格式相同，这里不再赘述。

一个 CSV 文件包含的数据大致相当于一个单页 xlsx（Excel）文件，或者关系型数据库中的一张**表**（table）。为了实现比电子表格软件更方便、更强大的处理能力，我们需要一些称手的工具。

首先介绍一位新面孔：GNU awk，也就是代码清单 6-1 中使用的工具。它是 AWK 语言的一种实现，这是一种**数据驱动**（data-driven）的脚本语言，得名于 3 位作者姓氏首字母的缩写。它的工作模式和 sed 有类似之处：每次取输入文件的一行进行处理；可以包含多条处理语句；每条处理语句也写成类似于 address+action 的形式。awk 与 sed 的不同之处如下。

- awk 为文本处理和数据分析提供了丰富的基础设施。在简单的处理场景中，比通用编程语言（比如 Python、Java 等）更简洁。
- 在开始循环处理每行文本之前以及处理完所有文本之后，awk 可以定义预处理和后处理逻辑，表达能力更强。
- awk 是图灵完备的编程语言，有条件判断、循环等语句，能够定义变量和数组，可以编写函数，实现非常复杂的处理逻辑。

除了 awk，另一位主角 VisiData（安装过程如代码清单 3-58 所示）是个**文本用户界面**（text-based user interface，TUI）应用，与大多数命令“行”应用不同，TUI 应用运行时占用整个屏幕（所有行）。有些还支持鼠标操作。这时你可能想到了 Vim，没错，Vim 也是一个 TUI 应用。

TUI 具备图形应用即时反馈的特点（所以也叫交互式工具），同时保留了命令行应用响应速度快、占用资源少、传输数据量小（在远程工作时对用户体验影响很大）的优势。不过俗话说“没有银弹”，TUI 和 GUI 一样，很难通过管道符与其他应用协作，也不方便作为脚本的一部分搭建自动化工具。

下面我们先介绍适合批量自动化处理的非交互式分析方法，再介绍以数据探索和理解为主的交互式分析方法。

6.2 生成样例数据

为了方便演示各种场景下的分析方法，需要合适的数据集作为样例。这里我们按照规模大小选择了加州大学欧文分校（UCI）的两个数据集：

- 汽车数据集（Automobile Data Set），包含几百种车型的多项参数；
- 收入数据集（Adult Data Set），包含几万名受访者的个人信息。

首先将原始数据转换为 CSV 格式数据，如代码清单 6-4 所示。

代码清单 6-4　将原始数据转换为 CSV 格式数据

```
> wget https://archive.ics.uci.edu/ml/machine-learning-databases/autos/imports-85.data   ❶

> cat <(echo 'symboling,normalized-losses,make,fuel-type,aspiration,'\                    ❷
'num-of-doors,body-style,drive-wheels,engine-location,wheel-base,length,width,'\
'height,curb-weight,engine-type,num-of-cylinders,engine-size,fuel-system,'\
'bore,stroke,compression-ratio,horsepower,peak-rpm,city-mpg,highway-mpg,price') \
imports-85.data > smallset.csv

> wget https://archive.ics.uci.edu/ml/machine-learning-databases/adult/adult.data        ❸

> sed 's/, /,/g' adult.data > adult.csv                                                   ❹

> cat <(echo 'age,workclass,fnlwgt,education,education-num,'\                             ❺
'marital-status,occupation,relationship,race,sex,capital-gain,'\
'capital-loss,hours-per-week,native-country,income') adult.csv > bigset.csv
```

❶ 下载汽车样例数据

❷ 为汽车数据集添加表头，结果保存在 smallset.csv 文件中

❸ 下载收入样例数据

❹ 使用 sed 的字符串替换命令去掉数据文件中多余的空格

❺ 为收入数据集添加表头，结果保存在 bigset.csv 文件中

首先用 `wget` 命令从加州大学欧文分校的 Machine Learning Repository 将原始数据文件下载到本地磁盘。由于这些文件都不包含表头，所以用 `cat` 添加表头。这里使用了输入重定向技术 `<()`，将命令 `echo` 的输出转换为 `cat` 命令的输入，和后面的 imports-85.data 组合在一起，保存到 smallset.csv 文件中。这个转换也可以用 sed 的插入命令实现，不妨动手实现一下。

6.3　数据概览

面对一个陌生数据文件，我们首先想了解的是一些概括性信息，比如包含多少条记录、多少个特征，每个特征的类型和取值范围等，如代码清单 6-5 所示。

代码清单 6-5　获取数据集概要信息

```
> xsv count smallset.csv         ❶
205

> xsv headers smallset.csv       ❷
1   symboling
2   normalized-losses
3   make
4   fuel-type
5   aspiration
6   num-of-doors
7   body-style
8   drive-wheels
9   engine-location
10  wheel-base
11  length
12  width
13  height
14  curb-weight
15  engine-type
16  num-of-cylinders
17  engine-size
18  fuel-system
19  bore
20  stroke
21  compression-ratio
22  horsepower
23  peak-rpm
24  city-mpg
25  highway-mpg
26  price

> xsv stats -s make smallset.csv|xsv table    ❸
field  type     sum  min          max    min_length  max_length  mean  stddev
make   Unicode       alfa-romero  volvo  3           13
```

❶ 使用 count 命令打印数据集的记录数

❷ 使用 headers 命令打印数据集的特征列表

❸ 使用 stats 命令的 -s 选项打印特征 make 的统计信息

xsv 的 count 命令计算数据集中包含多少条记录，返回结果 205 表示 smallset.csv 数据集包含 205 条记录。接下来的 headers 命令列出了所有特征的名字，从序号可以看出该数据集包含 26 个特征。如果还想了解每个特征更详细的信息，就要用到 stats 命令了，它能根据每列数据的形式推断出类型。这里我们选择了代表生产厂商的特征 make，将统计结果通过管道符让 xsv 的 table 命令格式化以方便阅读。

要列出所有特征的统计信息也很方便，如代码清单 6-6 所示。

代码清单 6-6 打印数据集概要信息

```
> xsv stats smallset.csv | xsv table
field              type     sum                 min          max     min_length  max_length  mean
stddev
symboling          Integer  171                 -2           3       1           2
0.8341463414634145  1.242265781250978
normalized-losses  Unicode                      101          ?       1           3
make               Unicode                      alfa-romero  volvo   3           13
fuel-type          Unicode                      diesel       gas     3           6
aspiration         Unicode                      std          turbo   3           5
num-of-doors       Unicode                      ?            two     1           4
body-style         Unicode                      convertible  wagon   5           11
drive-wheels       Unicode                      4wd          rwd     3           3
engine-location    Unicode                      front        rear    4           5
wheel-base         Float    20245.100000000024  86.6         120.9   2           6
98.75658536585362   6.007070472147535
length             Float    35680.10000000003   141.1        208.1   6           6
174.04926829268288  12.307160792874921
width              Float    13511.099999999993  60.3         72.3    5           5
65.90780487804875   2.1399652518208305
height             Float    11013.600000000008  47.8         59.8    5           5
53.724878048780475  2.4375548743804125
curb-weight        Integer  523891              1488         4066    4           4
2555.5658536585365  519.4086992752509
engine-type        Unicode                      dohc         rotor   1           5
num-of-cylinders   Unicode                      eight        two     3           6
engine-size        Integer  26016               61           326     2           3
126.90731707317067  41.54100172732023
fuel-system        Unicode                      1bbl         spfi    3           4
bore               Unicode                      2.54         ?       1           4
stroke             Unicode                      2.07         ?       1           4
compression-ratio  Float    2079.2200000000003  7            23      4           5
10.142536585365859  3.9623405752190672
horsepower         Unicode                      100          ?       1           3
peak-rpm           Unicode                      4150         ?       1           4
city-mpg           Integer  5170                13           49      2           2
25.21951219512195   6.526165703262262
highway-mpg        Integer  6304                16           54      2           2
30.751219512195117  6.869626394897536
price              Unicode                      10198        ?       1           5
```

stats 命令不加 -s 选项就会打印所有特征的统计信息，从上面的结果中可以看到对不同类型特征的统计项目。

- 字符串类型特征：例如 make（生产厂商）、fuel-type（燃油类型）等，给出最大值、最小值（按字典顺序）以及字符串的最大长度、最小长度。

- 整数类型特征：例如 symboling（某一车型保险赔付的风险等级），除了给出字符串类型的 4 项统计值，还有总计（sum）、平均数（mean）和标准差（stddev，表示数据的分散程度，值越大，数据越分散）。
- 实数类型特征：例如车的长（length）、宽（width）、高（height）等，统计指标和整数类型相同。

上面的统计结果中，有些特征的类型判断有问题，比如 horsepower（发动机马力[①]）、peak-rpm（峰值转速）和 price（价格），显然都应该是实数类型，但被判断成了字符串（Unicode）类型。原因是数据集中存在缺失数据，这些缺失的位置默认用 ? 填补，类型判断算法发现这些值无法转换为实数，就把特征类型标记成了字符串。现实世界中的数据绝大多数存在各种各样的问题，需要人根据实际情况灵活做出调整，而这正是 TUI 程序所擅长的。

下面我们看看如何使用 VisiData 查看数据集的概要信息。首先用 VisiData 打开 smallset.csv，如代码清单 6-7 所示。

代码清单 6-7 使用 VisiData 打开数据集

```
> vd smallset.csv   ❶

symboling    | normalized-losses  | make         | fuel-type   | aspiration ...
3            | ?                  | alfa-romero  | gas         | std
3            | ?                  | alfa-romero  | gas         | std
1            | ?                  | alfa-romero  | gas         | std
2            | 164                | audi         | gas         | std
2            | 164                | audi         | gas         | std
...

smallset|           ❷
```

❶ TUI 应用启动后会刷新屏幕，而不是在命令下面直接输出。本书在命令（vd smallset.csv）和 TUI 内容间添加一个空行显示这一区别，下同

❷ 表单名称

VisiData 的命令是 vd。打开数据集后，呈现在我们面前的是包含在 smallset.csv 中的数据的**表单**（sheet）。表单是 VisiData 中展示数据和计算结果的基本单位。每个表单都有自己的名字，显示在窗口左下角。比如现在屏幕左下角显示的是 smallset，表示当前表单的名字是 smallset，即包含 smallset.csv 原始数据的表单。后续我们会看到更多其他类型的表单，并可以通过使用 S 键在各个表单间跳转，使用 q 退出当前表单。

现在 smallset 表单中所有字段都是左对齐的，表明它们的类型是字符串。VisiData 提供了字符串（默认类型）、整数、实数等几种常见数据类型，并通过设置不同对齐方式和标记方便我们查看。

① 马力是功率的非法定计量单位，1 马力约合 735 瓦。

- 字符串（string）类型：字段左对齐，用 ~ 标记（或者无标记）。
- 整数（int）类型：字段右对齐，用 # 标记。
- 实数（float）类型：字段右对齐，用 % 标记。
- 日期（date）类型：字段右对齐，用 @ 标记。
- 货币（currency）类型：字段右对齐，用 $ 标记。

在没有任何操作的情况下，第 1 个特征 symboling 处于高亮状态，表明它是“当前”特征。这个高亮的矩形叫作**光标**（cursor），用 l 键向右移动，用 h 键向左移动（又是 Vim 风格快捷键）。左右移动一下，再移回 symboling 特征，现在按 # 键把它设置为整数类型，再向右移动到 normalized-losses 特征上，按 % 键将其设置为实数类型，如代码清单 6-8 所示。

代码清单 6-8 在 VisiData 中标记特征类型

```
symboling  #| normalized-losses %| make          | fuel-type   | aspiration ...
        3 | ?                  !| alfa-romero   | gas         | std
        3 | ?                  !| alfa-romero   | gas         | std
        1 | ?                  !| alfa-romero   | gas         | std
        2 |              164.00 | audi          | gas         | std
        2 |              164.00 | audi          | gas         | std
        2 | ?                  !| audi          | gas         | std
...

smallset|
```

设置后字段名后面分别加上了 # 和 % 标记，表明类型设置生效，并且字段变成了右对齐。虽然手动设置类型比自动判断麻烦一点儿，但避免了数据缺失等问题导致的类型判断错误。

要获得某个特征的统计信息，只要选中该特征（将光标移动到该特征上），然后按 F 键即可。以 symboling 为例，按 F 键后出现一个新表单，如代码清单 6-9 所示。

代码清单 6-9 使用 VisiData 查看 symboling 特征的分布情况

```
symboling  #‖  count  #| percent  %| histogram
        0  ‖      67 |     32.68 | *********************************
        1  ‖      54 |     26.34 | ***************************
        2  ‖      32 |     15.61 | ****************
        3  ‖      27 |     13.17 | *************
       -1  ‖      22 |     10.73 | ***********
       -2  ‖       3 |      1.46 | *


smallset_symboling_freq|
```

这个名为 smallset_symboling_freq 的表单包含 4 列，从左向右依次如下。

- 特征取值：包括从 –2 到 3 共 6 个值。

- 某个取值对应的记录数：可以看到原始数据集中，symboling 包含了 67 个 0、54 个 1，等等。
- 某个取值在整体中的占比。
- 以直方图形式展示的占比大小。

按 q 键关闭这个表单，回到 smallset 表单。这样就完成了对一个整数型特征的分析。下面用同样的方法分析实数型特征 normalized-losses 和字符串型特征 make，如代码清单 6-10 和代码清单 6-11 所示。

代码清单 6-10 查看特征 normalized-losses 的统计信息

```
normalized-losses %‖ count  #| percent  %| histogram
could not convert…! ‖      41 |     20.00 | ********************
          161.00  ‖      11 |      5.37 | *****
           91.00  ‖       8 |      3.90 | ****
          150.00  ‖       7 |      3.41 | ***
          104.00  ‖       6 |      2.93 | ***
...

smallset_normalized-losses_freq|
```

这个特征中有 20%（41 个字段）由于数据缺失或其他原因无法转换为实数，在能够正确转换的字段中，161.00 出现的次数最多，后面依次是 91.00、150.00 等。

代码清单 6-11 查看特征 make 的统计信息

```
make          ‖ count  #| percent  %| histogram
toyota        ‖      32 |     15.61 | ****************
nissan        ‖      18 |      8.78 | *********
mazda         ‖      17 |      8.29 | ********
honda         ‖      13 |      6.34 | ******
mitsubishi    ‖      13 |      6.34 | ******
...

smallset_make_freq|
```

可以看到排名前五的生产商分别是：Toyota、Nissan、Mazda、Honda 和 Mitsubishi。

除了分析当前特征，用 I 键生成类似于代码清单 6-6 的所有特征统计概览，如代码清单 6-12 所示。

代码清单 6-12 在 VisiData 中生成所有特征统计信息概览

```
column             ‖ errors  #| nulls  #| distinct  #| mode   ~| min  ~| max   ~| median  ~| mean  %| stdev   %‖
symboling          ‖        0 |       0 |          6 | 0      | -2    | 3      | 1        |   0.83 |     1.25 ‖
normalized-losses  ‖       41 |       0 |         51 | 161.0  | 65.0  | 256.0  | 115.0    | 122.00 |    35.44 ‖
make               ‖        0 |       0 |         22 | toyota |       |        |          |       !|        ! ‖
fuel-type          ‖        0 |       0 |          2 | gas    |       |        |          |       !|        ! ‖
aspiration         ‖        0 |       0 |          2 | std    |       |        |          |       !|        ! ‖
```

```
num-of-doors      ‖      0 |      0 |        3 | four    |        |        |          |        !|        ! ‖
body-style        ‖      0 |      0 |        5 | sedan   |        |        |          |        !|        ! ‖
drive-wheels      ‖      0 |      0 |        3 | fwd     |        |        |          |        !|        ! ‖
engine-location   ‖      0 |      0 |        2 | front   |        |        |          |        !|        ! ‖
wheel-base        ‖      0 |      0 |       53 | 94.5    | 86.6   | 120.9  | 97.0     |  98.76 |     6.02 ‖
length            ‖      0 |      0 |       75 | 157.3   | 141.1  | 208.1  | 173.2    | 174.05 |    12.34 ‖
width             ‖      0 |      0 |       44 | 63.8    | 60.3   | 72.3   | 65.5     |  65.91 |     2.15 ‖
height            ‖      0 |      0 |       49 | 50.8    | 47.8   | 59.8   | 54.1     |  53.72 |     2.44 ‖
curb-weight       ‖      0 |      0 |      171 | 2385.0  | 1488.0| 4066.0| 2414.0    | 2555.57|   520.68 ‖
engine-type       ‖      0 |      0 |        7 | ohc     |        |        |          |        !|        ! ‖
num-of-cylinders  ‖      0 |      0 |        7 | four    |        |        |          |        !|        ! ‖
engine-size       ‖      0 |      0 |       44 | 122.0   | 61.0   | 326.0  | 120.0    | 126.91 |    41.64 ‖
fuel-system       ‖      0 |      0 |        8 | mpfi    |        |        |          |        !|        ! ‖
bore              ‖      4 |      0 |       38 | 3.62    | 2.54   | 3.94   | 3.31     |   3.33 |     0.27 ‖
stroke            ‖      4 |      0 |       36 | 3.4     | 2.07   | 4.17   | 3.29     |   3.26 |     0.32 ‖
compression-ratio ‖      0 |      0 |       32 | 9.0     | 7.0    | 23.0   | 9.0      |  10.14 |     3.97 ‖
horsepower        ‖      2 |      0 |       59 | 68.0    | 48.0   | 288.0  | 95.0     | 104.26 |    39.71 ‖
peak-rpm          ‖      2 |      0 |       23 | 5500.0  | 4150.0| 6600.0| 5200.0    | 5125.37|   479.33 ‖
city-mpg          ‖      0 |      0 |       29 | 31.0    | 13.0   | 49.0   | 24.0     |  25.22 |     6.54 ‖
highway-mpg       ‖      0 |      0 |       30 | 25.0    | 16.0   | 54.0   | 30.0     |  30.75 |     6.89 ‖
price             ‖      4 |      0 |      186 | 16500.0| 5118.0| 45400…| 10295.0   | 13207.…|  7947.07 ‖

smallset_describe|
```

对于字符串型特征，给出了错误值个数（errors）、缺失值个数（nulls）、不同值个数（distinct，一个集合中去重后剩下不同值的数量，例如 1, 2, 3, 3, 2, 8 去重后是 1, 2, 3, 8，所以不同值个数为 4）和众数（mode，一个集合中出现次数最多的元素）。对于整数型和实数型特征，除了以上 4 个量，还给出了最大值（max）、最小值（min）、中位数（median）、平均值（mean）和标准差（stdev）。

完成分析后，按 q 键退出 VisiData。

6.4 数据抽样和排序

了解数据集的统计特征后，就要对数据做更细致的分析了。当数据量比较大时，经常需要通过**抽样**（sample）取出部分数据，再对其进行排序，以分析数据中隐藏的规律。

以样例数据 bigset.csv 为例，它包含 32 561 条受访者信息，下面我们随机从中取出 10 条受访者记录，如代码清单 6-13 所示。

代码清单 6-13 使用 shell 自带工具实现数据抽样

```
> shuf -n 10 bigset.csv | xsv table | less -S

48  Private          130812  HS-grad       9   Married-civ-spouse  ...
45  Self-emp-inc     121836  Some-college  10  Married-civ-spouse  ...
```

```
46  Private           169953  Some-college  10  Divorced            ...
35  Private           26999   Bachelors     13  Separated           ...
26  Private           121559  HS-grad       9   Married-civ-spouse  ...
23  Private           32950   Some-college  10  Never-married       ...
40  Self-emp-not-inc  45093   HS-grad       9   Divorced            ...
53  Self-emp-not-inc  284329  Masters       14  Divorced            ...
47  Private           201865  HS-grad       9   Married-civ-spouse  ...
24  Private           450695  Some-college  10  Never-married       ...
```

使用 shell 自带的 shuf（shuffle 的简写）工具做数据抽样，在 -n 后面加上希望抽取样本的数量即可。为了让输出结果易于阅读，将结果文本通过管道符交给 xsv 的 table 命令格式化。由于 bigset.csv 有 15 个特征，输出结果每行都很长，直接输出到屏幕上会发生折行，所以最后再交给 less 在分页器中显示，通过左右方向键在水平方向上滚动。

对样本按学历排序，结果如代码清单 6-14 所示。

代码清单 6-14 使用 shell 自带工具对样本字符串特征排序

```
> shuf -n 10 bigset.csv | sort -t, -k4 | xsv table | less -S

17  Private    130125  10th          6   Never-married       ...
39  Local-gov  43702   Assoc-voc     11  Married-civ-spouse  ...
77  Local-gov  144608  HS-grad       9   Married-civ-spouse  ...
30  Private    111415  HS-grad       9   Married-civ-spouse  ...
31  Private    178841  HS-grad       9   Never-married       ...
42  Private    180019  HS-grad       9   Never-married       ...
62  Private    270092  Masters       14  Married-civ-spouse  ...
44  Private    279183  Some-college  10  Married-civ-spouse  ...
40  Local-gov  188436  Some-college  10  Married-civ-spouse  ...
46  Private    188861  Some-college  10  Married-civ-spouse  ...
```

将 shuf 取得的样本通过管道符传给 sort 命令排序，这里 -t, 表示以逗号作为分隔符，-k4 表示以第 4 列（education，字符串类型）作为排序标准。

也可以按年龄排序，如代码清单 6-15 所示。

代码清单 6-15 使用 shell 自带工具对样本数值特征排序

```
> shuf -n 10 bigset.csv | sort -t, -n -k1 | xsv table | less -S

21  State-gov  145651  Some-college  10  Never-married       ...
23  Private    69911   Preschool     1   Never-married       ...
26  ?          130832  Bachelors     13  Never-married       ...
26  Private    247455  Bachelors     13  Married-civ-spouse  ...
27  Private    213421  Prof-school   15  Never-married       ...
28  Private    251905  Prof-school   15  Never-married       ...
30  Private    78980   Assoc-voc     11  Married-civ-spouse  ...
33  Private    391114  HS-grad       9   Never-married       ...
34  Private    185063  Some-college  10  Married-civ-spouse  ...
51  Private    259323  Bachelors     13  Married-civ-spouse  ...
```

与字符串类型特征相比，除了 -k 的参数从 4 变成了 1，对数值型特征排序时增加了 -n 选项，用以告诉 sort 要排序的是数值而非文本。那么二者的区别是什么呢？假设需要对 9 和 25 进行排序，如果是数值类型，9 排在 25 前面（9<25）；如果是文本类型，9 则排在 25 后面（按字典顺序，9 排在 25 的第 1 个字符 2 后面）。

使用自带工具的优点是不需要安装应用。在不能安装应用的服务器上，这是唯一可行的方案。另外，这类通用处理工具适用面广，任何文本文件都能处理。而缺点同样来自于它的通用性：不区分 CSV 文件的表头和数据，输出结果不会保留表头。

更"专业"的方法是使用 CSV 处理工具进行抽样，如代码清单 6-16 所示。

代码清单 6-16 使用 CSV 处理工具实现数据抽样

```
> xsv sample 10 bigset.csv | xsv table | less -S

age  workclass    fnlwgt  education     education-num  marital-status      ...
58   Local-gov    54947   Some-college  10             Never-married       ...
44   Private      95255   Some-college  10             Divorced            ...
32   Private      180284  10th          6              Married-civ-spouse  ...
21   ?            314645  Some-college  10             Never-married       ...
41   Federal-gov  510072  Bachelors     13             Married-civ-spouse  ...
41   State-gov    48997   HS-grad       9              Married-civ-spouse  ...
37   Private      232614  HS-grad       9              Divorced            ...
36   Private      132879  HS-grad       9              Divorced            ...
17   ?            258872  11th          7              Never-married       ...
33   Private      202046  Bachelors     13             Never-married       ...
```

这里使用 xsv 的 sample 命令，加上要抽取的样本数量 10，实现了从 bigset.csv 文件中抽样的操作。

下面对样本按学历排序，如代码清单 6-17 所示。

代码清单 6-17 使用 xsv 对文字特征排序

```
> xsv sample 10 bigset.csv | xsv sort -s4 | xsv table | less -S

age  workclass         fnlwgt  education     education-num  marital-status      ...
39   State-gov         121838  HS-grad       9              Divorced            ...
44   Private           214838  HS-grad       9              Married-civ-spouse  ...
23   Private           227471  HS-grad       9              Never-married       ...
81   Self-emp-not-inc  137018  HS-grad       9              Widowed             ...
21   Private           154165  HS-grad       9              Never-married       ...
32   Private           34437   HS-grad       9              Never-married       ...
30   Private           156718  HS-grad       9              Never-married       ...
65   Private           154171  Prof-school   15             Married-civ-spouse  ...
20   Private           56322   Some-college  10             Never-married       ...
55   State-gov         153788  Some-college  10             Married-civ-spouse  ...
```

将抽样结果通过管道符传给 xsv 的 sort 命令，通过 -s4 要求 xsv 按照第 4 列（education）

字段值的字典顺序排序。可以看到相同学历的记录放在了一起。

然后按照年龄排序，如代码清单 6-18 所示。

代码清单 6-18 使用 xsv 对数值特征排序

```
> xsv sample 10 bigset.csv | xsv sort -N -s1 | xsv table | less -S

age  workclass         fnlwgt  education     education-num  marital-status         ...
36   Self-emp-not-inc  340001  HS-grad       9              Married-civ-spouse     ...
41   Federal-gov       168294  HS-grad       9              Married-civ-spouse     ...
45   Private           297676  Assoc-acdm    12             Widowed                ...
45   Private           61751   HS-grad       9              Married-civ-spouse     ...
51   Private           196501  Bachelors     13             Divorced               ...
51   Private           120270  Assoc-voc     11             Married-civ-spouse     ...
52   Private           204584  Bachelors     13             Married-spouse-absent  ...
56   Private           146326  HS-grad       9              Married-civ-spouse     ...
66   Self-emp-not-inc  28061   7th-8th       4              Widowed                ...
67   Local-gov         181220  Some-college  10             Divorced               ...
```

除了 `xsv sort` 命令的 `-s` 选项的参数从 4 变成了 `1`，`-N` 选项的作用和 `[shell_sort_demo]` 中 `sort` 命令的 `-n` 选项类似，指出特征的类型是数值而非文本。

参与排序的特征可以多于 1 个，比如对特征 A、B 排序，首先对 A 排序，如果 A 值相等，再按 B 排序，例如对样本的受教育年数和年龄排序，如代码清单 6-19 所示。

代码清单 6-19 使用 xsv 对多个特征排序

```
> xsv sample 10 bigset.csv | xsv sort -s5,1 | xsv table | less -S

age  workclass         fnlwgt  education     education-num  ...
27   Private           279608  5th-6th       3              ...
17   Private           176017  10th          6              ...
20   Self-emp-not-inc  306710  HS-grad       9              ...
20   Private           291979  HS-grad       9              ...
34   Private           424988  HS-grad       9              ...
42   Private           89073   HS-grad       9              ...
22   Private           250647  Some-college  10             ...
32   Private           351869  Some-college  10             ...
65   ?                 137354  Some-college  10             ...
28   ?                 196971  Bachelors     13             ...
```

多个特征用逗号隔开作为 `-s` 的参数。这里首先按受教育年数从低到高进行了排序，对于年数相同的受访者，再按照年龄从小到大进行排序。当然，从大到小排序也行，只要给 `sort` 命令加上 `-R` 参数即可。

在使用 VisiData 进行的交互式分析场景中，随机抽样用 `random-rows` 命令实现。打开数据集，按空格键后进入命令输入状态，输入 `random-rows` 命令，窗口左下角出现提示信息：

```
random number to select:
```

在后面输入想要抽取的样本数量，比如 10，然后按回车键，就完成了抽样。

要按某个特征排序，首先将光标移动到该特征上，标记数据类型，再用 [（升序）或者]（降序）键进行排序。

6.5 数据筛选

数据概览、抽样和排序帮助我们从整体认识数据，在此基础上，经常需要从整体中提取出某些部分进行详细考察，本节我们来看如何对数据进行筛选。

5.3 节讨论了如何从大量文本中寻找满足要求的行，不论是搜索还是输出，都以行作为处理单位。对表格数据的筛选将行进一步拆分成了多个字段，实现更精细的搜索：对于数据集 D，筛选出满足规则集 Q 的记录集合 R，输出 R 中每个元素的特征集 F。如果你了解关系型数据库，会发现输出特征集 F 对应 SQL 的 `SELECT` 从句，数据集 D 对应 SQL 的 `FROM` 从句，规则集 Q 相当于 SQL 的 `WHERE` 从句。

不熟悉 SQL 也没关系，下面我们通过几个例子看看如何筛选表格数据。

6.5.1 对文本特征的筛选

对于类型是字符串的特征，基本的文本匹配规则这里都可以用。仍然以 smallset.csv 数据集为例，要知道奥迪（`audi`）各个车型的车门数量（`num-of-doors`）、车身长度（`length`）和售价（`price`），可以通过完全匹配方式进行筛选，如代码清单 6-20 所示。

代码清单 6-20 完全匹配筛选的自带工具实现

```
> xsv headers smallset.csv
1   symboling
2   normalized-losses
3   make
...
26  price

> awk -F, '$3 == "audi" {print $3 "," $6 "," $11 "," $26}' smallset.csv | xsv table
audi  four  176.60  13950
audi  four  176.60  17450
audi  two   177.30  15250
audi  four  192.70  17710
audi  four  192.70  18920
audi  four  192.70  23875
audi  two   178.20  ?
```

首先通过 xsv 的 headers 命令获得特征序号。我们知道 make、num-of-doors、length 和 price 的序号分别是 3、6、11 和 26，所有奥迪车型的 make 字段值都是 audi，所以规则集 Q 可以表示为 make == "audi"，输出特征集 F 则包含第 3、第 6、第 11 和第 26 个特征。

awk 的 -F, 选项表示每条记录中用英文逗号作为各个字段间的分隔符，后面的语句体与 sed 的 address+action 结构类似，大括号前面是 address 部分，大括号内部是 action。awk 用 $ 后面加特征序号的方式表示每个特征，所以这里的 address 部分 $3 == "audi" 选择第 3 个特征（即 make）值为 audi 的记录。action 部分中，{print $3 "," $6 "," $11 "," $26} 表示打印一条记录的第 3、第 6、第 11 和第 26 个特征，所以二者组合起来就是：打印那些第 3 个特征为 audi 的行的第 3、第 6、第 11 和第 26 个特征。

print 是 awk 的内置函数，功能是打印后面的参数。与大多数通用编程语言不同，awk 组合字符串的方法是用空格隔开，比如 $3 "," $6 表示第 3 个字段内容后面紧跟着英文逗号，后面跟着第 6 个字段内容。作为对照，Python 等通用编程语言的写法多类似于 f3 + "," + f6。awk 是专为文本处理设计的语言，在处理文本时写法更简洁。

接下来用 xsv 实现相同的功能，如代码清单 6-21 所示。

代码清单 6-21 完全匹配筛选的第三方工具实现

```
> xsv search -s 3 audi smallset.csv | xsv select 3,6,11,26 | xsv table
make  num-of-doors  length  price
audi  four          176.60  13950
audi  four          176.60  17450
audi  two           177.30  15250
audi  four          192.70  17710
audi  four          192.70  18920
audi  four          192.70  23875
audi  two           178.20  ?
```

xsv 不具备 awk 灵活的表达能力，只能分步骤完成对记录的筛选和对特征的选择。第 1 步用 search 命令实现，选项 -s 3 audi 相当于 $3 == "audi"。第 2 步对特征的选择通过 select 命令实现，参数是要输出的特征序号列表：3,6,11,26。

交互式应用 VisiData 中也采用分步骤的方法实现对记录和特征的选择。打开数据集（vd smallset.csv）后，用 k 键移动光标选中 make 特征，再用 j 键移动到第 1 条 make 特征为 audi 的记录上，然后按 , 键（英文逗号，表示选中所有与当前字段值相同的记录）。这时所有 make 特征为 audi 的记录都被选中，按 " 键（英文双引号）将选中记录单独显示在一个表单中，最后按 - 键隐藏不需要的特征。

除了完整匹配，还可以通过正则表达式对字段进行更加灵活的匹配。比如要打印所有以 p

开头的车型的车门数量、车身长度和售价，如代码清单 6-22 所示。

代码清单 6-22 使用正则表达式筛选数据

```
> awk -F, '$3 ~ /^p/ {print $3 "," $6 "," $11 "," $26}' smallset.csv | xsv table
peugot    four  186.70  11900
...
plymouth  two   157.30  5572
...
porsche   two   168.90  22018
...
```

action 部分不变，只要将 address 部分的 `$3 == "audi"` 改成 `$3 ~ /^p/` 就行了，即 ~ 加上斜杠包裹的正则表达式。^p 表示以 p 开头的所有字符串。

同理，要打印出收入数据集（bigset.csv）中所有政府雇员的年龄和学历应该怎么做呢？政府雇员的 workclass 特征都以 gov 结尾。

交互式应用 VisiData 也可以使用正则表达式选择记录。打开数据文件后，仍然要将光标移动到 make 上。但这次不再用逗号，而是使用 | 后面加上正则表达式选择记录。比如这里应该输入 |^p 然后按回车键，就选中了所有 make 值以 p 开头的记录。后面的操作与前面一样，用双引号把选中的记录在新表单中打开，进行后续处理。

6.5.2 对数值特征的筛选

如果说文本特征主要通过“匹配”筛选记录，那么数值特征则主要通过“比较”进行筛选。常见的 6 种比较为等于（==）、不等于（!=）、大于（>）、小于（<）、大于等于（>=）和小于等于（<=）。仍然以汽车数据集为例，要找出车身长度超过 190 英寸（约 4.8 米），且售价在 3 万美元以上的车型，可以如下操作，如代码清单 6-23 所示。

代码清单 6-23 用数值比较方法筛选符合条件的记录

```
> awk -F, '$11 > 190 && $26 > 30000 {print $3 "," $11 "," $26}' smallset.csv | xsv table
make           length  price
bmw            193.80  41315
bmw            197.00  36880
jaguar         199.60  32250
jaguar         199.60  35550
jaguar         191.70  36000
mercedes-benz  202.60  31600
mercedes-benz  202.60  34184
mercedes-benz  208.10  40960
mercedes-benz  199.20  45400
```

使用 awk 进行数值筛选的重点在于执行语句中 address 部分（`$11 > 190 && $26 > 30000`）

的写法，其他与文本特征筛选没有区别。其中 $11 代表车身长度（length），$26 代表售价（price），&& 表示前后两个条件是“并且”的关系。

awk 支持上述 6 种比较操作以及 3 种组合关系：与 &&、或 || 和逻辑取反 !。将各种数值比较和文本匹配操作符用不同关系组合在一起，可以实现非常精细的筛选。举个例子，如何在前面例子的筛选结果中剔除宝马（make == bmw）车型？

只要在 address 部分里增加一个逻辑与（&&）部分即可，如代码清单 6-24 所示。

代码清单 6-24　数值特征和文本特征组合筛选

```
> awk -F, '$11 > 190 && $26 > 30000 && !($3 == "bmw") {print $3 "," $11 "," $26}' smallset.csv | xsv table
make           length  price
jaguar         199.60  32250
jaguar         199.60  35550
jaguar         191.70  36000
mercedes-benz  202.60  31600
mercedes-benz  202.60  34184
mercedes-benz  208.10  40960
mercedes-benz  199.20  45400
```

等于（==）再取反（!），实际上就是不等于（!=），所以上面的筛选条件还能进一步简化，为什么呢？动手验证一下吧。

到目前为止似乎一切还算顺利，不过现实世界中往往隐藏着很多意想不到的问题。6.3 节中遇到的缺失问题也会在筛选时出来捣乱，比如要找出发动机功率大于 200 马力（约 147 千瓦）的车型，如代码清单 6-25 所示。

代码清单 6-25　有缺失数据的情况下执行筛选操作

```
> awk -F, '$22 > 200 {print $3 "," $22}' smallset.csv | xsv table
make     horsepower
jaguar   262
porsche  207
porsche  207
porsche  207
porsche  288
renault  ?
renault  ?
```

为什么缺失数据（最后两条包含问号的记录）也会出现在筛选结果里呢？要搞清楚这个问题，首先要了解 awk 是怎样区分数值和字符串的。

awk 根据处理字段值的函数和操作符来推断字段值的类型，比如在 $3 + 5 中，操作符 + 只用于数值之间的加法，不能用于字符串之间，所以 awk 推断出 $3 是数值类型。而在 $3 "," $11 中，空格操作符只用于连接字符串，不能用于数值之间，所以 awk 推断出 `$3` 和 `$11` 是字符串类型。

但 awk 的比较操作符二者通吃，既能比较数值，也可以比较字符串。上面的例子中，每处理一条记录，awk 先尝试将 `$22`（发动机马力的列序号）转换为数值，然后与数值 `200` 比较大小；当转换失败（比如字段值是 `?`）时，则将字段值视为字符串，与字符串 `"200"` 按字典顺序比较大小。由于 `?` 按字典顺序排在 `"200"` 后面，符合比较条件，所以也出现在了筛选结果中。

解决这个问题的方法是利用 awk 的强制转换规则，如代码清单 6-26 所示。

代码清单 6-26 利用强制转换规则去掉无效数据

```
> awk -F, '$22 + 0 > 200 {print $3 "," $22}' smallset.csv | xsv table
jaguar   262
porsche  207
porsche  207
porsche  207
porsche  288
```

虽然 `$22 > 200` 和 `$22 + 0 > 200` 好像完全一样，但加号的出现要求 `$22` 必须是数值。awk 规定当一个字符串无法转换为有效数值时，就将其视为 `0`，所以 `?` 会被转换为 `0`，不满足大于 `200` 的要求，也就不会出现在筛选结果里了。

6.6 数值计算

前面的章节中，不论是概览、抽样还是筛选，都是将信息化繁为简。本节我们反其道而行之，看看如何根据已有数据生成新数据，并在此基础上获取新发现，得到新结论。

6.6.1 生成新特征

对于表格数据来说，生成新数据最常用的方法是对一个特征进行变换，或者将已有的几个特征组合在一起，得到一个或多个新特征。比如在本章开头的学生成绩数据集上，基于每个学生的语文、数学、英语成绩生成总分或者平均分，或者在汽车数据集上，根据两种路况下不同的油耗数据，计算平均值作为一款车型的总体燃油经济性评价指标等。

在不考虑数据缺失等特殊情况下，80 个学生计算出 80 个平均分，200 个学生计算出 200 个平均分，不会多也不会少，所以人们常把这类操作叫作“映射”（map）或者“转换”（translate）以突出其“多少进来就有多少出去”的特点，与筛选、分组汇总等“进来多出去少”的计算相区别。

非交互式场景中生成新特征，awk 仍然是挑大梁的角色。以本章开头的代码清单 6-1 为例，计算三门功课的平均分通过 `NR>1 {print ($7 + $8 + $9)/3}` 实现。由于三门功课的特征序号分别是 7、8 和 9，不难理解 `action` 部分中 `($7 + $8 + $9)/3` 表示计算平均分，那么 `address` 部分的 `NR>1` 是什么意思呢？

原来和 `$7`、`$8`、`$9` 一样，`NR` 在 awk 中也有特殊含义：表示文本所在**行数**（number of record），学生信息表所在的 scores.csv 文件的第 1 行是表头：

```
ID,学号,姓名,性别,年龄,年级,语文,数学,英语
```

对这一行执行 `($7 + $8 + $9)/3` 时，会变成 `("语文" + "数学" + "英语")/3`。由于 awk 规定不能转换为数字的字符串一律当作 `0` 处理，所以该表达式进一步变为 `(0 + 0 + 0)/3`。下面通过去掉 `NR>1` 验证一下，如代码清单 6-27 所示。

代码清单 6-27 没有 `NR>1` 约束下的计算结果

```
> awk -F',' '{print ($7 + $8 + $9)/3}' scores.csv
0           ❶
91.6667
89.3333
87
84.6667
95
```

❶ 针对表头的计算结果

与代码清单 6-1 对比，输出结果从 5 行变成了 6 行，第 2 ～ 6 行与原来的结果相同，说明第一行的 `0` 是针对表头的计算结果。所以我们用 `NR>1` 要求 awk 跳过对第 1 行求平均值。

同样的方法，在汽车数据集中，通过对下面两个特征计算平均值得到平均燃油经济性指标。

- `city-mpg`：市区每加仑[①]燃油行驶距离，特征序号 24。
- `highway-mpg`：高速路上每加仑燃油行驶距离，特征序号 25。

应该如何计算呢？

特征之间的运算不仅限于数值计算，也可以和文本处理组合运用。比如生成一个简单的“姓名：平均分”报表，如代码清单 6-28 所示。

代码清单 6-28 简易版姓名：平均分报表

```
> awk -F',' 'NR>1 {print $3 ": "  ($7 + $8 + $9)/3}' scores.csv
程新 : 91.6667
单乐原 : 89.3333
彭维珊 : 87
```

① 1 美制加仑约等于 3.79 升。——编者注

```
刘子乔 : 84.6667
王立波 : 95
```

交互场景下如何生成新特征呢？其核心也是编写一个包含基础特征的表达式。下面仍以VisiData为例说明处理过程。需要说明的是，由于VisiData采用Python语法定义表达式，而Python变量中不能包含连字符(-)，所以我们首先要将两个基础特征名称中的连字符改成下划线，再进行计算。具体过程如下。

(1) 打开数据集：`vd smallset.csv`。

(2) 修改特征名称：将光标移动到列 `city-mpg` 上按 `^` 键，输入 `city_mpg` 后按回车键完成特征名称的修改。

(3) 设置数据类型：按 % 键将 `city_mpg` 特征数据类型设置为实数。

(4) 将特征 `highway-mpg` 名称改为 `highway_mpg`，并设置数据类型为实数，方法同第 (3) 步。

(5) 生成平均值特征：按 = 键，在窗口左下角出现的 `new column expr=` 后面输入 `(city_mpg + highway_mpg)/2` 并按回车键，在 `highway_mpg` 列右侧生成新的平均值列，名称为 `(city_mpg + highway_mpg)/2`。

(6) 将光标移动到新生成的列上，用第 (2) 步介绍的方法将特征名称修改为 `avg_mpg`。

(7) 保存新生成的数据表：使用快捷键 Ctrl-s，在窗口左下角的 `save to:` 提示后输入文件名称 `cars.csv` 并按回车键。

这样，包含新特征的数据集就保存到文件 cars.csv 中了。

6.6.2 数据汇总

顾名思义，数据汇总是将一组数据“汇聚”成一个数据，输入 / 输出数据在数量上发生了变化。在电子表格出现之前，人们经常把新特征写在原始表格右侧，而把汇总结果写在原始表格下方。

汇总方法有很多种，以学生成绩表的语文成绩为例，既可以计算所有学生语文成绩的最大值，也可以计算所有成绩的平均值。常用汇总方法还有取总和、最小值、中位数、标准差等。

非交互式场景下，用 awk 可以方便地实现各种汇总，比如代码清单 6-29 计算了汽车数据集中所有车型的平均车身长度。

代码清单 6-29 计算汽车数据集中所有车型的平均车身长度

```
> awk -F',' 'NR>1 {sum = sum + $11} END{print sum/(NR-1)}' smallset.csv
174.049
```

这里使用了 awk 的一些新特性。首先是创建变量 sum，就像一个蓄水池，awk 每处理一条记录，就拿出第 11 个字段（车身长度）加到 sum 里。所以当文件处理完毕后，sum 保留了车身长度的总和。

其次是 END 语句。从名字就可以猜到，END 后面的语句不像主体语句（sum = sum + $11）一样每条记录执行一次，而是仅在整个文件扫描完毕后执行一次。这时 NR 的值是文件总行数 206，去掉第一行表头，实际记录数是 NR-1，所以车身长度的平均值就是 sum/(NR-1)。

如果想知道所有车型中最短的是多少怎么办呢？用类似的思路，首先命名一个变量 min，每读一条记录，就把它和当前记录中的车身长度比较。如果 min 比当前车身长度更小，保持 min 的值不变，否则就用当前车身长度取代 min 的值，如代码清单 6-30 所示。

代码清单 6-30 计算汽车数据集中所有车型车身长度的最小值

```
> awk -F',' 'NR>1 {min = min < $11 ? min : $11} END {print min}' smallset.csv
```

这里我们使用了 awk 的 ?: 运算符。对于表达式 A ? B : C，如果 A 为真，则表达式的值为 B，否则为 C。所以 min < $11 ? min : $11 的意思是：如果 min 小于当前车身长度（$11），则保持 min 值不变，否则用当前车身长度替换 min，从而保证 min 始终是扫描过的车身长度里的最小值。最后用 END 语句输出最终结果。

这个逻辑似乎没有问题，但计算结果只输出了一个空行，问题出在哪里呢？

原因在于 awk 规定变量初始值为空字符串（对于数值型变量是 0）。由于 < 也适用于字符串比较，并且空字符串小于所有非空字符串，所以 min 保留初始值不变，直到在 END 语句中被输出。

找到了问题的症结，下一步是解决问题。一个自然的想法是，既然问题出在了初始值上，是否可以通过消除初始值的歧义解决问题呢？

确实如此，常用的处理方法是给 min 设置一个比较大的数值，确保一定会被某个 $11 更新，如代码清单 6-31 所示。

代码清单 6-31 通过设置初始值解决取最小值出错问题

```
> awk -F',' 'BEGIN{min=999} NR>1{min = min < $11 ? min : $11} END{print min}' smallset.csv
141.10
```

这里又出现了 awk 的一个新语法——BEGIN 语句。它的作用和 END 正相反，在开始处理文本行之前执行，正好适合设置初始值。

运行结果表明，程序正确地找到了所有车身长度的最小值。

交互式场景下，VisiData 使用 `z+` 进行汇总操作。具体步骤如下。

(1) 打开汽车数据集：`vd smallset.csv`。

(2) 将光标移动到车身长度特征（`length`）上：使用 l 键移动光标。

(3) 执行汇总命令：输入 `z+`。

(4) 这时窗口左下角出现：`min/max/avg/mean/median/sum/distinct/count/q3/q4/q5/q10/keymax:`，表示可以从中任选一个。这里我们要计算最小值，所以输入 `min` 后按回车键。

(5) 窗口左下角给出汇总结果：`141.10`。

与 awk 计算结果相同。

6.7 分组汇总

综合上述各种方法，我们实现了对一个数据集生成指定特征、筛选感兴趣的部分、最后汇总的完整处理流程。

不过当需要研究的类型很多时，一组一组分析未免太麻烦了，能否一次性将各种成分的汇总特征都计算出来呢?

在命令行的世界里，一切皆有可能。以汽车数据集为例，它包含 205 款车型信息，也就是 205 条记录，计算每款车型的平均燃油经济性指标 `avg_mpg` 后，仍然是 205 条记录。下面我们对该特征进行汇总，计算每个品牌所有车型 `avg_mpg` 的最大值。例如奥迪车型共有 7 款，选出其中 `avg_mpg` 值最大的，作为奥迪这一组（group）车型的计算结果，对其他品牌也做同样处理。最后得到的结果仍然是一个数据表，只不过结构和原始数据表完全不同了。它由 22 行（每个品牌一条记录）2 列（品牌名称和平均燃油经济性最大值）组成，说明了不同品牌汽车在燃油经济性方面的最佳表现。

这样的例子还有很多，比如对学生成绩表按班级汇总平均分，对收入数据表按不同职业汇总各职业最低收入，等等。人们发现这类处理虽然名目繁多，五花八门，但套路是一样的。

(1) 将整个数据集按某个特征分成许多组，例如学生按班分组，车型按品牌分组，受访者按职业分组等。这个用来分组的特征叫作“分组特征”。

(2) 在每组的另一个特征上做汇总操作，得到单一值。例如同一班的学生在“平均分”特征上，按“取最大值”汇总，这个班里平均分的最大值就成了整个班的代表。这里“平均分”叫作“汇总特征”，“取最大值”叫作“汇总方法”。

(3) 最后将每个组的单一值合并在一起，得到新的数据表。

整个过程可以概括为“分算合”（split-apply-combine）。注意其中分组特征、汇总特征和汇总方法这 3 个概念，它们组合在一起就定义了一个分组汇总操作。

非交互式场景下，由于计算结果不再是单个值，而是一组值，因此不能再用单个变量保存中间计算结果。好在 awk 支持**数组**（array，相当于通用编程语言中的字典 dict 或者哈希表 hashmap）数据结构。所以只要把原来的中间变量换成数组，用分组特征中的元素值作为索引即可，如代码清单 6-32 所示。

代码清单 6-32 非交互场景下汽车数据集的分组汇总计算

```
> awk -F',' 'NR>1 {max_mpg[$3] = max_mpg[$3] > $26 ? max_mpg[$3] : $26}
  END {for (i in max_mpg) print i "," max_mpg[i]}' cars.csv
peugot,30.5
honda,51.5
mitsubishi,39.0
mercury,21.5
volkswagen,41.5
porsche,23.0
nissan,47.5
mercedes-benz,23.5
bmw,26.0
...
```

为了更好地呈现计算结果，可以用前面介绍的排序方法完善分组汇总结果。比如代码清单 6-33 对分组汇总计算出的平均燃油经济性指标做了从小到大的排序。

代码清单 6-33 对分组汇总结果排序

```
> awk -F',' 'NR>1 {max_mpg[$3] = max_mpg[$3] > $26 ? max_mpg[$3] : $26}
  END {for (i in max_mpg) print i "," max_mpg[i]}' cars.csv |\
  sort -t, -n -k2 | xsv table
jaguar        17.0
mercury       21.5
porsche       23.0
...
nissan        47.5
chevrolet     50.0
honda         51.5
```

这里的排序工具仍然是 `sort` 命令，对每行文本，以逗号作为分隔符（`-t,`）拆分成列，将第 2 列（`-k2`）作为数字（`-n`）排序。可以清楚地看到经济型轿车（如本田、尼桑等）比跑车（如捷豹、保时捷等）更省油。

交互式场景下，VisiData 提供了分组汇总命令，只要指定三元素（分组特征、汇总特征和汇总方法），就可以进行分组汇总了，具体步骤如下。

(1) 标记汇总特征的数据类型：这里是实数，用 `%` 标记。

(2) 指定汇总方法：+ 后加上函数名称 `max` 并按回车键。

(3)（可选）标记分组特征的数据类型：由于字符串类型是默认类型，因此可以不标记。

(4) 分组汇总：按 F 键计算出新的分组汇总表。

(5)（可选）按一定的规则对汇总结果排序：这里对汇总特征 `max_avg_mpg` 从小到大进行排序。

最后得到的计算结果如代码清单 6-34 所示。

代码清单 6-34　交互式场景下汇总并排序的结果

```
make           ‖  count  #| max_avg_mpg  %‖
jaguar         ‖      3 |        17.00  ‖
mercury        ‖      1 |        21.50  ‖
porsche        ‖      5 |        23.00  ‖
mercedes-benz  ‖      8 |        23.50  ‖
alfa-romero    ‖      3 |        24.00  ‖
saab           ‖      6 |        24.50  ‖
bmw            ‖      8 |        26.00  ‖
...
```

可以看到和 awk 的计算结果一致。

6.8 其他工具

如果熟悉 SQL，可以使用下面的工具查询表格数据：

- csvsql
- harelba/q

为什么不用 csvkit？

csvkit 是处理 csv 文件的一个小工具，使用 Python 语言开发，可以直接通过 `pip install csvkit` 安装。由于 Python 是一种脚本语言，性能弱于 Rust 等编译型语言，所以在处理大数据集时，与 xsv 等由 Rust 语言开发的工具相比，csvkit 的性能差一些；但在处理中小数据集时，对于熟悉 Python 工具链的用户来说上手更容易。

6.9 常用数据分析任务和实现命令一览

表 6-1 列出了常见的数据分析任务及实现任务的命令，其中命令中的尖括号表示需要根据实际情况替换其中的变量，中括号表示可选参数，交互式操作的命令都以 VisiData 为例。

表 6-1 常用数据分析任务及实现命令

<table>
<tr><th>数据分析任务</th><th colspan="2">实现命令</th></tr>
<tr><td>获取数据</td><td colspan="2">wget <data-url></td></tr>
<tr><td>修改数据文件的分隔符</td><td colspan="2">sed 's/<old>/<new>/g' <input.csv> > <result.csv></td></tr>
<tr><td>为数据文件添加表头</td><td colspan="2">cat <[1](echo <table-header>) <input.csv> > <result.csv></td></tr>
<tr><td>获取数据集的记录数[2]</td><td colspan="2">xsv count <input.csv></td></tr>
<tr><td>打印表头及序号</td><td colspan="2">xsv header <input.csv></td></tr>
<tr><td>以用户友好格式打印数据表</td><td colspan="2">xsv table <input.csv></td></tr>
<tr><td rowspan="2">计算数据集所有特征统计量</td><td>非交互式</td><td>xsv stats <input.csv></td></tr>
<tr><td>交互式</td><td>I</td></tr>
<tr><td rowspan="2">计算数据集指定特征统计量</td><td>非交互式</td><td>xsv stats -s <feature-name> <input.csv></td></tr>
<tr><td>交互式</td><td>F</td></tr>
<tr><td rowspan="2">数据随机抽样</td><td>非交互式</td><td>shuf -n <number> <input.csv>
xsv sample <input.csv></td></tr>
<tr><td>交互式</td><td>random-rows</td></tr>
<tr><td rowspan="2">数据排序</td><td>非交互式</td><td>sort -t<delimiter> -k<column-number> [-n] [-r] <input.csv>
xsv sort [-N] [-s] <input.csv></td></tr>
<tr><td>交互式</td><td>[（升序）和]（降序）</td></tr>
<tr><td rowspan="2">数据筛选</td><td>非交互式</td><td>awk '$<column-number> == <target>' <input.csv>
awk '$<column-number> ~ <regex>' <input.csv>
awk '$<column-number> > <number>' <input.csv>
xsv search <target> <input.csv></td></tr>
<tr><td>交互式</td><td>,（英文逗号）
|<regex>、z|<python-expression></td></tr>
<tr><td rowspan="2">特征映射（生成新特征）</td><td>非交互式</td><td>awk '{print(<calculation-expression>)}' <input.csv>[3]</td></tr>
<tr><td>交互式</td><td>z+ 然后输入汇总函数</td></tr>
<tr><td rowspan="3">设置特征类型</td><td>字符串</td><td>~</td></tr>
<tr><td>整数</td><td>#</td></tr>
<tr><td>实数</td><td>%</td></tr>
<tr><td>其他应用生成的数据作为输入</td><td colspan="2">head <input.csv> | vd -f csv</td></tr>
<tr><td>将修改后的数据保存到磁盘文件</td><td colspan="2">Ctrl-s</td></tr>
</table>

说明

1 注意，cat < 中的 < 是重定向符号，不是变量替换标记
2 除表头外的文本行数
3 这里计算表达式一般是几个特征间的数学运算或者字符串拼接

6.10 小结

本章聚焦于用简单高效的工具分析和展示表格型数据，将分析对象从第 5 章的文本拓展到了数值领域。

首先介绍了开源社区常用的数据存储格式：CSV 和 TSV，以及常用的数据分析工具。

- 非交互式应用
  - xsv：使用 Rust 开发的高性能数据统计和展示工具，简单易用，处理大文件时表现优异。
  - GNU awk：*nix 系统上数据分析的“瑞士军刀”，基于 AWK 语言，常用于实现比较复杂的数据处理逻辑。
  - shuf、sort 等 shell 内置工具：完成一些单一的处理工作，例如随机抽样、排序等。
- 交互式应用 VisiData：具有与图形化数据分析应用（Excel、Numbers）类似的交互式操作体验，支持多种输入数据格式，例如 CSV、xlsx、JSON、HTML 等。虽然 VisiData 性能稍逊于非交互式应用，但处理百万行级别的数据仍然不在话下。

接下来创建样例数据，下载原始数据并用第 5 章介绍的文件拼接方法为数据添加了表头。

本章的主体部分仍然采用先查看、后修改的顺序组织内容。前者从宏观到微观由以下几部分组成。

- 数据概览：获取数据集的表头、记录数、各个特征的类型、统计值（最大值、最小值、平均数、方差）等信息。
- 数据抽样：从整体数据集中随机取出指定数量的记录作为代表。
- 数据排序：包括对字符串（按字典顺序）排序和对数字排序。
- 数据筛选：按照指定规则从整体数据集中筛选出符合条件的记录。

后者关于生成新数据，包含下面几部分内容。

- 特征映射：基于一个或多个特征生成新特征。
- 数据汇总：计算某个特征并汇总成一个值，汇总的规则既可以是基本的最大值、最小值、平均值，也可以是任何有效的计算公式。这里的计算只涉及一个特征。
- 分组汇总：根据“分组特征”将“汇总特征”分成若干组，每组按照“汇总方法”计算出一个结果，最后得到一个汇总数据表。这里的计算涉及两个特征，是汇总计算的复杂形式。

除了表格型数据结构，另一种常见方式是像文件系统一样，用树状结构组织数据，比如 HTML、JSON、YAML 等格式都是采用这种结构的例子。人们一般用 jq、yq 等工具，或者 Python 相关的库分析这类数据。

第 7 章

驾驭神器：Vim 文本编辑

不滞于物，草木竹石均可为剑，渐进于无剑胜有剑之境。

——金庸，《神雕侠侣》

第 5 章中我们介绍了非交互式的文本编辑和转换方法，本章的主题是交互式文本编辑。

喜欢武侠、手游的朋友们都了解，真正强大的武器都不是那么容易驾驭的，角色们总是要付出一定的努力才能参透奥义，解锁隐藏其中的神秘力量。而这也正是“上古神器”Vim 的重要特征，它完全用键盘进行编辑，不需要鼠标帮助，各种功能增强、语法高亮、配色方案等数不胜数……无论是作为文字编辑工具还是集成开发环境，都可以丝般顺滑、得心应手。“常念为经，常数为典”，下面我们就从原理到实践，来了解一下交互式文本编辑及其经典实现 Vim。

7.1 Vim 内核：模式编辑

在 2.4 节中，我们了解了**模式编辑**（modal editing）的原理：同样的力度吹笛子，按住不同的孔会发出不同的声音。同样是按下 x 键，在**标准模式**（normal mode）下是执行删除动作，而在**插入模式**（insert mode）下是输入字符 x。Windows 的记事本应用只有编辑模式，按下 x 键只能输入字符，不会有其他效果，相当于一管没有孔的笛子。不过话说回来，记事本的纯编辑模式符合人们对文本处理工作的传统认知，就像用笔在纸上写字，编辑区相当于白纸，键盘鼠标起到了笔的功能。写字之外的其他功能，由窗口顶端的菜单（以及工具栏）完成，比如创建、关闭、保存文件，搜索、替换文本等。

Vim 没有菜单和工具栏，各种编辑功能是如何实现的呢？我们从编辑区里的几种模式说起。

7.1.1 编辑区模式

Vim 编辑区里常用模式有 3 种，除了前面接触过的**标准模式**和**插入模式**，还有一种**可视化模式**（visual mode），各自分工如下。

- 标准模式：移动光标、其他各种处理文本任务。
- 插入模式：输入文字。
- 可视化模式：选择文本。

插入模式和可视化模式的功能相对单一，标准模式则像个大总管，不归其他模式管的事都交给它处理。任何时候，只要按下 ESC 键，都会回到标准模式。由于在该模式下可以任意移动光标，并且能够方便地转换到其他各种模式，所以用好 Vim 的一条重要原则是：尽量多使用标准模式，能在标准模式下做的事，就不要在其他模式下做。

下面我们使用 heredoc 技术制作一个练习文件，如代码清单 7-1 所示。

代码清单 7-1 制作 Vim 练习文件

```
> cat << EOF > demo.txt
There are three main modes in editor area of vim. They are:

* Normal mode (default mode)
* Insert mode
* Visual mode

We use insert mode ONLY when we need insert texts,
use visual mode ONLY when we need select texts for the followed operation.
Otherwise, vim are always in normal mode.

This is a variable-with-dash in a script,
which distinguish a WORD (visual it with `vaW`) and a word (visual it with `vaw`).

The following Python code is a demonstration for different (and nested) parentheses:

print("[A demo {arithmetic expression}] with <Python syntax>: %s" % (3 * (5 + 4)))
print('This is for single quotes: %s' % (7 * 8))
EOF
> vi demo.txt     ❶
```

❶ vi 是一个指向 Vim 的链接

1. 移动光标和选择文本

打开文件后所处的就是标准模式，先用 h、j、k、l 这几个键（分别是向左、向下、向上、向右移动光标）四处逛逛吧。一开始你可能有些不习惯，但随着使用时间的增加，慢慢会形成肌肉记忆。比如脑子里想让光标下移一行时，食指就会自动按 j 键，就像呼吸、吃饭一样自然，这时纯键盘操作的威力就体现出来了。

其他常用的移动光标命令如表 7-1 所示。

表 7-1 常用的移动光标命令

命 令	实现功能
gg	将光标移动到文件头
G	将光标移动到文件末尾
[n]G	跳转到第 [n] 行，比如跳转到第 2345 行是 2345G
[n]%	跳转到文档的百分之 [n] 部分，比如跳转到长度为 1000 行的文档中间（第 500 行）是 50%，跳转到 4/5 处（第 800 行）是 80%
b/w	向前 / 后移动到下一个单词首字符
B/W	向前 / 后移动到下一个 WORD 首字符
ge/e	向前 / 后移动到下一个单词结尾字符
gE/E	向前 / 后移动到下一个 WORD 结尾字符
0	将光标移动到行首
$	将光标移动到行尾
(/)	向前 / 后移动一个句子
{/}	向前 / 后移动一个段落

在练习文件里尝试一下，观察光标在不同单位上如何移动。尤其是当光标在 variable-with-dash 的某个字符上时，分别执行 w、W、b、B、e、E 等，感受一下普通单词（word）和 WORD 的区别。是的，单词（word）之间的分隔符是空格或者标点符号（比如这里的连字符，以及句号、逗号、引号等），WORD 的分隔符则只有空格。

或许你会奇怪为什么分得这么细，增加了很多记忆负担。不必专门记这些命令，只要知道有这些命令就行了。以后当你发现用基本的 hjklbw 处理文本很麻烦时，再回来找这些命令就很容易掌握了。

好，熟悉了**移动**（motion）命令之后，接下来登场的是**文本对象**（text object），一个文本对象由两部分组成。

- 修饰符：可以是 a（表示一个）或者 i（inner，表示内部）。
- 对象名称：可以是 w（单词）、s（sentence，句子）、p（paragraph，段落）以及各种括号等。

为了对各种文本对象建立直观认识，我们要借助一下可视化模式。在标准模式下按 v 键就进入了可视化模式（窗口左下角出现 -- VISUAL -- 标记）。想知道一个文本对象长什么样，就在 v 后面加上文本对象的名字，比如要展示一个（a）单词（w），就依次输入 v、a、w（为简便起见，连续的按键我们就连在一起，写为 vaw，下同），可以看到输入后光标所在位置的单词高亮显示，表示被选中了。现在按下 ESC 键取消选择，返回标准模式（窗口左下角的 -- VISUAL -- 标记消失），再移动光标到其他位置（注意要在标准模式下移动），再次输入 vaw，观察选中部分有什么变化，体会 aw 的含义。

了解了“一个单词”，再来看看“内部单词”，即输入 viw，观察高亮的区域与 vaw 的区别。

常用的文本对象命令如表 7-2 所示。

表 7-2 常用的文本对象命令

命　　令	实现功能
aw/iw	有 / 无边界的单词（word）
aW/iW	有 / 无边界的广义单词（WORD）
as/is	有 / 无边界的语句（sentence）文本对象
ap/ip	有 / 无边界的段落（paragraph）文本对象
a(/i(	有 / 无边界的 () 文本对象
a[/i[	有 / 无边界的 [] 文本对象
a{/i{	有 / 无边界的 {} 文本对象
a</i<	有 / 无边界的 <> 文本对象
a"/i"	有 / 无边界的双引号包含文本对象
a’ /i’	有 / 无边界的单引号包含文本对象

关于表 7-2 中的命令，我们有以下几点说明。

- as、ap 与光标跳转部分的句子、段落相同，只是把跳转变成了选中，类似于在无模式编辑器里按下 Shift 键再点击鼠标的效果。
- 最后 6 组文本对象与上面的不同，它们都必须成对出现，比如 (和)，[和]，一对单 / 双引号，等等。这一对对符号与它们中间包含的文字就构成了一个文本对象。当光标位于该文本对象中的任何字符上时，都可以用相同的按键选中整个文本对象，比如 demo.txt 中的 <Python syntax>，不论光标位于从 P 到 x 的哪个字符上，vi< 的效果都相同。
- 对于嵌套括号，只要在文本对象前加上一个“量词”就可以选中不同的范围，比如在 demo.txt 中，将光标移动到倒数第 2 行 5 + 4 中的任意位置，分别输入 vi(、v2i(和 v3i(，选中的文本逐级变大（别忘了用 ESC 键返回标准模式）。

  量词不仅可以放到文本对象前面，也可以放到光标移动命令前面，比如 3j 是向下移动 3 行，5w 是向后移动 5 个单词，等等。

如果你要选择的文本不属于上述任何一种或者记不住这么多命令，也不要紧，用 h/j/k/l 键手动选择就好了。方法是按 v 键进入可视化模式，当前光标就是选择文本的起点，用光标移动命令移动到终点就好了。

如果要处理整行文本，更方便的方法是用 V，不论光标在什么位置，使用 V 都能选中整行，再用 j/k 键选择相邻的其他行就行了。

2. 修改文本

掌握了移动光标和选择文本的方法后，就可以对文本进行修改了。你也许会想，我刚接触 Vim 啊，万一改错了怎么办？万一某个命令记错了把所有内容都删掉了怎么办？别急，对于这个问题 Vim 有很好的解决方案，它就像一张安全网，让你能随心所欲练习各种高难度动作而不用担心出岔子。这张安全网就是：**撤销**（undo）与**重做**（redo）。功能与微软 Office 以及其他文本编辑器中同名工具的相同。

- 撤销：撤销上一次编辑对内容的更改，对应命令是 u。
- 重做：撤销上一次撤销动作，即还原上一次编辑对内容的更改，对应的快捷键是 Ctrl-r。

下面进入正题，先来看一下标准模式下如何处理文本，如表 7-3 所示。

表 7-3 标准模式下的文本处理命令

命　令	实现功能
d	剪切文本
y	复制文本
p	在光标后粘贴文本
P	在光标前粘贴文本
dd	剪切光标所在行
D	剪切光标到行尾的文本
yy	复制光标所在行
x	剪切光标所在位置字符

前两个命令后面需要跟一个移动或者文本对象，才能完成一次编辑动作，比如 dj、d3w、y0、y$ 等，后面的命令则独立完成一次编辑动作。不论是剪切还是复制，都可以用 p 或者 P 命令粘贴，尝试一下这些命令吧。

这种编辑语法除了方便快捷，还提供了一种确定性。比如交换相邻两个字符的位置是 xp，相邻两行上下对调是 ddp——不用关心这两个字符是什么、这两行都有多长、鼠标要拖动多长才能选中整行这些问题，闭上眼睛输入 ddp，也能确定两行一定会对调位置。练习使用形成肌肉记忆后，脑子里想到“把这行文字放到其他位置”时，中指会下意识地两次击键，大脑不用把思路从内容修改切换到文本编辑，手也不用离开键盘找鼠标。这种编辑体验是如此流畅，以至于许多人习惯了模式编辑后会把所有需要写字的地方都加上 vi mode。

上述这些命令都是在标准模式下执行的，执行后也仍在标准模式下。下面我们来看另一组命令（如表 7-4 所示），它们也是在标准模式下执行，但执行后进入插入模式，其中的 i 命令我们已经比较熟悉了。

表 7-4 执行后进入插入模式的命令

命 令	实现功能
i	在光标前插入
I	在行首插入，相当于先把光标移动到行首再进入插入模式，即 0i
a	在光标后插入，相当于 li
A	在行尾后追加，相当于 $a
o	在光标所在行下插入新一行，相当于光标在行尾追加后按回车键，即 A<CR>
O	在光标所在行前插入新一行，相当于 ko
s	剪切光标所在位置字符，并进入插入模式，相当于 xi
S	剪切光标所在的整行文本，并进入插入模式，相当于 0d$i
c	类似于 s，不过不能单独运行，后面要加上移动或者文本对象，比如 caw、c$ 等
C	剪切光标到行尾的文本，并进入插入模式，相当于 d$a

执行这些命令后进入插入模式，输入文本后用 ESC 键回到标准模式，从而形成一个闭环。

类似地，我们也能从标准模式切换到可视化模式，处理完文本后再回到标准模式。不过在可视化模式下由于文本已经选好了，因此只输入操作命令就完成了编辑动作回到标准模式，不需要在操作命令后面加文本对象。比如要剪切 3 个单词，既可以通过“标准—标准”路径，即执行 d3w 完成，也可以通过“标准—可视化—标准”路径，执行 v3ed 达到同样的效果。后一种方式虽然按键略多一点儿，但能在操作之前看到要处理文本的范围，在选好文本后再决定用什么方法处理（剪切还是复制？），或者干脆取消处理（按 ESC 键取消选择退回标准模式），比较而言更灵活，适合处理复杂文本。

需要说明的是，从标准模式进入插入模式后，不论插入或者用退格键、删除键修改了多少文本，都算一个编辑动作。比如我们要输入两行文本，第 1 行是 one，第 2 行是 two，按 i 键进入插入模式，输入 one，按回车键，输入 two。接下来我们用退格键删掉 two，输入 three，这时如果想改回原来的 two，应该怎么做呢？

如果回到标准模式下按 u 键，你会发现 one 和 three 两行文本都消失了。由于整个文本输入和修改都没离开插入状态，所以算一次编辑动作，撤销时也是作为一个整体被撤销。

所以我们应尽量避免在插入模式下使用方向键和删除键、退格键编辑文本，多使用标准模式，不仅编辑效率高，而且每个编辑动作改动都不大，方便进行精细的撤销 / 重做调整。

很多文本编辑器有录制**宏**（macro）的功能，把常用的编辑动作用宏录制下来，需要重复操作时只要播放先前录制的宏即可。Vim 提供了 `.` 命令来重复上一次编辑动作，相当于记录下每个编辑动作，用 `.` 回放。结合上面对一次编辑动作的定义，能大幅减少重复操作。比如一个 HTML 文件里有 10 个 `<div>` 标签需要改成 `<div class="row">`，在第 1 个 `<div` 后面插入 `␣class="row"`，后面 9 个标签，只要把光标移动到 `div` 的最后一个字符 `v` 上按 `.` 键就行了。

除了 3 种主要模式，还有两种使用频率略低，但也很有用的编辑区模式：

- **替换模式**（replace mode）；
- **列模式**（visual block）。

标准模式下通过 `R` 命令进入替换模式，这时输入文本将直接替换当前字符，而不是插入到这些字符前面。比如在 `one` 的第一个字符上执行 `i` 命令进入插入模式，输入 `two` 再使用 ESC 键返回标准模式，这时我们得到了 `twoone`。同样的过程但把 `i` 命令换成 `R` 命令进入替换模式，最终得到的结果是 `two`。

用 `R` 命令开启替换模式后，需要用 ESC 键返回标准模式。如果你只想替换一个字符，先按 R 键再按 ESC 键就太麻烦了（是的，我们在提升工作效率方面就是这么有追求），这时 `r` 命令是最合适的。比如你发现不小心把 `print` 写成了 `pront`，只要光标移动到 `o` 上执行 `ri` 就好了，替换完当前字符后自动回到标准模式。

列模式适于批量处理纵向对齐的文本，比如要把

```
require os
require sys
require datetime
```

改成：

```
import os
import sys
import datetime
```

可以先用 `cw` 命令把第一行的 `require` 改为 `import`，再用 `.` 命令修改下面两个 `require`。但由于 3 个单词长度一样，纵向上是对齐的，因此可以用列模式一次性修改。方法是把光标移动到第 1 个 `require` 的第 1 个字符上，然后执行 `<C-v>2jecimport<ESC>`。

是不是感觉有点儿像咒语，拆开看其实不复杂。

(1) `<C-v>`：使用 Ctrl-v 快捷键进入列模式。

(2) `2j`：光标向下移动两行。

(3) `e`：选中整个单词。

(4) `c`：替换这个单词。

(5) `import`：输入要替换的文本 `import`。

(6) `<ESC>`：返回标准模式。

由于这是单一的编辑动作，因此按 u 键就可以回退到原始文本，再用 Ctrl-r 快捷键又回到修改后的文本，具体的修改过程则被封装在了动作内部，不需要我们再操心了。

3. 自动补全和粘贴文本

在插入模式下输入文本时，常见的一个情况是反复输入同样的单词，对此 Vim 的 Ctrl-n 快捷键提供了自动补全功能。比如你输入过 this_is_a_long_word，后续再输入这个单词时，只要输入 th，然后按 Ctrl-n 快捷键，就会根据当前文本的情况自动补全。如果已经输入的所有文本中只有 this_is_a_long_word 是以 th 开头的，那么按 Ctrl-n 快捷键会直接把 th 补全成 this_is_a_long_word。如果前面还有 that、the 等也以 th 开头的单词，使用 Ctrl-n 快捷键会弹出一个菜单，继续按 Ctrl-n 快捷键就会在各个备选项间跳转，选中 this_is_a_long_word 后不需要按回车键确认，直接输入后面的文本即可。

另一个常用的操作是粘贴文本，比如之前用 `y` 命令复制的文本，输入过程中不需要退回标准模式用 `p` 命令粘贴（当然这样做也可以），而是按 Ctrl-r 快捷键（注意，与标准模式下的 Ctrl-r 相区别）然后再输入英文双引号。

这里的双引号是 Vim 默认**寄存器**（register）的名字，7.2 节会详细说明，现在只要记住要粘贴某个寄存器里的文本，按 Ctrl-r 快捷键加上寄存器的名字即可。

7.1.2 命令模式

前面我们说到 Vim 的菜单栏时特意加上了引号，相信你也注意到了，这个编辑器根本没有类似于菜单栏之类的东西，而下面要讲的**命令模式**（command mode）的作用就类似于菜单栏。不过还是那句话，比菜单栏方便多了。

其实我们对命令模式并不陌生，2.4 节中，Vim 最简编辑流程的最后一步，`:wq`（保存文件并退出）是命令模式常见的使用场景之一，这 3 个字符各司其职，下面一一道来。

首先英文冒号将编辑器从标准模式切换到命令模式。与编辑区模式不同，按下冒号键后窗口最底部会显示冒号，表示目前已进入命令模式了，等待继续输入后续命令。这时你可以继续输入命令，并按回车键执行，或者用 ESC 键退回标准模式。

接下来的 w 和 q 是 Ex 命令 write 和 quit 的简写，所以 Vim 的命令模式和在命令行里执行命令的方式基本一样，写出命令按回车键执行。

什么是 Ex 命令？

计算机诞生早期，还没有我们今天习以为常的显示器，而是要用**电传打字机**（teletypewriter，缩写为 TTY）把文字打印到卷筒纸上供人阅读，逐行打印，不可能像今天在屏幕上前后左右来回跳跃，所以 Unix 早期的编辑器 ed 是行编辑器（我们在第 5 章打过交道）。后来人们开发了更加用户友好的编辑器 ex，不过仍然是行编辑器。再后来随着显示器的出现，输出设备从一维进化到了二维时代，ex 也随之添加了多行编辑功能，变成了 Unix 系统上的 vi 应用。此后人们又基于 vi 开发了开源的改进版 vi（Vi IMproved），也就是我们今天使用的 Vim。

虽然经过了不断进化，但 Vim 使用的命令和老祖宗差别不大，毕竟不论输出设备怎么变化，文件总是要保存、退出的，也一直使用"Ex 命令"这个名字。所以每次我们敲击 w、q、s 这些 Ex 命令，都是人类信息技术进步的回响。

今天的 Vim 仍然保留着 **Ex 模式**（Ex mode）。在标准模式下可以使用 Q 命令进入该模式，我们平时使用的 Ex 命令都可以在 Ex 模式下使用，编辑完成后用 q 命令退出 Vim，或者用 visual 命令返回 Vim 的标准模式。

在具体介绍 Ex 命令之前，我们通过一个日常工作场景了解一下 Vim 编辑文件的基本流程和主要概念。比如更新某个项目需要修改 app.py 和 lib.py 两个文件，先用 vi app.py 命令打开第一个文件，这时 Vim 将 app.py 中的文本加载到内存的一块区域中，这块区域叫作**缓冲区**（buffer）。缓冲区用文件名命名，使用 Ctrl-g 快捷键可以在 Vim 窗口底端的**状态栏**（statusline）中看到当前缓冲区的名字 app.py。对缓冲区做的所有修改，只有执行**写入**（write）命令时才会写入磁盘文件。

对 app.py 进行了一些修改后，我们需要对 lib.py 做相应修改，于是用 :e lib.py 打开 lib.py 文件（e 是 Ex 命令 edit 的简写）并开始修改。修改过程中发现需要参考 app.py 代码，于是执行 :ls 命令，在状态栏看到如代码清单 7-2 所示的输出。

代码清单 7-2 ls 命令的执行结果

```
:ls
  1 #    "app.py"                       line 5
  2 %a   "lib.py"                       line 13
```

Vim 对每个缓冲区进行了编号，app.py 的编号为 1，lib.py 的编号为 2，**当前缓冲区**（current buffer，即正在编辑的缓冲区，用 % 符号标记）是 lib.py。用 :b1 命令将 app.py 调回前台，也就

是在 :b 后面加上要编辑缓冲区的编号(这里 b 是 buffer 的简写)。但这样一来 lib.py 又看不到了，而我们希望能够同时把两个文件呈现在屏幕上。

Vim 的**窗口**（window）能够帮助我们实现这个需求：执行 :sp（split 的简写）将原来的 Vim 窗口分为上下两部分，不过两个窗口里都显示 app.py，所以又在下面的窗口里执行 :e lib.py，现在下面的窗口显示的是 lib.py 缓冲区的内容，上面的窗口显示的是 app.py 缓冲区的内容。我们编辑完 lib.py 后输入 :qa 关闭所有窗口退出 Vim，这里 a 是 all 的简写。

在窗口间跳转

使用 Ctrl-w 前缀加一个移动命令实现在 Vim 光标在各个窗口间跳转，具体如下。

- 跳转到左侧窗口：Ctrl-w Ctrl-h。
- 跳转到右侧窗口：Ctrl-w Ctrl-l。
- 跳转到上方窗口：Ctrl-w Ctrl-k。
- 跳转到下方窗口：Ctrl-w Ctrl-j。

也就是按住 Ctrl 键，然后依次按 w 键和 h 键，最后松开 Ctrl 键。如果你觉得这样跳转很麻烦，不妨参考 7.4 节中简化窗口间跳转的方法。

需要说明的是，Vim 的窗口类似于 tmux 的**面板**(pane)，只能将一个大窗口分割成几个小窗口，小窗口之间不能互相遮盖。另外，窗口与缓冲区彼此独立，一个缓冲区可以出现在多个窗口中，一个窗口也可以用来显示不同的缓冲区。最后，有水平切分为上下两个窗口的 :sp 命令，自然就有垂直切分为左右两个窗口的 :vs（vertical split）命令，可以根据需要选择一种切分方式。

除了管理文件、缓冲区和窗口，Ex 命令还可以用来进行文本的搜索和替换、查阅用户手册、设置编辑器**选项**（option）、定义**映射**（map）、**缩写**（abbreviation）、**命令**（command）以及**函数**（function）等。

其中文本搜索有点儿特殊，不是用冒号开头，而是用 / 键进入命令模式，然后输入要搜索的文本，按回车键后从光标所在位置向后搜索匹配项。比如用 Vim 打开 demo.txt，光标在第 1 行第 1 列时输入 /mode 并按回车键，光标会跳转到第 3 行第 1 个 mode 的第 1 个字母 m 上。这时按 n（表示 next）键，就会跳转到第 2 个匹配目标（即 mode）的第一个字母 m 上。如果后面没有匹配目标了，再次按 n 键则会回到第 1 个 mode 出现的地方。与 n 跳转到下一个匹配项相对，N 是跳转到上一个匹配项。/ 是从光标所在位置向后搜索，? 则是从光标所在位置向前搜索，在多个匹配项之间跳转也是 n 和 N。

使用 Vim 一段时间后，熟悉了 hjkl 移动光标，有时候会下意识地拿它们当鼠标用：先按住 j 键把光标移动到目标所在行首，再按住 l 键移动到目标字符，这时别忘了多用用 / 这个简单强大的定位工具。

阅读文档、分析代码时经常需要查看某个单词在文档中出现的每个地方，比如在一个 Python 代码文件中查看哪些地方使用了变量 my_var：基本方法是 /my_var；不过更简单的方法是使用 * 命令，当光标位于 my_var 的任一个字符上时，输入 * 就会跳转到下一个 my_var 的第 1 个字符上，之后和 / 命令一样使用 n 和 N 在搜索结果中跳转。

回到本节开始的问题，Vim 之所以不需要无模式编辑器（比如记事本）的菜单和工具栏，是因为标准模式完成了文本操作相关任务，而命令模式完成了剩余任务。Vim 的图形化版本 gVim 加上了菜单和工具栏（可以通过配置去掉），却免不了给人一种画蛇添足的感觉。

7.2　寄存器和宏

编辑文本时经常需要将一个单词替换成另一个单词，比如有如下代码：

```
from nltk.tokenize import TreebankWordTokenizer
tkz = tokenizer()
```

我们发现第 2 行代码写错了，正确的写法是 tkz = TreebankWordTokenizer()。这时我们先把光标移动到第 1 行代码的 TreebankWordTokenizer 上执行 yaw 复制这个单词，然后移动到第 2 行 tokenizer 上执行 daw 删除这个单词，但粘贴出现了问题，执行 P 后出现的是 tokenizer，而不是 TreebankWordTokenizer。原因是 d 命令将 tokenizer 剪切（而不是删除）到剪贴板中覆盖了原来的 TreebankWordTokenizer。怎么解决这个问题呢？是不是只能先撤销所有操作，删除 tokenizer 再复制 TreebankWordTokenizer 呢？不用这么复杂，上面操作的前两步（复制和删除）不用改，只要把第 3 步粘贴命令改为 "0P 就行了。

那么为什么加上 "0 就能取到先前复制的内容呢？原来 Vim 的“剪贴板”不只有一个，而有几十个，Vim 术语叫**寄存器**（register，再次体现了 Vim 的悠久历史），常用的有如下几种。

- ""：无名寄存器（unnamed register），各种复制、剪切的内容都存在这里。
- "0：复制寄存器，只保存使用 y 命令复制的文本。
- "a ~ "z：26 个命名寄存器。

上面的例子中，执行 yaw 命令复制文本时，TreebankWordTokenizer 被保存到 "" 和 "0 两个寄存器里，接下来执行 daw 则只将 tokenizer 保存进 "" 里，"0 的内容不发生变化，最后 "0P 的意思是将 "0 寄存器里的文本粘贴到光标前。

同理，如果要将不同位置的 3 个单词粘贴到另一处，只要先将这 3 个单词分别复制到不同的寄存器里（这里选 "a、"b、"c），再分别粘贴即可。具体来说，就是在第 1 个单词上执行 "ayaw，在第 2 个单词上执行 "byaw，在第 3 个单词上执行 "cyaw，最后在要粘贴文本的位置执行 "ap"bp"cp。

除了标准模式，插入模式下也可以方便地粘贴寄存器中的文本，比如要粘贴寄存器 "a 的文本，只要在插入模式下按 Ctrl-r 快捷键，然后输入 a 即可。

寄存器不但可以保存文本，还可以执行文本，这就是 Vim 的宏功能。前面介绍的 . 命令重复上一次编辑动作，不过更复杂的文本处理很难在一个编辑动作里完成，这时它就帮不上忙了。下面通过一个例子看看宏如何帮助我们完成复杂且重复的编辑任务。

假设有一个 2000 行的 CSV 文件，每行 5 个数字，如下所示：

```
12.5, 95.84, 75.68, 46.7, 11.3
3.4, 2.56, 584.7, 25.2, 77.9
...
```

现在要将第 2 列挪到行尾，即原来的 1、2、3、4、5 列变成 1、3、4、5、2 列。首先我们在第 1 行上录制宏：

(1) 标准模式下输入命令 qa，表示将宏保存到寄存器 "a 里，这时状态栏里出现 recording @a 表示开始录制宏；

(2) 继续输入 0WdWA,␣<ESC>pbD，这里 0W 保证不论光标的初始位置在哪里，都能跳转到第 2 列第 1 个字符，dW 剪切第 2 列，A,␣<ESC> 在行尾插入逗号和空格，并用 ESC 键返回标准模式，最后 pbD 粘贴第 2 列内容，并去掉数字后面的逗号和空格；

(3) 输入 j 将光标移动到下一行；

(4) 输入 q 结束宏录制。

这样宏就录制好了，光标在第 2 行，我们输入 @a 执行这个宏，可以看到第 2 列确实被移动到了行尾。验证无误后就可以批量执行了：输入 2000@a，该命令要求这个宏执行 2000 次，由于光标目前停留在第 3 行，实际上只要执行 1998 次就够了；但宏运行到文件末尾会自动停止，所以我们也就懒得做算术了，取个稍微大一点儿的整数。当然，你也可以执行 100@a 先转换 100 行，做一些编辑，再执行 1900@a 完成剩余转换。只要 "a 寄存器没有清空，就一直可以使用 @a 运行这个宏。

那么我们怎么知道 "a 寄存器里的宏还在不在呢？可以用 :reg 命令（:registers 命令的简写）查看：

```
...
"a   0WdWA, ^[pbDj
...
```

胸有成竹之 Vim 宏定义

古人熟悉竹子的形态样貌，不用对照实物也能画得栩栩如生。上面讲到宏就是一系列文本编辑命令，如果你对要编写的宏的来龙去脉已经非常清楚，可以跳过宏的录制步骤直接定义编写然后执行。

比如前面录制的这个宏，可以在编辑器里写下 0WdWA, ^[pbDj 然后用 "ayy 将它复制到 "a 寄存器里，或者在命令模式下直接设置寄存器内容：

```
:let @a = "03WdWA, ^[pbDj"
```

其中代表 ESC 的 ^[的输入方法是：Ctrl-v Ctrl-[，即按住 Ctrl 键，然后依次按 v 键和 [键，再松开 Ctrl 键。

可能你会想，既然宏这么方便，是不是可以取代第 5 章介绍的 sed、awk 等非交互式文本处理工具呢？在不考虑性能的情况下，确实可以。不过在处理大文件时，用 Vim 打开文件需要一定时间，循环执行宏就更慢了，所以宏一般用来处理不太大的文件（视硬件条件而定，比如万行以内）。

7.3 帮助系统

前面介绍了这么多模式和命令，是不是感觉很难记呢？其实掌握一项技能最重要的是经常在实际场景中使用，而不是抱着学习的态度练习。具体到 Vim，在不使用鼠标和方向键的情况下编辑文件，很快就会习惯它的各种命令，想忘也忘不掉。

对于一些比较复杂且使用频率没那么高的命令，遗忘是很正常的。跟 shell 一样，Vim 也提供了一套方便的用户手册查询系统来解决这个问题。下面我们以文本替换为例看看如何使用 Vim 自带的知识库。

前面我们曾经用列模式将

```
require os
require sys
require datetime
```

一次性改成了：

```
import os
import sys
import datetime
```

如果要把一个长度为 3000 行的文件中散落在不同位置的 `require` …都改成 `import` …，应该怎么做呢？

首先，由于这些要替换的行不一定相邻，列模式就帮不上忙了。能否用 `/^require` 搜索每一个位于行首的 `require`，然后改成 `import`？理论上是可行的，但如果需要修改的行很多，一个一个改，即使有 `.` 的帮助，也要花很长时间；而且如果想撤销修改，要用很多次 `u` 命令，不够简洁。

这时我们想到第 5 章中曾经用 sed 的 `s` 命令替换字符串，既然 Vim 和 sed 都从 ed 那里继承了命令系统，Vim 会不会也有 `s` 命令呢？

命令行中查看命令用户手册的命令是 `man`，Vim 中对应的是 `:help`，简写为 `:h`，所以不妨试一试执行 `:h :s`，执行后出现了一个新的 Vim 窗口，状态栏中的标题是：

```
change.txt [Help][RO]
```

它表示新打开的文档名字是 change.txt，`[Help]` 标记表明这是一份帮助文档，并且是只读的（`[RO]` 表示 Read Only）。

看来 Vim 确实有一个叫 `s` 的命令，那么它是不是用来做字符串替换的呢？我们来看一下文档对这个命令的解释，如代码清单 7-3 所示。

代码清单 7-3 Vim 用户手册对 s 命令的解释

```
4.2 Substitute                                  *:substitute*
                                                *:s* *:su*
:[range]s[ubstitute]/{pattern}/{string}/[flags] [count]
        For each line in [range] replace a match of {pattern}
        with {string}.
        For the {pattern} see |pattern|.
        {string} can be a literal string, or something
        special; see |sub-replace-special|.
        When [range] and [count] are omitted, replace in the
        current line only.  When [count] is given, replace in
        [count] lines, starting with the last line in [range].
        When [range] is omitted start in the current line.
              *E939*
        [count] must be a positive number.  Also see
        |cmdline-ranges|.

        See |:s_flags| for [flags].
```

结果不仅证实 `s` 命令确实是做字符串替换的，并且命令的完整形式是 `substitute`，还可以写成 `su`。

从第 3 行开始文档对命令中的各个参数的作用进行了解释。

- s 命令前可以加上一个表示范围的参数。
- 命令格式与 sed 的 s 命令一样：s/<old>/<new>。
- 命令后面可以加上 flags 参数。

由此可知替换操作大体是…s/requre/import/…这样，还需要确定范围（range）和参数（flags），下面我们来看如何确定它们。

对于第一个问题，要替换文件中所有 require，所以替换范围（即 range）应该是文件的所有行，如何用 Vim 的语法表达“所有行”呢？

Vim 的帮助文档与网页类似，也有很多“超链接”，不过在 Vim 中它们叫作 tag，可以像超链接一样跳转。比如现在我们要搞清楚替换范围怎么写，可以把光标移动到第 4 行 For each line in [range] replace …的 range 上，然后按 Ctrl-] 快捷键，于是跳转到了包含 range 的说明文档中（状态栏中的标题变成了 cmdline.txt [Help][RO]），如代码清单 7-4 所示。

代码清单 7-4 range 的说明文档

```
...

Line numbers may be specified with:            :range E14 {address}
        {number}        an absolute line number
        .               the current line                          :.
        $               the last line in the file                 :$
        %               equal to 1,$ (the entire file)            :%    ❶
        't              position of mark t (lowercase)
...
```

❶ 表示所有行的符号

好，这样我们知道了用 % 将替换范围设置为文件所有行，下面用 Ctrl-o 快捷键跳回代码清单 7-3，来解决第 2 个问题。

将光标移动到下面的 s_flags 处按下 Ctrl-] 快捷键跳转到该参数的说明文档中，注意有两个参数比较重要，如代码清单 7-5 所示。

代码清单 7-5 替换命令 flags 参数的说明文档

```
...

[c]     Confirm each substitution.  Vim highlights the matching string (with
        hl-IncSearch).  You can type:                          :s_c
            'y'     to substitute this match
            'l'     to substitute this match and then quit ("last")
            'n'     to skip this match
            <Esc>   to quit substituting
            'a'     to substitute this and all remaining matches {not in Vi}
```

```
        'q'     to quit substituting {not in Vi}
...

[g]     Replace all occurrences in the line.  Without this argument,
        replacement occurs only for the first occurrence in each line.  If
        the 'edcompatible' option is on, Vim remembers this flag and toggles
        it each time you use it, but resets it when you give a new search
        pattern.  If the 'gdefault' option is on, this flag is on by default
        and the [g] argument switches it off.

...
```

参数 c 使得每次替换前都会询问用户如何处理当前替换，可以选择同意、最后一次、跳过、取消、自动替换剩余等，利用该机制可以实现更友好的替换流程。

- 先验证再替换：第一次替换时，输入 y 执行替换，如果达到预期效果，后续用 a 自动替换所有剩余匹配；如果没有达到预期效果，则用 q 或者 ESC 中断替换流程。
- 选择性替换：比如要把所有 import os, ..., sys 替换成 import sys, ..., regex，但 os 和 sys 之间包含 pathlib 的不进行替换。可以写一个复杂的正则表达式剔除包含 pathlib 的行，但这样很麻烦，还不如简单写成 import os.*sys，然后遇到包含 pathlib 的匹配项输入 n 跳过，否则输入 y 执行替换来得简单。

s 命令默认只替换一行中的一个匹配项，参数 g 的作用是替换一行中所有的匹配项。比如对于文本行 day and day，执行 :s/day/night/g 后得到 night and night，而执行 :s/day/night 则得到 night and day。

现在我们得到了两个问题的答案：range 参数为 %，由于替换情况复杂，我们希望看到每次的替换结果，所以 flags 使用 c 参数；由于只替换行首的 require，所以不需要 g，最终的替换命令为：:%s/require/import/c。

Vim 的文档非常详尽，绝大部分模式、命令、参数以及其他我们想了解的，都可以通过 :h <keyword> 的形式查阅文档，示例如表 7-5 所示。

表 7-5 文档查阅命令

命　令	实现功能
:h visual-mode	可视化模式说明文档
:h s	标准模式下 s 命令的说明文档
:h :s	Ex 命令 s 的说明文档
:h window	窗口的概念和使用方法说明文档
:h registers	各种寄存器名称和作用说明文档
:h map	各种模式下定义映射命令说明文档

> 说明
>
> 表 7-5 中的 visual-mode 可以换成 replace-mode，s 可以换成标准模式下的其他命令，比如 c、y、q 等，:s 可以换成其他 Ex 命令，比如 :w、:q 等。总之，有任何疑问，都不妨先在 Vim 文档中查阅一下，这是最准确、最快捷地获得帮助的方法。

7.4 配置 Vim

还记得第 4 章中的 .zshrc 吗，把符合个人使用习惯的快捷键、提示符、别名、插件等定义在这些配置文件中，使得相同的应用在不同用户手中呈现出多姿多彩的样貌，这就是所谓的**定制化**（customization）。每个开源应用就像一块未经锻造的混铁，最后变成了干将莫邪还是一根烧火棍，就看如何打造配置文件了。

Vim 也有自己的配置文件，在用户这个级别是 ~/.vimrc，每次 Vim 启动时，如果发现存在这个文件，就会执行其中的内容。任何能在 Vim 里手动执行的命令都可以写在 .vimrc 文件里启动时自动执行，一般用来定义快捷键、函数、命令，以及设置运行时属性等，我们从定义快捷键说起。

由于执行 Ex 命令要先输入冒号，因此对于 Vim 用户来说它属于超高频使用字符，从语义上说，冒号非常合适，但从按键上来说，每次都要双手合作（Shift+;），其中一个还是有点儿远的 Shift 键，实在不算高效。恰好分号的使用频率远没有冒号那么高，于是很多人对调了这两个字符的功能，右手单独按分号键就可以进入命令模式。下面我们按先手动验证，再自动运行的方法实现该功能。

首先按照下面的步骤手动设置分号到冒号的映射。

(1) 执行 vi 命令打开一个空白文档，按分号键，你会发现编辑器没有任何反应。这是因为分号命令是配合 f 命令搜索下一个匹配项，我们没有执行 f 命令，自然不存在下一个匹配的问题。

(2) 输入冒号，即按住 Shift 键再按分号键，编辑器窗口左下角出现冒号，表明进入了命令模式，说明到目前为止，分号还是分号，冒号还是冒号。

(3) 在冒号后继续输入 nnoremap ; : 并按回车键。

(4) 输入分号，你会发现窗口左下角出现了冒号，分号到冒号的设置成功了。

(5) 按 ESC 键返回标准模式，按冒号键，仍然进入命令模式。为了让冒号起到分号的作用，输入 nnoremap : ; 并按回车键，将冒号映射到分号。

或许你会发现一个问题，第 (2) 步 nnoremap 的第 1 个参数，也就是冒号，已经在第 (1) 步中被映射到分号上了，这样定义岂不是分号自己指向自己？

答案就隐藏在我们输入的命令里。nnoremap 由两个前缀 n、nore 和词根 map 组成，map A B 表示把第 1 个参数 A 映射到第 2 个参数 B 上，第 1 个前缀 n 表示这个映射只在**标准**（**n**ormal）模式下生效，第 2 个前缀 nore 表示这是一个**非递归**（**no**n-**re**cursive）映射。所以 nnoremap ; : 的意思是：标准模式下输入的分号被转换为冒号，不考虑冒号是不是被映射成了其他值（即非递归方式）。为了避免递归映射带来的不确定性，除非确实需要，一般情况下只使用非递归映射。

既然标准模式下的非递归映射是 nnoremap，那么**可视化**（visual）模式下的非递归映射命令是什么呢？没错，就是 vnoremap。

手动验证了映射命令后，我们把它加入配置文件里自动运行。执行 vi ~/.vimrc 命令，输入代码清单 7-6 所示内容。

代码清单 7-6　对调分号和冒号的 Vim 命令

```
nnoremap ; :
nnoremap : ;
vnoremap ; :
vnoremap : ;
```

保存并退出 Vim，然后再次执行 vi 打开一个空白文件，按下分号键，是不是顺利进入命令模式了呢？

好了，我们的第一个 Vim 配置文件就做好了，别看它只有 4 行，和 400 行的配置文件的加载方式完全一样：就像有个精灵在启动 Vim 后逐条输入并执行配置文件里的命令，最后把编辑器窗口展示在我们面前。

配置文件中另一类重要内容是设置编辑器各种**选项**（option）的值，比如是否显示行号，是否折行，是否自动把**制表符**（Tab）转换为空格，一个 Tab 转换成几个空格等，这类命令都以 set 开头，根据不同的使用场景和个人偏好设置。比如 Python 代码使用空格表示缩进，每级 4 个空格，对应的 Vim 配置命令如代码清单 7-7 所示。

代码清单 7-7　Python 风格的缩进设置

```
set expandtab        ❶
set shiftwidth=4     ❷
set tabstop=4        ❸
```

❶ expandtab 可简写为 et

❷ shiftwidth 可简写为 sw

❸ tabstop 可简写为 ts

Go 语言则使用 Tab 表示缩进，配置命令如代码清单 7-8 所示。

代码清单 7-8 Go 语言风格的缩进设置

```
set noexpandtab     ❶
set shiftwidth=4
set tabstop=4
```

❶ expandtab 前面加上 no 表示不要把 Tab 转换成空格

代码清单 7-9 是一个比较常用的配置文件实例，许多命令和选项可以“顾名思义”，如果不确定，不妨用上一节介绍的方法与帮助文档中的说明印证一下。

代码清单 7-9 常用 Vim 配置实例

```
set et
set sw=2
set ts=2
set nowrap
set number
set clipboard+=unnamedplus
set nobackup
set noswapfile
set splitbelow
set splitright
set incsearch
let mapleader=","                    ❶

nnoremap ; :
nnoremap : ;
vnoremap ; :
vnoremap : ;
nnoremap <leader>e :e $MYVIMRC<CR>   ❷
nnoremap <leader>s :so $MYVIMRC<CR>  ❸
nnoremap <C-J> <C-W><C-J>            ❹
nnoremap <C-K> <C-W><C-K>
nnoremap <C-L> <C-W><C-L>
nnoremap <C-H> <C-W><C-H>
nnoremap <F2> :set wrap!<CR>

filetype indent plugin on
syntax on
colorscheme ron
```

❶ 将 leader 映射到逗号字符

❷ 设置修改配置文件的快捷键为 ,e

❸ 设置加载配置文件的快捷键为 ,s

❹ 定义窗口跳转快捷键

Vim 的各种 map 命令不仅可以映射单个字符，还能映射字符序列，这样就极大地拓展了可供选择的快捷键范围。由于标准模式下大多数单个字符有具体含义（比如 a 表示追加、b 表示向前跳转，c 表示修改等），不能用作快捷键，因此 Vim 提供了 leader 来解决这个问题。leader 的默认值是反斜杠字符（回车键上面那个按键），所以 <leader>e 就是 \e，而 nnoremap <leader>e :e $MYVIMRC<CR> 的意思是：在标准模式下，先按下反斜杠键，松开后再按 e 键，就会执行 :e $MYVIMRC<CR>。由于反斜杠键不太好按，所以在代码清单 7-9 中，我们用 let mapleader="," 将 leader 映射到逗号上，这样 nnoremap <leader>e :e $MYVIMRC<CR> 就变成了按下逗号键再按 e 键就会打开配置文件（$MYVIMRC 代表 Vim 的配置文件）。接下来的 :so 是 :source 命令的简写，后面的参数是要加载的文件路径。

下面的 4 个窗口跳转快捷键主要是为了简化窗口间跳转动作，比如将 Ctrl-w Ctrl-j 映射为 Ctrl-j，去掉了前面的 Ctrl-w。

至此，我们已经了解了“标准”Vim 的主要部分。由于 Vim 历史悠久，版本众多，各个版本功能不完全相同，因此所谓“标准”，就是所有版本都具备的那部分功能。如果把 Vim 比喻成信息时代的书法，这部分就是写字的基本功，多多实践，必有收获。

7.5 借助插件系统强化 Vim 功能

如果我们的目标不局限于熟练使用 Vim 完成基本的编辑工作，还打算把它作为日常编辑工具或者开发环境（代替臃肿低效的 IDE），标准 Vim 就显得比较简陋了。比如，怎样方便地同时编辑多个文件，怎样从其他应用复制文本，或者把文本粘贴到其他应用，怎样在输入文本时自动补全，以避免反复输入相同的内容等。

7.4 节通过编写配置文件定制 Vim，只能在已有功能上取舍，要扩展新功能就爱莫能助了，所以 Vim 社区也开发了不少插件系统（类似于 oh-my-zsh 之于 Zsh）。大部分插件采用 Vim 的脚本语言 Vimscript 编写，也有一部分采用 Python 等其他语言编写，Mint 20 自带的 Vim 是一个精简版本，如代码清单 7-10 所示。

代码清单 7-10　查看系统自带 vi 的版本

```
> update-alternatives --display vi    ❶
/usr/bin/vim.tiny

> ls -l $(which vi)
lrwxrwxrwx 1 root root 20 Sep  4 15:53 /usr/bin/vi -> /etc/alternatives/vi

> ls -l /etc/alternatives/vi
lrwxrwxrwx 1 root root 17 Sep  4 15:53 /etc/alternatives/vi -> /usr/bin/vim.tiny    ❷
```

```
> vi --version | grep clipboard
-clipboard          -keymap             -profile            +virtualedit      ❸

> vi --version | grep python
+cmdline_compl      -lambda             -python             +visual           ❹
+cmdline_hist       -langmap            -python3            +visualextra
```

❶ macOS 系统没有此命令，请跳过

❷ 通过 `ls` 命令查到 vi 的链接目标同样指向 /usr/bin/vim.tiny

❸ `clipboard` 前的减号表明当前的 Vim 不支持系统剪贴板

❹ `python` 和 `python3` 前的减号表明当前 Vim 不支持 Python 2 和 Python 3

首先通过 `update-alternatives` 命令得到 `vi` 命令的链接目标，命令输出表明当我们执行 `vi` 命令时，实际上启动的是 /usr/bin/vim.tiny，此版本的 Vim 不支持系统剪贴板操作，无法与其他应用通过系统剪贴板粘贴复制文字，也不支持 Python 编写的插件。另外，它默认开启 **vi 兼容模式**（vi compatible mode），需要在配置文件中专门指明关闭，这些都导致 vim.tiny 不适合作为日常编辑器或者开发环境。

为什么要关闭 vi 兼容模式？

Vim 对 vi 做了大量改进，比如在 Vim 里输入命令 `iabc<ESC>oxyz<ESC>`，即进入插入模式（`i`）输入 `abc`，退出插入模式完成第 1 个编辑动作，然后用 `o` 命令进入插入模式，在第 2 行输入 `xyz`，最后返回标准模式完成第 2 个编辑动作。现在我们执行 `:set compatible` 打开 vi 兼容模式，并按一次 u 键撤销最后一个（也就是第 2 个）编辑动作，`xyz` 消失，这符合我们的预期。

这时不妨猜猜如果再输入一次 `u` 指令会发生什么呢？习惯了现代文本编辑器的我们很自然地会认为倒数第 2 个编辑动作（输入 `abc`）会被撤销，毕竟 Word、VS Code 等几乎所有编辑器都这样。但实际操作下来你会发现，第 2 个 `u` 指令让先前被撤销的 `xyz` 又回来了，原来 vi 认为撤销本身也是一个动作，所以第 2 个 `u` 指令撤销了前一个撤销指令，效果相当于我们熟悉的**重做**（redo）命令（更详细的说明可以在 Vim 里执行 `:help undo-two-ways` 查阅相关文档）。再输入几次 `u` 指令你会发现，vi 兼容模式下只能撤销或者重做最后一个编辑动作，对于前面的编辑动作则无能为力，这可不是我们想要的效果。

要找回我们熟悉的多次撤销 / 重做功能也不难，执行 `:set nocompatible` 关闭 vi 兼容模式即可。所以如果你使用的版本不是 Neovim，而是 vim-gtk、vim-gnome 等，需要在 ~/.vimrc 中加上 `set nocompatible`。

顺便一提，Vim 设置开关量时，经常使用 `no` 前缀表示否定，比如 `compatible/nocompatible`、`number/nonumber`、`wrap/nowrap`、`paste/nopaste` 等。

目前大部分发行版中的 Vim 软件包主要是由 Bram Moolenaar 开发和维护的，2014 年一些开发者 fork 了 Vim 并做了很多改进（比如移除了对 vi 兼容模式的支持），于是有了 Neovim 项目。下面我们来安装 Neovim，并通过定义别名取代系统默认的 Vim，如代码清单 7-11 所示。

代码清单 7-11 安装 Neovim

```
> apt install -y neovim    ❶
...

> echo "alias vi=nvim" >> ~/.zshrc    ❷
source ~/.zshrc

> vi --version
NVIM v0.4.3    ❸
Build type: Release
...

> mkdir -p ~/.local/share/nvim/site/pack/text/start    ❹
```

❶ 在没有 apt 的系统上可以使用 Homebrew（`brew install neovim`）安装

❷ 将 `vi` 指向 `nvim`，即 Neovim 的命令名称

❸ 可以看到现在 `vi` 命令启动的是 Neovim，版本是 0.4.3

❹ 创建 Neovim 插件根目录

在后文中，如无特殊说明，Vim 都是指 Neovim。Neovim 完全兼容 Vim，所以前面的配置可以直接拿来使用，不过它默认的配置文件为 ~/.config/nvim/init.vim，我们来配置一下，如代码清单 7-12 所示。

代码清单 7-12 基于 .vimrc 创建 Neovim 配置文件

```
> mkdir -p ~/.config/nvim    ❶
> cp ~/.vimrc ~/.config/nvim/init.vim    ❷
```

❶ 创建 Neovim 配置文件所在的文件夹

❷ 将 Vim 配置文件 .vimrc 作为 Neovim 配置文件的基础

Neovim 启动时会自动加载 ~/.local/share/nvim/site/pack/*/start 中的插件，路径中的星号代表插件命名空间，主要用于对插件分组，可以使用任何有效的目录名。这里我们介绍的所有插件都适合多种类型的文本编辑，所以将其命名为 text，故插件根目录就是 ~/.local/share/nvim/site/pack/text/start[①]。

安装插件的方法非常简单，只要将插件源码放到插件根目录下即可，由于绝大多数插接源

① 关于 Neovim 插件系统的详细工作机制，请参考：`h packages`。

码保存在 Git 代码仓库里，因此安装一个插件就是在代码根目录下用 `git clone` 命令将该插件的源码下载下来。Neovim 默认不创建自动加载插件的目录，所以我们在代码清单 7-11 里用 `mkdir` 命令手动创建了一个。相应地，如果不再使用某个插件，在插件根目录下用 `rm -rf` 命令删除对应插件目录即可。

7.5.1 常用编辑功能扩展

1. 连接系统剪贴板

作为日常编辑工具，首先要具备和其他应用交流的能力，即从其他应用（主要是浏览器）复制文本粘贴到 Vim 里，以及从 Vim 里复制文本粘贴到其他应用里。Vim 有个叫作 unnamedplus 的寄存器指向系统剪贴板，即在配置文件里加上代码清单 7-13 所示的命令。

代码清单 7-13 连接 Vim 和系统剪贴板

```
set clipboard+=unnamedplus
```

有了这个配置，Vim 里任何复制的文本（比如用 yy 复制一行）可以直接在其他应用里用 Ctrl-v 快捷键粘贴；在其他应用里用 Ctrl-c 快捷键复制的文本，在 Vim 里也可以用 `p` 命令粘贴。

2. 增强状态栏

在 Zsh 里，为了随时掌握重要信息，我们专门定义了提示符，将用户名、主机、当前路径、时间等放在提示符里以供随时查阅。Vim 用窗口底部的状态栏展示信息，默认状态栏只包括当前文件名、总行列数等，缺少很多重要内容。下面我们安装一个状态栏增强插件 lightline，如代码清单 7-14 所示。

代码清单 7-14 安装状态栏增强插件 lightline

```
> cd ~/.local/share/nvim/site/pack/text/start
> git clone https://github.com/itchyny/lightline.vim.git
```

这里 https://github.com/itchyny/lightline.vim.git 是插件源码地址。

启动 Vim 后执行 `,e` 命令打开配置文件，可以看到现在状态栏变成了彩色的，内容也丰富了不少，如代码清单 7-15 所示。

代码清单 7-15 新的 Vim 状态栏

```
NORMAL  init.vim                    unix | utf-8 | vim     2%     1:1
```

从左向右各项信息的含义如下。

- NORMAL：当前状态，进入插入模式后会变成 INSERT，且颜色也随之变化。
- init.vim：当前文件名。
- unix：当前**文件格式**（file format），其他格式还有 dos、mac 等。
- utf-8：当前**文件编码**（file encoding）。
- vim：当前**文件类型**（file type），如果是以 .py 为扩展名的 Python 文件，这里会显示 Python。
- 2%：光标所在位置，2% 表示在文件开头，50% 表示在文件正中间，100% 表示在文件末尾，以此类推。
- 1:1：光标所在的行、列序号，即第 1 行第 1 列。

3. 持久化编辑历史

前面说到 Neovim 去掉了 vi 兼容模式，可以用多个撤销命令像倒放电影一样把文件退回到先前的状态，或者用多个重做命令回放到后来的状态；不过这个撤销 / 重做历史保存在内存里，退出 Vim 后就消失了。如果打开一个文件后直接用 u 命令撤销，状态栏会显示 Already at oldest change，即没有可供撤销的历史记录。如果上个月我们编辑了某个文件，现在想回退到当时的某个状态该怎么办呢？一种方法是把修改历史保存到磁盘上，即持久化编辑历史，这样每个文件从第一次编辑开始，不论中间退出过多少次 Vim，每一个编辑动作都会保存下来。有了这个不会消失的历史记录，我们就可以放心地修改文件了，不满意的话随时回退。

搜索 vim undo plugin 可以发现几个持久化编辑历史的插件，这里我们选择 GitHub Star 数最多的 mbbill/undotree，如代码清单 7-16 所示。

代码清单 7-16　安装 undotree 插件

```
> mkdir -p ~/.local/undo    ❶
> cd ~/.local/share/nvim/site/pack/text/start
> git clone https://github.com/mbbill/undotree.git
```

❶ 创建保存编辑历史的文件夹

安装插件后还要在配置文件里定义 undotree 有关的一些属性值和快捷键，代码清单 7-17 是更新后的配置文件。

代码清单 7-17　安装持久化编辑历史插件后的配置文件

```
set et
set sw=2
...
syntax on
colorscheme ron

" undotree configurations          ❶
```

```
set undodir=$HOME/.local/undo/    ❷
set undofile
set undolevels=1000
set undoreload=2000
nnoremap <leader>u :UndotreeToggle<CR>    ❸
```

❶ 这是一行注释，用来说明后面配置的内容

❷ 指定编辑历史文件保存文件夹

❸ 设置打开 / 关闭编辑历史面板快捷键

Vimscript 的注释

Vim 配置文件实际上是一个启动时自动运行的 Vimscript 脚本。Vimscript 语法规定，以双引号开头的代码行是注释，解释器会忽略此行内容。

重启 Vim 后，按下快捷键 ,u（或者执行 `:UndotreeToggle` 命令）会在编辑窗口左侧打开 undotree 窗口（再次输入这个命令关闭窗口）。该窗口由上下两部分组成，上面是编辑历史，下面是每个编辑动作的内容。每个编辑动作完成后，都会看到编辑历史窗口里的变化。用 Ctrl-w h 快捷键跳转到编辑历史窗口，用 j/k 键将光标移动到某个**保存状态**（saved state）上按回车键，右侧编辑窗口就会跳转到那个状态。该窗口中各种标记和快捷键的说明可参考快速帮助，输入英文问号（Shift+/）打开，再次输入问号关闭。

Vim 的用户社区十分庞大且富有创造力，日常编辑工作中遇到的绝大多数问题有现成的插件可用，比如下面几个场景。

- 使用 Vim 输入汉字时，退回标准模式需要先切换到英文输入法再输入编辑命令，每次都要切换，十分麻烦。rlue/vim-barbaric 能帮你解决这个问题，中文输入法状态下，退回标准模式自动切换到英文输入法，进入插入模式后再自动切换回来。
- 写代码时经常需要注释/反注释一段代码，手动输入/删除注释符号很麻烦。安装 preservim/nerdcommenter 后，用 `<leader>c<space>` 轻松注释 / 反注释代码，Python 用 # 注释，Java 用 // 注释，如何区别？不用担心，nerdcommenter 会根据使用的编程语言自动选择注释方法。
- 图形桌面里的“最近编辑过的文件”很好用，Vim 自然也要有。安装 kien/ctrlp.vim 插件，一键打开最近编辑过的文件列表。

这样的场景还有很多，而且每个场景可能都有不止一个选项。有时候，开发者为了找到合适的插件组合出最符合自己要求的编辑 / 开发环境，免不了反复尝试，删掉 A 安装 B，一番体验后发现还是 A 更顺手，再删掉 B 换回 A……下面我们看看如何管理 Vim 插件。

7.5.2　管理 Vim 插件

本节我们以插件 lightline 为例，说明 Vim 插件的全生命周期管理方法，包括安装、查看、更新、卸载 4 个环节，如代码清单 7-18 所示。

代码清单 7-18　Vim 插件的全生命周期管理

```
> cd ~/.local/share/nvim/site/pack/text/start

> ls    ❶
undotree

> git clone https://github.com/itchyny/lightline.vim.git    ❷

> cd lightline.vim

> git pull    ❸
Already up to date.

> cd ..
> rm -rf lightline.vim    ❹
```

❶ 列出已安装插件

❷ 安装插件 lightline

❸ 更新插件

❹ 删除插件

删除 lightline 插件后再次启动 Vim，状态栏又变回原来“朴素”的样子。

7.5.3　在项目中使用 Vim

如果你使用过集成开发环境（IDE），对“项目”这个概念一定不陌生，绝大多数开发工作是放在某个项目中进行的，哪怕该项目只有一个文件。集成开发环境会用专门的文件（或者目录）保存项目本身的各种信息和数据，比如 Eclipse 的 .project、PyCharm 的 .idea 等。项目在信息处理过程中如此重要，是因为它提供了一个具体的业务环境，将无关信息隔离在外，从而显著提升了工作效率。比如我们在开发 gwd 网站时要调整一个页面的样式，这个样式保存在 main.css 文件里。虽然整个文件系统里有几十个文件名叫 main.css 的文件，但我们不需要把所有这些文件找出来，一个个打开看是不是 gwd 网站使用的那个 main.css，而是创建一个 gwd 目录，把所有与网站有关的文件保存在该目录下。需要修改样式时，我们只需要查找 gwd 目录下的那个 main.css，不需要考虑 gwd 之外的（不论多少个）main.css。

随之而来的问题是，在项目中编辑文件，怎样做到“上下文敏感”呢？下面我们选择几个常见场景分别说明。

1. 快速定位和打开文件

继续上面的例子，要编辑项目中的 main.css 文件，在 kien/ctrlp.vim 插件的帮助下，我们不需要告诉编辑器文件的完整路径，只要给出文件的路径或名称的部分特征，插件用模糊匹配定位技术就能找到文件并打开。下面我们来安装插件，如代码清单 7-19 所示。

代码清单 7-19　安装模糊匹配定位插件 ctrlp

```
> cd ~/.local/share/nvim/site/pack/text/start
> git clone https://github.com/kien/ctrlp.vim.git
```

启动 Vim 后用 Ctrl-p 快捷键打开搜索框（实际执行了 `:CtrlP` 命令），然后在 `>>>` 提示符后输入 main.css，搜索结果会随着每个输入的字母不断更新，如代码清单 7-20 所示。

代码清单 7-20　使用 ctrlp 插件定位要编辑的文件

```
...
> env/lib/python3.8/.../css/fontawesome.css
> env/lib/python3.8/...tstrap-theme.min.css
> env/lib/python3.8/...tstrap.min.css
> base/static/css/main.css
> gwd/static/css/main.css
 mru  files  buf ...     ❶
>>> main.css_
```

❶ 当前搜索模式：最近使用过的、项目文件、编辑器缓冲区

ctrlp 的模糊匹配和 4.4.3 节中介绍的路径模糊匹配规则一样，匹配结果罗列在 > 符号后，列表最靠下的位置（靠近文字输入框）匹配度越高，比如这里的 gwd/static/css/main.css。如果确实要编辑这个文件，直接按回车键就打开了该文件；如果想编辑的是 base/static/css/main.css，可以输入 basemain.css。由于 gwd/static/css/main.css 里没有字母 b，所以它会被过滤掉，从而直接定位到 base/static/css/main.css。

用过 VS Code 或者 Sublime Text 的读者应该对 Ctrl-p 不陌生，在这些编辑器里使用同样的快捷键模糊匹配文件。

2. 同时编辑多个文件

更新项目的某个具体功能时，经常出现这样的场景：虽然项目下文件很多，但与这次更新有关的文件就那么几个。另外，虽然需要修改的文件不多，但关系有点儿复杂，不能编辑完一个再打开另一个，而是先改 A 文件，观察一下效果再改 B 文件，再观察一下效果，如果出现问题 X，则编辑 C 文件，如果出现问题 Y，则返回去编辑 A 文件……

这种在几个固定文件间频繁跳转的工作方式，使得“打开项目 base 目录下那个 main.css 文件”还是太啰唆了。我们希望编辑器打开“刚才编辑过的那个 css 文件”，这样虽然项目下有很多 css 文件，但我们只要用“刚才编辑过的”加以限制，就可以用很少的输入（比如 css，而不是 basemain.css）定位到要目标文件，从而进一步降低切换文件对思路的影响。

kien/ctrlp.vim 插件提供了 `:CtrlPBuffer` 命令采用模糊匹配方式定位 buffer，由于每个 buffer 对应一个正在编辑的文件，所以该命令很好地实现了上面“刚才打开过的文件”这个要求。当然，输入命令太麻烦了，还是按老规矩映射到快捷键，比如 Ctrl-n，这个插件的完整配置如代码清单 7-21 所示。

代码清单 7-21　ctrlp 插件配置

```
" ctrlp
let g:ctrlp_custom_ignore = { 'dir': 'node_modules\|.git\|.env' }     ❶
nnoremap <C-n> :CtrlPBuffer<CR>
nnoremap <C-m> :CtrlPMRU<CR>
```

❶ 匹配文件时忽略 node_modules、.git、.env 等非源码文件夹

3. 文件和目录管理

大多数项目有自己的目录格式要求，正确的文件要放到正确的位置上才能发挥作用。开发者经常需要观察整个项目的目录结构，或者某个子目录下的文件是否存在，就像很多图形化集成开发环境提供的项目文件树浏览面板。

Vim 社区里使用比较广泛的文件管理插件是 preservim/nerdtree，首先还是安装它，如代码清单 7-22 所示。

代码清单 7-22　安装文件和目录管理插件 NERDTree

```
> cd ~/.local/share/nvim/site/pack/text/start
> git clone https://github.com/preservim/nerdtree.git
```

然后在配置文件里添加如代码清单 7-23 所示内容。

代码清单 7-23　NERDTree 插件配置

```
" nerdtree
nnoremap <C-i> :NERDTreeToggle<CR>     ❶
autocmd bufenter * if (winnr("$") == 1 && exists("b:NERDTree") && b:NERDTree.isTabTree()) | q | endif     ❷
```

❶ 用 Ctrl-i 快捷键打开 / 关闭文件浏览窗口

❷ 当文件浏览窗口是最后一个窗口时自动关闭

启动 Vim 后，用快捷键 Ctrl-i 打开文件浏览窗口，用 j/k 键上下移动光标，在目录上按回车键展开 / 收起该目录，在文件上按回车键编辑该文件。除了浏览，还可以用 m 命令对光标所在位置的目录 / 文件做添加、移动、删除、复制等操作。与 undotree 一样，使用问号（Shift+/）打开 / 关闭帮助窗口，其中列出了该插件的各项功能和对应操作方法。

4. 全文搜索

日常工作中，经常需要在项目所有文件中搜索指定文本，比如某个关键字在其他文档中是否被讨论到，从哪些角度进行了讨论？某个变量在其他代码文件中如何被定义和使用？某个数字在数据文件中是否存在，在哪个变量下出现次数最多，等等。

这些问题都可以通过 5.3 节中介绍的方法，在命令行中得到解决，不过在编辑文本时经常切换到命令行下进行搜索，再根据结果切换回编辑器环境，最后打开对应的文件，操作起来比较烦琐，容易打断思路。比如我们正在编辑一个 HTML 文件，需要修改 `<div class="navbar">` 标签的样式，现在问题来了，`navbar` 有没有被 CSS 文件定义过，如果有在哪里被定义的？这时固然可以再打开一个命令行窗口，进入项目根目录，执行 `grep navbar */.css` 命令，找到定义 `navbar` 的 CSS 文件，返回编辑器窗口，打开该文件进行修改。但更好的工作流程是，当修改到 `<div class="navbar">`，光标停留在 `navbar` 上时，向编辑器发出命令：跳转到光标下变量的定义处，编辑器就能打开定义 `navbar` 的那个 CSS 文件，光标停留在定义 `navbar` 的位置上。

Vim 社区里执行这类全文搜索比较常用的一个插件是 mileszs/ack.vim，首先还是安装它，如代码清单 7-24 所示。

代码清单 7-24 安装全文搜索插件 ack.vim

```
> cd ~/.local/share/nvim/site/pack/text/start
> git clone https://github.com/mileszs/ack.vim.git
```

然后在配置文件里添加如代码清单 7-25 所示内容。

代码清单 7-25 ack.vim 插件配置

```
" ack
if executable('ag')
  let g:ackprg = 'ag --vimgrep'
endif
```

不难看出 ack.vim 插件其实只是一个“中间商”，当系统中有 `ag` 命令时（正是我们在 5.3.2 节中使用的文本搜索工具 the_silver_searcher），`:Ack` 命令实际是在 shell 中运行 `ag --vimgrep` 命令，在编辑器中展示搜索结果。

下面我们创建两个文件，验证一下全文搜索的效果，如代码清单 7-26 所示。

代码清单 7-26 创建全文搜索验证文件

```
cat << EOF > app.html
.header h3 {
  margin-top: 0;
  margin-bottom: 0;
  line-height: 40px;
}
EOF

cat << EOF > app.css
.navbar {
  height: 20px;
  width: 40px;
}
<div class="navbar">
  This is my html file
</div>
EOF
```

下面用 Vim 打开 app.html，将光标移动到 `navbar` 上，输入 `:Ack` 命令，编辑器下部出现了一个新窗口，如代码清单 7-27 所示。

代码清单 7-27 全文搜索结果窗口

```
 1 app.css|7 col 2| .navbar {
 2 app.html|1 col 13| <div class="navbar">
```

光标位于第 1 条搜索结果上，按 o 键光标跳转到 app.css 文件第 7 行 `navbar` 定义处，这样就实现了上面设想的工作流程。如果想打开其他搜索结果，在搜索结果窗口里用 j/k 键移动到对应条目处再按 o 键。ack.vim 提供了多种浏览 / 打开文件的方式，与 undotree、NERDTree 一样，也是用问号（Shift+/）打开快捷键列表，再按一次关闭。

由于 ack.vim 只是 `ag` 的“中间商”，所以 `ag` 命令的参数在 `:Ack` 命令里都可以使用。比如我们想在所有文件中搜索 str，但不要包含 string，即对 str 做**全词**（whole word）搜索，只要执行 `:Ack -w str` 即可。

7.6 模式编辑常用命令和键位图

我们已经在本章前面学习了模式编辑常用命令，为了大家使用方便，这里将常见动作、对应命令及实现功能汇总到表 7-6 中，如下所示。

表 7-6 模式编辑常用命令

动 作	命 令	实现功能
光标移动	gg	将光标移动到文件头
	G	将光标移动到文件末尾
	[n]G	跳转到第 [n] 行，比如跳转到第 2345 行是 2345G
	[n]%	跳转到文档的百分之 [n] 部分，比如跳转到长度为 1000 行的文档中间（第 500 行）是 50%，跳转到 4/5 处（第 800 行）是 80%
	b/w	向前 / 后移动到下一个单词首字符
	B/W	向前 / 后移动到下一个 WORD 首字符
	ge/e	向前 / 后移动到下一个单词结尾字符
	gE/E	向前 / 后移动到下一个 WORD 结尾字符
	0	将光标移动到行首
	$	将光标移动到行尾
	(/)	向前 / 后移动一个句子
	{/}	向前 / 后移动一个段落
文本处理	d	剪切文本
	y	复制文本
	p	在光标后粘贴文本
	P	在光标前粘贴文本
	dd	剪切光标所在行
	D	剪切光标到行尾的文本
	yy	复制光标所在行
	x	剪切光标所在位置字符
编辑	如 p、P、dd、D、yy、x 等	简单编辑
	如 dj、d3w、y0、y$	文本处理（谓语）+ 光标移动 / 文本对象[1]（宾语），实现组合编辑

1 见表 7-2。

Vim 键位图如图 7-1 所示。

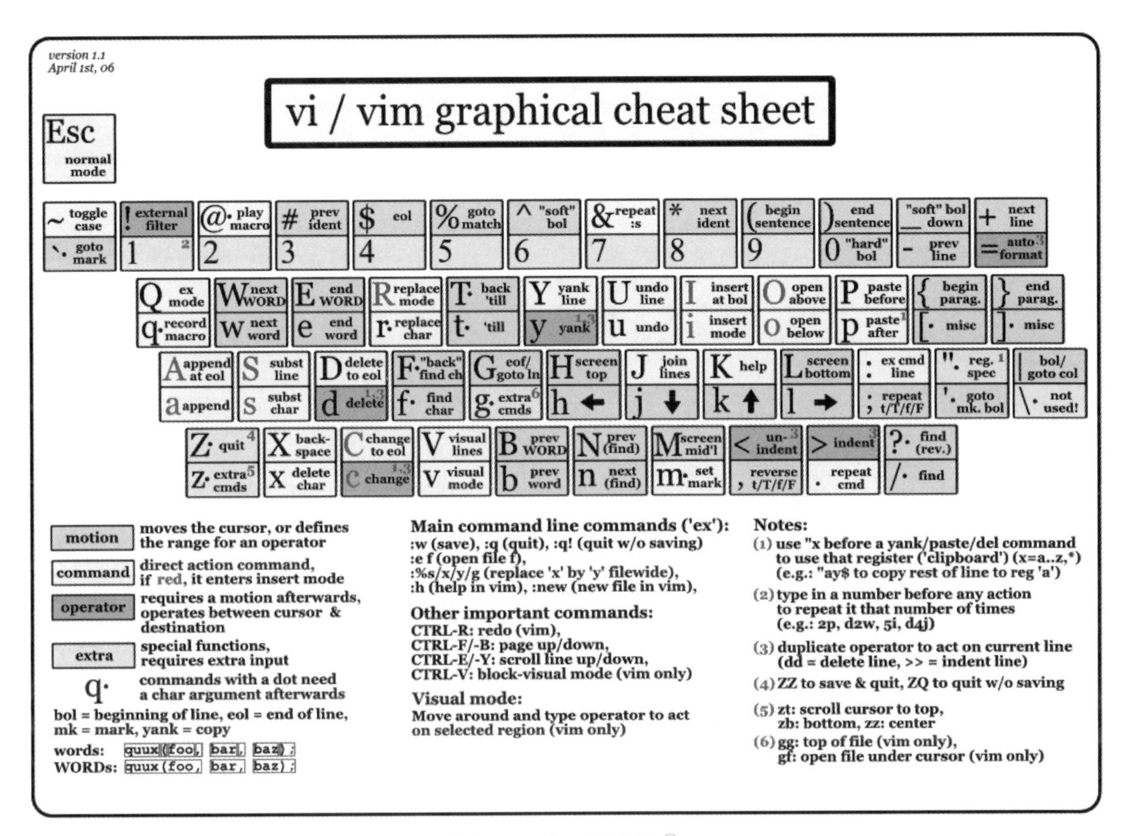

图 7-1 Vim 键位图[1]

7.7. 小结

本章的主题是文本编辑，由 3 部分组成。第 1 部分适用于所有操作系统上所有带模式插件的编辑器，第 2 部分适用于所有 Linux 发行版、macOS 和 WSL 自带的 Vim，第 3 部分则需要专门安装，但易用性和功能也随之提升。

第 1 部分（Vim 内核）介绍了模式编辑的核心概念和使用方法，包含以下内容。

- 编辑区模式
  - 按模式划分
    - 标准模式
    - 插入模式
    - 可视化模式

① Alessandro Buggin, CC BY-SA 3.0, via Wikimedia Commons。

    - 按动作划分：以编辑动作为单位
        - 独立编辑动作
        - 组合编辑动作
            - 动作 + 移动
            - 动作 + 文本对象
- 命令模式
    - 以英文冒号开头的 Ex 命令
    - 文本搜索命令：/ 和 ?

模式编辑不是命令行的专属领地，除了 Vim，还以插件形式广泛存在于各种编辑器和浏览器中，例如 VS Code 的 VSCodeVim、JetBrains IntelliJ 家族的 IdeaVim、Sublime Text 的 Vintage、Chrome 和 Firefox 的 Surfingkeys 等。

接下来我们将目光转向了 Vim 的其他重要功能，这部分包括以下内容。

- 寄存器：Vim 的信息保存和传递系统。
- 宏：将任何操作序列保存到寄存器里，任意多次回放，减少重复劳动。
- 帮助系统：类似于 shell 的 manpage 和 tldr 等工具，避免死记硬背。
- 配置系统：类似于 shell 的 .bashrc 或者 .zshrc，定制个人专属工作环境。

这两部分针对的是标准 Vim，即任何版本 Vim 都支持的功能。本章第 3 部分介绍如何将 Vim 打造成一个简单易用、功能强大的编辑 / 开发环境，包括以下内容。

- 扩展编辑功能。
    - 连接 Vim 和其他系统应用的剪贴板。
    - 增强状态栏：就像 shell 中定制提示符，让重要信息始终在眼前。
    - 持久化编辑历史：记录每个编辑动作，大胆修改，自由进退。
- 管理插件：使用 Neovim 内置包管理器管理插件。
- 在项目场景中使用 Vim。
    - 方便地定位和打开项目中任意文件。
    - 在多个打开的文件间灵活跳转。
    - 管理项目中的目录和文件。
    - 对项目中所有文件执行全文搜索。

与 shell 中的其他工具一样，用好 Vim 的关键是把它作为日常工具，大胆尝试、反复练习，达到字随心动，人键合一的境界。

第 8 章 运筹帷幄：进程管理和工作空间组织

运筹帷幄之中，决胜千里之外。

——司马迁，《史记》

在前面的章节中，我们认识了形形色色的命令行应用，它们各有所长。不过俗话说一个好汉三个帮，实际工作经常需要几个应用协同配合才能完成任务。

比如下载文件，如果运行 `wget ...` 后长时间没有反应，我们需要知道 `wget` 是否在下载：如果还在下载，速度也正常，只是文件比较大需要时间，就去喝杯茶冲个澡；如果发现网络传输已经中断，或者速度慢到不能忍，就要中断命令重新开始下载。

再比如同时启动很多应用，系统变得很慢，怎样才能停止消耗资源最多的那个应用，让系统重新变得流畅？甚至整个桌面都卡住了，鼠标和键盘都罢工了，怎样才能让系统恢复正常运行？

本章我们的职责像导演：首先，要能控制一个个角色，什么时候上场，什么时候退场，什么时候暂停，什么时候继续，要做到令行禁止，收放自如；其次，在此基础上，要把多个角色组织到一起，共同上演一出好戏。下面我们从控制应用运行说起。

8.1 进程管理

8.1.1 普通进程管理

到目前为止，同一个命令行窗口中，一旦开始执行某个命令，就只能等它运行完才能输入下一个命令。正常情况下，这种一问一答的模式很好，但需要和外部世界打交道的时候，出现异常的可能性会显著增加。比如前面下载文件的例子，由于网络原因，执行开始后长时间没有结果，中断任务，或者执行一段时间后暂停一下，临时执行另一个应用。在 Linux 系统中，这类操作统称为**作业管理**（job control）。

第 2 章讲到，应用是存储在文件系统中的可执行文件。不过，这些可执行文件就像没有通电的计算机，并不能帮我们做什么事。只有当我们执行一个命令，或者双击一个图标，操作系统基于这个可执行文件创建一个**进程**（process）之后，这些可执行文件才变成一台运行中的计算机，和我们互动，完成相关任务。

进程是有生命周期的，开始执行任务时创建进程，执行完毕后进程消失。以文件列表命令 `ls` 为例，当我们在命令行里输入 `ls` 并按回车键后，本次执行对应的进程被创建出来，在打印指定目录下的文件后进程消失。如果我们再次执行 `ls`，一个全新的进程随之生成，并且与前一次执行时的进程无关。

日常工作中常用到的进程操作有中断、暂停、前后台切换等。下面我们通过一个模拟日志记录脚本，说明操作进程的各种方法。该脚本每 2 秒打印一次当前系统的运行时间和负载，如代码清单 8-1 所示。

代码清单 8-1　生成模拟日志记录脚本

```
> cd ~/Documents
> cat << EOF > smalloger.sh
#!/bin/bash

for i in {1..500}; do
    uptime
    sleep 2
done
EOF

> chmod u+x smalloger.sh
```

这里程序执行 `for` 语句循环 500 次，每次输出间隔 2 秒，整个脚本运行耗时 1000 秒，足够我们试验进程控制的各种方法了。`uptime` 命令输出当前系统运行时间和负载，最后 `sleep 2` 命令阻塞 2 秒钟后继续运行，模拟日志记录动作。

下面运行这个命令，如代码清单 8-2 所示。

代码清单 8-2　运行模拟日志记录脚本

```
> ./smalloger.sh
 06:03:23 up 8 days,  3:02,  0 users,  load average: 0.53, 0.48, 0.47
 06:03:25 up 8 days,  3:02,  0 users,  load average: 0.80, 0.54, 0.48
 06:03:27 up 8 days,  3:02,  0 users,  load average: 0.80, 0.54, 0.48
...
```

要停止这个正在运行中的进程，只要按 Ctrl-c 快捷键即可，如代码清单 8-3 所示。

代码清单 8-3 用 Ctrl-c 快捷键中断运行中的进程

```
 06:03:41 up 8 days,  3:02,  0 users,  load average: 0.69, 0.53, 0.48
 06:03:43 up 8 days,  3:02,  0 users,  load average: 0.69, 0.53, 0.48
 06:03:45 up 8 days,  3:02,  0 users,  load average: 0.64, 0.52, 0.48
^C
achao@starship ~/Documents 2020/7/14  6:03AM Ret: 130
>
```

按 Ctrl-c 快捷键后屏幕显示 `^C`。这里 `^` 表示 Ctrl 键，然后进程退出，返回到命令提示符状态。这里要注意提示符末尾的 `Ret: 130`，它表明 `cat` 命令的返回值是 `130`（而不是表示正常结束的 `0`）。该返回值表示命令结束的原因是收到信号 `^C`，这样上面即使没有输出 `^C`，只看返回值，也能知道命令结束的原因。

为什么按 Ctrl-c 快捷键可以中断一个命令的执行呢？原来每个进程能够接收系统预先定义好的**信号**（signal）。Ctrl-c 发出的信号是 `SIGINT`，这个词由两部分组成：前面的 `SIG` 代表 signal，后面的 INT 代表 interrupt（中断）。所以当我们在命令行里按下 Ctrl-c 快捷键时，实际上是向正在运行的进程发送要求它中断执行的信号。

可能你会感到好奇，桌面上同时运行那么多任务，这个信号是怎样传递给 smalloger 命令的呢？要搞清楚这个问题，得先了解 Linux 系统中的进程是如何组织的。

《道德经》有云：道生一，一生二，二生三，三生万物。Linux 中的用户进程也遵循类似的规则：系统启动时，内核加载一个特殊的进程 systemd（传统启动组件 System V init 的现代继承者），systemd 再启动各种系统服务以及我们看到的桌面环境。当进程 A 创建进程 B 时，我们就说 A 是 B 的**父进程**（parent process），B 是 A 的**子进程**（child proess）。当 B 又创建进程 C 时，B 又变成了 C 的父进程。最终系统中的所有进程也像文件系统一样，形成了一棵树，树根是 systemd。这棵树叫作**进程树**（process tree），可以用 `pstree` 或者 `ps axjf` 命令查看。

当我们在 shell 里执行一个 smalloger 命令时，shell 作为父进程创建执行 smalloger 脚本的进程。按下 Ctrl-c 快捷键后，这个信号首先被管理桌面的进程捕获，桌面进程把这个信号发送给当前活动窗口，即终端模拟器 gnome-terminal 的进程，模拟器进程发送给 shell，shell 发送给 smalloger，smalloger 收到信号后中断，整个信号接收和执行过程结束。

区分 Ctrl-c 和 Ctrl-d

Ctrl-c 向进程发送中断信号，而 Ctrl-d 发送的是 EOF（end of file）符号，它表示文件或者流的结尾。比如退出 shell 时，既可以执行 `exit` 命令，也可以使用 Ctrl-d 快捷键。

采用类似的方法，如果正在执行一个命令，中途需要暂停一下做另外一件事，只要用快捷键 Ctrl-z 发送一个“暂停”信号即可，如代码清单 8-4 所示。

代码清单 8-4 向进程发送暂停信号

```
> ./smalloger.sh
 06:09:31 up 8 days,  3:08,  0 users,  load average: 0.93, 0.74, 0.59
 06:09:33 up 8 days,  3:08,  0 users,  load average: 0.93, 0.74, 0.59
 06:09:35 up 8 days,  3:08,  0 users,  load average: 1.02, 0.76, 0.60
^Z
[1]  + 21581 suspended  ./smalloger.sh
achao@starship ~/Documents 2020/7/14  6:09AM Ret: 148
>
```

与中断前比，`^C` 变成了 `^Z`，表示 `SIGTSTP`，即 signal stop，另外多了一行输出：

```
[1]  + 21581 suspended  ./smalloger.sh
```

其中 `[1]` 表示**作业**（job）编号，当有多个作业需要处理时，通过这个编号来指定要操作哪个作业；`21581` 是进程 ID（即 PID），是进程的唯一标识符；`suspended` 表示这个作业目前处于暂停状态；最后的 `./smalloger.sh` 是该进程执行的命令。

现在我们回到了命令提示符下，可以执行其他命令了，比如现在可以输入 `cd ~/Documents`、`ls -la` 等。命令执行完后，使用 `fg`（前台 foreground 的缩写）将暂停的任务调到前台即可。如代码清单 8-5 所示。

代码清单 8-5 使用 fg 命令将暂停的任务调到前台

```
> fg
[1]  + 21581 continued  ./smalloger.sh
 06:14:33 up 8 days,  3:13,  0 users,  load average: 1.03, 0.86, 0.67
 06:14:35 up 8 days,  3:13,  0 users,  load average: 1.03, 0.86, 0.67
 ...
```

如果我们并不关心当前的系统负载，只是把负载记录下来供后续分析，就没必要让这个进程一直在前台运行，只要让它在后台默默工作就可以了。

那么什么叫前台，什么叫后台呢？仍然借用前面导演的比喻，在本章之前，你作为导演只能给一个演员讲戏，当他开始表演的时候，你不能做任何其他事情，只能等他表演完再指导另一个演员。中断让你可以随时打断他的表演，暂停则可以让他暂时停下来，你先指导其他演员，完了再让他继续表演。

中断和暂停虽然让你有了更强的管理能力，但仍然不理想。最好能够给一个演员讲完，就让他自己表演，你再指导下一个演员。我们把正在接受你指导的演员叫作前台演员，自己表演的叫作后台演员，所以正在跟你用键盘（或者鼠标）交互的进程叫作前台进程，不再通过键盘交互，在后面默默工作的叫作后台进程。

那么怎么才能把前台进程放到后台呢？只要在把它暂停后用 bg（后台 background 的缩写）命令即可。

下面我们动手操作一下，如代码清单 8-6 所示。

代码清单 8-6 用 bg 命令将进程放到后台运行

```
 ...
 06:46:57 up 8 days,  3:45,  0 users,  load average: 1.21, 0.70, 0.54
 06:46:59 up 8 days,  3:45,  0 users,  load average: 1.21, 0.70, 0.54
^Z
[1]  + 22051 suspended  ./smalloger.sh
achao@starship ~/Documents 2020/7/14  6:47AM Ret: 148
> bg
[1]  + 22051 continued  ./smalloger.sh
 06:47:04 up 8 days,  3:45,  0 users,  load average: 1.11, 0.69, 0.54
achao@starship ~/Documents 2020/7/14  6:47AM Ret: 0
>  06:47:06 up 8 days,  3:45,  0 users,  load average: 1.11, 0.69, 0.54
 06:47:08 up 8 days,  3:45,  0 users,  load average: 1.18, 0.71, 0.55
 06:47:10 up 8 days,  3:45,  0 users,  load average: 1.18, 0.71, 0.55
 06:47:12 up 8 days,  3:45,  0 users,  load average: 1.09, 0.70, 0.54
 ...
```

这时我们发现，虽然可以输入其他命令，也能执行这些命令，但 smalloger.sh 仍然在向屏幕输出，干扰了正常工作。这是由于后台进程虽然不再占用标准输入，却仍然保持着和标准输出（即屏幕）的联系。这就好像你已经跟一个演员讲完了戏，他却仍然不停向你报告他的状态："导演，我要念台词了。""导演，我要表演抓狂了。""导演……"，是不是他还没表演，你就要抓狂了。

怎样关掉后台进程的输出？

在继续阅读下面的内容之前，可能你已经迫不及待地想关掉后台 smalloger.sh 的输出了，其实解决这个问题的工具前面已经介绍过了，如果心有所想，不妨动手尝试一下。

是的，答案正是 fg 命令。

先执行 fg 命令把 smalloger.sh 调到前台，再用快捷键 Ctrl-c 停止进程即可。

所以对于那些被设计为后台进程的命令，我们一般不让它们使用标准输出，而是输出到文件里，这样既能避免对前台的干扰，也可以随时观察它的情况。下面我们用 Vim 修改一下

smalloger.sh，让它适合后台运行，修改后的效果如代码清单 8-7 所示。

代码清单 8-7 修改脚本使其适合后台运行

```
> cat smalloger.sh
#!/bin/bash

for i in {1..500}; do
    uptime >> /tmp/sml.log
    sleep 2
done
```

这里我们用重定向技术将 `uptime` 的输出指向了 /tmp 目录下的 sml.log 文件，其他不变。

现在可以观察一下效果了，先启动命令，然后暂停，再放入后台。这样当然是可以的，不过如果从一开始就打算让一个命令在后台运行，这样未免麻烦了些。shell 中有专门表达“此命令在后台运行”的符号：`&`，如代码清单 8-8 所示。

代码清单 8-8 以后台运行方式启动命令

```
> ./smalloger.sh &
[1] 23733
achao@starship ~/Documents 2020/7/14  7:14AM Ret: 0
>
```

当以后台方式运行命令时，只打印新进程的 PID 就返回了命令提示符。

或许你会问，我怎么知道它还在运行，或许它已经消失了呢？这是一个好问题，我们不仅要能操作进程，还要能监控它们的状态。shell 提供了 `jobs` 命令实现此目的，如代码清单 8-9 所示。

代码清单 8-9 使用 jobs 命令监控作业状态

```
> jobs
[1]  + running    ./smalloger.sh
achao@starship ~/Documents 2020/7/14  7:17AM Ret: 0
> jobs -l
[1]  + 23733 running    ./smalloger.sh
```

加上 `-l` 参数，会额外打印出 PID，可以看到与启动命令时的 PID 是吻合的。

既然能把一个任务放入后台，就可以有第 2 个、第 3 个……，比如可以把 `top` 命令放入后台，这时用 `jobs` 查看作业如代码清单 8-10 所示。

代码清单 8-10 用 jobs 命令查看作业列表

```
> jobs
[1]  - running    ./smalloger.sh
[2]  + suspended (signal)  top
```

这时管理作业的命令与原来一样，只需加上用 `%n` 标识的作业即可。比如我们要把 `top` 命令调回前台，由于在 `jobs` 命令输出的作业列表里 `top` 作业标号为 `2`，因此它的作业标识符就是 `%2`，相应命令如代码清单 8-11 所示。

代码清单 8-11　用作业标识符指定操作的作业

```
> fg %2
```

现在我们已经可以随心所欲地调度演员了，不过还有一点不太让人满意：在我们作为导演到来之前，片场就有很多演员在舞台上了，他们可不在我们的管理名单上，而且即使是自己安排的演员，下班之后第二天再来，他们可能也不在新的管理名单上了。难道这些演员就无法管理了吗？

答案是可以管理，Linux 和其他商业系统的区别在于它是程序员写给程序员使用的，它满足了程序员对一切尽在掌握的需求，我们指导并知道系统在干什么。当然，权力越大责任越大，捅了娄子也得自己收拾，但无论如何，我们喜欢完全控制的感觉。

下面我们打开两个命令行会话，在第 1 个里运行 smalloger.sh，在第 2 个里执行 `jobs`，可以看到，作业列表是空的。shell 提供了 `ps`、`kill` 等命令，使得我们不依赖作业列表也能管理进程。这个过程包含以下两部分。

(1) 找到目标进程的 PID：`ps aux|grep <command-name>`。

(2) 向该进程发信号：`kill <PID>`。

比如要终止 smalloger.sh，在第 2 个会话窗口里运行代码清单 8-12 所示命令。

代码清单 8-12　使用 `ps` 和 `kill` 终止进程

```
> ps aux|grep smalloger.sh
achao     24965  0.0  0.0  13444  3400 ?  S+   08:16   0:00 /bin/bash ./smalloger.sh
achao     25205  0.0  0.0  14856  1060 ?  S+   08:19   0:00 grep --color=auto ... smalloger.sh

> kill 24965
```

第 (1) 步通过在所有进程列表中过滤包含 smalloger.sh 的进程，查到目标的 PID 是 `24965`，第 (2) 步用 `kill` 命令结束进程。

可以看到在第 2 个会话窗口执行 `kill` 命令后，第 1 个会话窗口中的 smalloger.sh 命令随之结束，返回到了命令行提示符下，返回值为 `143`，表示进程被 kill 了。

为什么 ps 命令参数 aux 前没有横杠？

大多数 Linux 命令采用 Unix 风格的命令参数格式，参数前面加横杠，比如 `ls -la`、`jobs -l` 等。加州大学伯克利分校（University of California, Berkeley）于 20 世纪 70 年代末开发的 Unix 版本 BSD（Berkeley Software Distribution）则采用不加横杠的写法。

`ps` 命令既支持 Unix 风格，也支持 BSD 风格，虽然笔者推荐按键更容易的 BSD 风格，但读者完全可以根据个人习惯自由选择。

`ps+kill` 虽然功能强大，但要输入的字符比较多，尤其是一个命令启动多个进程时，一个一个 kill 会比较麻烦。于是人们开发出了 `pgrep`、`pkill`、`killall` 等工具。比如代码清单 8-13 任一命令都能达到代码清单 8-12 的效果。

代码清单 8-13 其他终止进程命令

```
> pkill smalloger.sh

> killall smalloger.sh
```

8.1.2 服务管理

现在我们知道怎样把进程放到后台运行了。不过如果我们想构建一个完全独立运行的服务，这个方法仍然不够完美。为什么呢？如代码清单 8-14 所示。

代码清单 8-14 后台进程仍然与终端会话有联系

```
> cd Documents
> ./smalloger.sh &
[1] 26827
achao@starship ~/Documents 2020/7/16 12:55AM Ret: 0
> exit
zsh: you have running jobs.
achao@starship ~/Documents 2020/7/16 12:55AM Ret: 0
> jobs
[1]  + running    ./smalloger.sh
```

既然进程已经在后台运行了，关掉终端后应该也能继续运行吧？但上面执行 `exit` 命令后，终端会话并没有结束，而是提醒我们还有一个任务正在运行。`jobs` 命令的输出也证明，`&` 只是把任务挡到了后台，但仍然在当前会话的作业列表里，可以用上面介绍的 `fg` 命令调回到前台。如果再次执行 `exit` 命令强行退出，smalloger.sh 的进程会随之结束。这样的设计保证了系统用户能够安全地控制后台进程，但不能把进程变成与终端会话完全脱钩的服务。

难道只能开着这个终端会话吗？当然不是，这样就太不优雅了。我们可以告诉 shell，别管我退不退出，都让 smalloger.sh 继续运行。具体来说，就是用 `disown` 命令（这个名字是不是很形象）把 `jobs` 列表里指定的作业移除，如代码清单 8-15 所示。

代码清单 8-15　用 disown 命令断开后台进程与终端会话的联系

```
> disown %1    ❶
> jobs
> exit
```

❶ 这里 %1 可以省略

这次成功地结束了终端会话。不过，我们怎么知道 smalloger.sh 仍然在运行呢？会不会已经结束了呢？你可能已经想到了：用前面介绍的 `ps` 或者 `pgrep` 命令检查 smalloger.sh 进程是否仍然存在。这个方法确实可行，不过，更直接的方法是查看 smalloger.sh 是否仍然每隔两秒向 /tmp/sml.log 文件输出。

怎么才能知道 /tmp/sml.log 每两秒内容就发生了变化呢？最简单的方法是隔一会儿用 `tail` 看一下。这样当然可行，不过 `tail` 命令提供了 `-f` 参数可以"实时"观察一个文件的变化情况，如代码清单 8-16 所示。

代码清单 8-16　用 tail -f 命令观察日志文件的变化

```
> tail -f /tmp/sml.log
 01:30:00 up 9 days, 22:28,  0 users,  load average: 0.89, 0.84, 0.68
 01:30:02 up 9 days, 22:28,  0 users,  load average: 0.82, 0.82, 0.68
 01:30:04 up 9 days, 22:28,  0 users,  load average: 0.82, 0.82, 0.68
 ...
```

不错，这下可以放心地让它在后台运行了。对了，这个 `tail -f` 是不会自动结束的，不要忘了用 8.1.1 节介绍的方法退出哦。

`disown` 属于"事后管理"，如果在启动命令前就要求它独立运行，可以使用 `nohup` 命令，如代码清单 8-17 所示。

代码清单 8-17　使用 nohup 命令以独立模式启动脚本

```
> nohup ./smalloger.sh &
[1] 29152
nohup: ignoring input and appending output to 'nohup.out'
> jobs
[1]  + running    nohup ./smalloger.sh
achao@starship ~/Documents 2020/7/16  2:03AM Ret: 0
> exit
```

nohup 是 no hangup（不要挂起）的简写。shell 退出时会向子进程发送 HUP（挂起）信号。nohup 命令会忽略这个信号，保证启动的进程继续正常工作。

现在我们可以把一个脚本变成独立的后台服务了。下面我们再进一步，看看如何制作系统服务。与普通后台服务相比，系统服务有两个主要特点：

- 由系统启动，而不是通过用户执行命令的方式启动；
- 系统保证服务运行的稳定性，当由于某些意外进程终止时，系统重新启动服务。

系统服务的使用场景

系统服务多用于无人值守的服务器，当系统由于硬件升级等原因重启后，能够在无人干预的情况下启动某些服务。

在 macOS 或者 Linux 桌面版环境中，需要系统服务的场景比较少，这些系统大多提供了“启动项配置”之类的工具，实现系统启动时自动运行某些应用的功能。

现在大部分主流发行版采用 systemd 作为系统和服务管理工具。system 不难理解，毕竟是本职工作，后面的 d 是什么意思呢？原来在 Unix 命名传统里，一个应用以 d 结尾，表示它是一个 daemon（原意是希腊神话里半神半人的精灵），即在后台运行而不与用户打交道的服务。比如 HTTP 的后台服务是 httpd，SSH 的后台服务是 sshd，定时任务服务是 crond，等等。下面我们来看如何把 smalloger.sh 变成一个系统服务。

制作系统服务的主要工作是在指定目录下生成一个服务定义文件，下面我们编写 smalloger.sh 的定义文件并把它复制到 /etc/systemd/system 目录下，如代码清单 8-18 所示。

代码清单 8-18 编写服务定义文件并复制到指定目录下

```
> cat << EOF > smalloger.service
[Unit]
Description=My Small Logger
After=network.target
StartLimitIntervalSec=0

[Service]
Type=simple
Restart=always
RestartSec=1
ExecStart=/home/achao/Documents/smalloger.sh
WorkingDirectory=/home/achao/Documents

[Install]
```

```
WantedBy=multi-user.target
EOF

> sudo cp smalloger.service /etc/systemd/system/
```

这个文件中的几个重要参数含义如下。

- After：定义当前服务跟在哪个服务后启动，用来解决服务之前的依赖问题。
- Restart：当服务进程被终止后如何处理，always 要求 systemd 重启服务。
- WorkingDirectory：当前工作目录。
- ExecStart：要执行的命令。
- WantedBy：服务在多用户或者以上级别（包括图形界面）下启动。

编写好服务文件后，就可以用 systemctl 命令进行管理了（需要 root 权限），常用的服务管理命令如下所示。

- enable：系统启动时启动服务。
- disable：系统启动时不启动服务。
- status：显示服务当前状态。
- start：启动服务。
- stop：停止服务。
- restart：重启服务。

下面把 smalloger 设置为随系统启动，然后运行服务并查看状态，如代码清单 8-19 所示。

代码清单 8-19　设置 smalloger 为自启动、运行服务并查看状态

```
> sudo systemctl enable smalloger.service
Created symlink /etc/systemd/system/multi-user.target.wants/smalloger.service →
    /etc/systemd/system/smalloger.service.
> sudo systemctl start smalloger.service
> sudo systemctl status smalloger.service
● smalloger.service - My Small Logger
   Loaded: loaded (/etc/systemd/system/smalloger.service; enabled; vendor preset: enabled)
   Active: active (running) since Thu 2020-07-16 03:29:17 UTC; 6s ago
 Main PID: 30753 (smalloger.sh)
    Tasks: 2 (limit: 4915)
   CGroup: /system.slice/smalloger.service
           ├─30753 /bin/bash /home/achao/Documents/smalloger.sh
           └─30761 sleep 2

Jul 16 03:29:17 starship systemd[1]: Started My Small Logger.
```

systemctl status 命令的输出表明 smalloger 服务目前处于**活动**（active）状态，这说明服务在正常运行，以后只要系统启动，服务就会自动开始运行，不再需要人工干预。有没有感觉

我们朝消除一切重复劳动的目标又前进了一大步呢？

最后，在完成今天的工作之前，不要忘了清理实验环境，如代码清单 8-20 所示。

代码清单 8-20 用 systemctl 命令清理实验环境

```
> sudo systemctl stop smalloger.service
> sudo systemctl disable smalloger.service
Removed /etc/systemd/system/multi-user.target.wants/smalloger.service.
```

8.1.3 系统状态监控

使用计算机工作的过程中，有时会遇到系统反应变慢，偶尔会出现完全不响应用户输入，即我们平时所说的"死机"。随着操作系统的日趋成熟，由于系统本身导致的问题越来越少，多数情况是用户使用的资源太多，比如浏览器同时开几十个标签页，或者运行一些特别消耗资源的应用，又或者某个正在运行的应用由于内部问题占用了过多系统资源。

解决这类问题一般分为两步。第 1 步要搞清楚到底是哪个（或者哪些）进程消耗了过多系统资源，导致响应变慢或者死机。

第 2 步根据第 1 步找出的进程确定采取什么行动。比如浏览的某个网页内部的 JavaScirpt 代码有 bug，导致浏览器消耗越来越多的计算和存储资源。这属于应用内部原因导致的异常资源消耗，这时只要关闭标签页或者浏览器，系统负载就会迅速降至正常水平。如果浏览器不响应鼠标和键盘操作，可以通过命令行结束进程。

如果通过检查发现并没有异常进程，说明计算机的硬件配置不适合完成当前任务。通常的解决办法是：或者更新硬件，或者想办法降低任务对资源的需求。

不论哪种情况，都需要解决以下问题：

- 评估当前系统的总体负载；
- 找到最消耗资源的进程；
- 搞清楚这个进程消耗了多少资源；
- 需要时终止该进程。

完成这些工作的最佳选择是 top 和 htop，这两个命令都采用 TUI 界面，定期刷新数据，反映系统当前的实时状态。

top 比 htop 早 20 年出道[①]，系统监控领域带头大哥的地位非常稳固，几乎所有主流发行版都

① 根据维基百科，top 首次发布于 1984 年，htop 首次发布于 2004 年。

内置了该应用。htop 虽然在功能和用户友好方面都比 top 更胜一筹，但毕竟年轻，虽然也被许多发行版的应用仓库收录，却不是内置应用，需要安装。在没有 root 权限的系统中，top 仍然是系统监控和管理的不二选择。

下面我们介绍 top 的基本使用方法，在命令行界面中输入 `top` 后，可以看到如代码清单 8-21 所示的输出（macOS 上执行 `top` 命令的输出与 Linux 版本内容基本相同，只是版式和顺序做了些调整）。

代码清单 8-21　top 命令示例

```
top - 15:01:15 up 34 days,  7:33,  3 users,  load average: 1.60, 0.85, 0.61      ❶
Tasks: 335 total,   1 running, 263 sleeping,   0 stopped,   1 zombie             ❷
%Cpu(s):  9.7 us,  2.5 sy,  0.0 ni, 86.2 id,  1.6 wa,  0.0 hi,  0.0 si,  0.0 st  ❸
KiB Mem :  8056704 total,   224720 free,  4703380 used,  3128604 buff/cache      ❹
KiB Swap:  8388604 total,  7419292 free,   969312 used.  2743584 avail Mem       ❺

  PID USER      PR  NI    VIRT    RES    SHR S  %CPU %MEM     TIME+ COMMAND      ❻
 7495 achao     20   0 1359404 149760  97664 S  15.9  1.9  67:41.82 chromium-b+  ❼
30408 root      20   0 1391024  18136   1928 S  11.9  0.2 914:08.16 snapd
 6214 root      20   0  494668  76324  52788 S   3.0  0.9  31:33.41 Xorg
 ...
```

❶ 系统运行时间和当前负载

❷ 进程状态总览

❸ CPU 使用情况统计

❹ 内存使用情况统计

❺ swap 分区使用情况统计

❻ 进程详细信息列表

❼ CPU 资源占用最多的进程

上面的输出是编写本书时系统的负载情况，top 命令输出的第 1 行和 `uptime` 命令一样，由 4 部分内容组成，前 3 项相对简单。

(1) 系统当前时间：15:01:15。

(2) 系统持续运行时长：34 天零 7 个多小时。

(3) 当前登录系统的用户数量。

最后一项 `load average` 体现了 CPU 的整体负载情况。其中 3 个数字分别表示 CPU 在过去 1 分钟、5 分钟、15 分钟内的负载平均值。数值越大表明负载越高，应用等待 CPU 处理的时间越长，作为用户的感觉就是“卡”得越厉害。

这 3 个值如果越来越大，即最近 1 分钟内负载最小，最近 15 分钟内负载最大，表明这段时间内系统负载在下降。反之，如果 3 个值越来越小，则表明最近 15 分钟内系统负载逐渐升高。上面例子中这 3 个值分别是 1.68、0.85 和 0.61，说明系统负载呈现出逐渐升高的趋势。

top 命令输出的第 2 ～ 5 行是系统中进程状态总览以及 CPU、内存和 swap 分区的资源使用情况，从第 6 行开始列出系统进程的详细信息，每行对应一个进程。我们知道导致系统响应变慢最常见的因素是 CPU 资源不足，其次是内存不足，所以 top 命令默认以 CPU 占用率（%CPU 列）逆序排列进程，这样我们可以方便地看出哪些进程消耗的 CPU 资源最多。

比如上面的示例中，排名第一的进程如下：

```
  PID USER      PR  NI    VIRT    RES    SHR S  %CPU %MEM     TIME+ COMMAND
 7495 achao     20   0 1359404 149760  97664 S  15.9  1.9  67:41.82 chromium-b+
```

表明这个进程占用了 15.9% 的 CPU 资源，PID 为 7495，占用了 1.9% 的内存。从 COMMAND 一列的 chromium 可以推断出这是 Chromium 浏览器进程，考虑到浏览器从来都是 CPU 和内存使用大户，这个比例还算正常。系统卡顿比较严重时，经常看到排名第一的进程占用了 90% 以上的 CPU 资源，这时基本可以确定卡顿是由于这个进程过度占用资源导致的。

如果想找到消耗内存最多的进程，在 top 交互界面里按 Shift-m 快捷键（即大写的 M），改为按内存消耗排列，如代码清单 8-22 所示。

代码清单 8-22 将系统进程改为按内存使用量排序

```
top - 18:47:24 up 34 days, 11:20,  3 users,  load average: 1.07, 1.24, 1.13
Tasks: 340 total,   2 running, 271 sleeping,   0 stopped,   1 zombie
%Cpu(s):  9.5 us,  3.3 sy,  0.0 ni, 85.4 id,  1.5 wa,  0.0 hi,  0.3 si,  0.0 st
KiB Mem :  8056704 total,   218796 free,  5885184 used,  1952724 buff/cache
KiB Swap:  8388604 total,  7286684 free,  1101920 used.   812740 avail Mem

  PID USER      PR  NI    VIRT    RES    SHR S  %CPU %MEM     TIME+ COMMAND
 7455 achao     20   0 4147772 1.232g  57316 S   9.6 16.0 101:08.60 chromium-b+  ❶
 7973 achao     20   0 4577908 619684  93036 R   1.7  7.7 114:45.73 firefox
 8173 achao     20   0 3318320 542444  24368 S   1.0  6.7  29:36.47 WebExtensi+
 ...
```

❶ 内存占用最多的进程

现在改成了 %MEM 这一列逆序排列了，可以看到浏览器也是内存消耗大户，9.6% 的比例基本合理。如果要改回按 CPU 占用排序，按 Shift-p 快捷键。

确定了资源占用异常进程后，最后一步是结束该进程。在 top 交互界面中输入 k，在随后出现的提示信息后输入要处理进程的 PID，如代码清单 8-23 所示。

代码清单 8-23 在 top 交互界面中用 k 命令终止进程

```
top - 11:56:41 up 35 days,  4:29,  3 users,  load average: 1.10, 1.04, 1.05
Tasks: 342 total,   1 running, 275 sleeping,   0 stopped,   1 zombie
%Cpu(s): 16.2 us,  4.1 sy,  0.0 ni, 78.1 id,  1.6 wa,  0.0 hi,  0.0 si,  0.0 st
KiB Mem :  8056704 total,   591656 free,  5789092 used,  1675956 buff/cache
KiB Swap:  8388604 total,  7190084 free,  1198520 used.  1541460 avail Mem
PID to signal/kill [default pid = 8507]    ❶
 PID USER      PR  NI    VIRT    RES    SHR S  %CPU %MEM     TIME+ COMMAND
8507 leo       20   0 3035988 224928 134444 S  23.9  2.8  57:25.94 Web Content
7495 leo       20   0 1424824 198924 157504 S  14.7  2.5 161:08.52 chromium-browse
...
```

❶ 在这里输入要终止的 PID

如果是默认值，不需要再输入 PID，直接按回车键选择要发送的信号，如代码清单 8-24 所示。

代码清单 8-24 选择终止进程时要发送的信号

```
top - 11:58:10 up 35 days,  4:30,  3 users,  load average: 1.70, 1.24, 1.12
Tasks: 345 total,   2 running, 276 sleeping,   0 stopped,   1 zombie
%Cpu(s): 18.1 us,  5.1 sy,  0.0 ni, 74.6 id,  2.2 wa,  0.0 hi,  0.0 si,  0.0 st
KiB Mem :  8056704 total,   529600 free,  5821864 used,  1705240 buff/cache
KiB Swap:  8388604 total,  7190340 free,  1198264 used.  1486744 avail Mem
Send pid 8507 signal [15/sigterm]    ❶
 PID USER      PR  NI    VIRT    RES    SHR S  %CPU %MEM     TIME+ COMMAND
8507 leo       20   0 3035988 224288 134444 S  22.9  2.8  57:45.79 Web Content
7495 leo       20   0 1424824 198924 157504 S  14.3  2.5 161:21.03 chromium-browse
...
```

❶ 选择要发送的信号

一般来说使用默认值，直接按回车键，效果和前面介绍的 `kill <PID>` 一样。

处理完进程后，输入 `q`（quit 的简写）退出 top 交互界面。

前面介绍 CPU 平均负载时提到，负载越高，系统越容易卡顿，但高到多少就会出现卡顿呢？前面没有讲，是由于在 `top` 命令出现后的很长一段时间里，CPU 都是单核的。负载的值也很直观：以 1 为界，小于 1 表示 CPU 还有剩余资源，等于 1 表示满负荷，大于 1 则说明过载了，部分程序开始等待 CPU 分配计算资源，表现出来的现象是对用户的输入响应变慢了。而到了多核时代，满载值不再是 1，而是 CPU 的核数，该值可以通过 `nproc` 命令得到，如代码清单 8-25 所示。

代码清单 8-25 查询 CPU 核数

```
> nproc
4
```

这表示写作本书的笔记本电脑的 CPU 有 4 个核，所以只要 `top` 命令中的 `load average` 小于 4 就表明没有满载。

虽然这样对系统的整体负载有了评估标准，但我们得记住电脑 CPU 的核数。如果已经进入了 top 交互界面，怎样用前面介绍的方法，在不退出交互界面的情况下查询核数呢？动手尝试一下吧。

除此之外，如果我们想知道 CPU 每个核的负载是多少，top 命令就无能为力了。为了解决这些问题，人们开发了 htop 命令。首先执行 htop 进入交互界面，如代码清单 8-26 所示。

代码清单 8-26 htop 命令示例

```
1  [                          0.0%]   Tasks: 191, 703 thr; 1 running
2  [||||||||||||||||||||||||100.0%]   Load average: 0.85 0.76 0.64
3  [                          0.0%]   Uptime: 34 days, 07:39:12       ❷
4  [||||||||||               33.3%]
Mem[|||||||||||||||||||4.90G/7.68G]
Swp[||||               946M/8.00G]   ❶

  PID USER      PRI  NI  VIRT   RES   SHR S CPU% MEM%   TIME+  Command     ❸
25757 achao      20   0 35568  4936  3756 R 120.  0.1  0:00.07 htop
    1 root       20   0  220M  5152  2488 S  0.0  0.1  0:33.34 /sbin/init splash
  344 achao      20   0 63788  2056  1516 S  0.0  0.0  0:00.90 zsh
  ...
F1Help F2Setup F3Search F4Filter F5Tree F6SortBy F7Nice- F8Nice+ F9Kill F10Quit
```

❶ CPU、内存和 swap 分区的使用进度条

❷ 进程汇总、负载和持续运行时间

❸ 进程详细信息列表

与 top 相比，htop 增加了实时显示的进度条，可以非常清楚地展示 CPU 和内存的情况。并且 htop 用不同颜色标记界面上的不同元素，更加一目了然。

屏幕底部的菜单列出了主要功能选项，例如 F1 进入帮助页面可以查询各种快捷键，F2 调整界面显示内容和方式，F6 用来实现 top 里按 CPU 或者内存排序的功能，F9 终止进程（top 的 k 命令这里同样有效），F10 退出交互界面（top 的 q 命令这里同样有效）。

在 htop 交互界面中使用 F9 或者 k 命令后界面显示如代码清单 8-27 所示。

代码清单 8-27 htop 的进程终止信号菜单

```
1  [|||||||                            14.6%]   Tasks: 201, 781 thr; 1 running
2  [||||||                             12.1%]   Load average: 0.90 0.96 1.04
3  [||||||                             11.8%]   Uptime: 35 days, 04:41:08
4  [|||||||                            13.1%]
Mem[||||||||||||||||||||||||||||||||5.96G/7.68G]
Swp[||||||                       1.14G/8.00G]

Send signal:    PID USER      PRI  NI  VIRT   RES   SHR S CPU% MEM%   TIME+  Command     ❶
 0 Cancel      7495 leo        20   0 1391M  194M  153M S 16.6  2.5  2h42:57 /usr/lib/chromium-browser/
```

```
  1 SIGHUP      30408 root       20   0 1358M 19292  3464 S 10.6  0.2 16h39:39 /usr/lib/snapd/snapd
  2 SIGINT       7455 leo        20   0 3736M 1434M 67256 S 10.0 18.2  2h29:59 /usr/lib/chromium-browser/
  3 SIGQUIT      7513 leo        20   0 1391M  194M  153M S  6.0  2.5 52:56.59 /usr/lib/chromium-browser/
  4 SIGILL       6214 root       20   0  490M 75740 54176 S  3.3  0.9 52:36.00 /usr/lib/xorg/Xorg -core :
  5 SIGTRAP      7973 leo        20   0 4463M  503M  100M S  2.7  6.4  2h26:05 /usr/lib/firefox/firefox
  6 SIGABRT     30436 root       20   0 1358M 19292  3464 S  2.7  0.2  1h14:36 /usr/lib/snapd/snapd
  6 SIGIOT       7571 leo        20   0 5497M  110M 25128 S  2.7  1.4 20:57.33 /usr/lib/chromium-browser/
  7 SIGBUS      30754 root       20   0 1358M 19292  3464 S  2.0  0.2 52:00.66 /usr/lib/snapd/snapd
  8 SIGFPE       7478 leo        20   0 3736M 1434M 67256 S  2.0 18.2 35:27.91 /usr/lib/chromium-browser/
  9 SIGKILL     17320 leo        20   0 36000  5228  3600 R  2.0  0.1  0:00.45 htop
 10 SIGUSR1      8032 leo        20   0 2845M  217M 52124 S  2.0  2.8 25:45.05 /usr/lib/firefox/firefox -
 11 SIGSEGV     30802 root       20   0 1358M 19292  3464 S  2.0  0.2  1h09:30 /usr/lib/snapd/snapd
 12 SIGUSR2      7511 leo        20   0 1391M  194M  153M S  1.3  2.5 15:07.44 /usr/lib/chromium-browser/
 13 SIGPIPE     30459 root       20   0 1358M 19292  3464 S  1.3  0.2 57:05.39 /usr/lib/snapd/snapd
 14 SIGALRM     30417 root       20   0 1358M 19292  3464 S  1.3  0.2 57:59.09 /usr/lib/snapd/snapd
 15 SIGTERM     30418 root       20   0 1358M 19292  3464 S  1.3  0.2  1h14:56 /usr/lib/snapd/snapd
 16 SIGSTKFLT     826 leo        20   0 2794M  276M 66116 S  0.7  3.5 28:30.15 /usr/lib/firefox/firefox -
 17 SIGCHLD      8173 leo        20   0 3243M  592M 25560 S  0.7  7.5 33:38.10 /usr/lib/firefox/firefox -
 18 SIGCONT      7497 leo        20   0 1025M 34136 13988 S  0.7  0.4 19:52.89 /usr/lib/chromium-browser/
...
```

❶ 左侧出现信号选择菜单

界面左侧出现 `Send signal` 信号选择菜单，默认高亮位置在 `15 SIGTERM` 处（与代码清单 8-24 中信号的默认值一样）。这时可以使用向上 / 向下键移动光标选择不同的信号。需要说明的是，`9 SIGKILL` 这个信号要求进程立即终止，而收到默认值 `SIGTERM` 的进程则可以做一些释放资源之类的清理工作之后再终止。不难看出，`SIGTERM` 是更好的进程终止方式，但对于那些收到 `SIGTERM` 仍拒不退出的进程，只好移动到 `SIGKILL` 上按回车键，强制执行。该操作与在命令行中执行 `kill -9 <PID>` 效果一样。

上面介绍的各种管理方法有个前提：至少能够打开命令行应用，进入 shell。如果桌面已经不再响应用户输入，无法打开命令行应用的话，是不是就只有强制关机然后重启这一条路了呢？大多数以图形桌面为中心的系统确实如此。但 Linux 内核与图形桌面松耦合的架构为我们提供了一种夺回控制权的终极方法：进入字符终端。Linux 系统启动后提供了 7 个彼此独立的**虚拟终端**（virtual terminal 或者 virtual console），其中前 6 个是字符终端，第 7 个是图形终端，即系统启动后图形登录界面所在的终端。Linux Mint 用 Ctrl-Alt-F1 快捷键切换到第 1 个终端，用 Ctrl-Alt-F2 快捷键切换到第 2 个终端，以此类推，按 Ctrl-Alt-F7 快捷键进入图形终端。

当图形桌面不响应用户输入时，可以尝试用 Ctrl-Alt-F1 快捷键切换到第 1 个字符终端，输入用户名和登录密码，再用上述方法找到问题进程并结束它，然后用 Ctrl-Alt-F7 快捷键返回图形桌面，就可以正常使用了。

如果发现按 Ctrl-Alt-F1 快捷键和 Ctrl-Alt-F7 快捷键不能切换终端，可能有下面两种原因：

- 笔记本电脑键盘对功能键做了修改，比如为了方便多媒体播放，有些笔记本电脑键盘需要按住 Fn 键再按 F1 键才相当于普通键盘上 F1 键的功能；
- 发行版采用其他快捷键切换终端，比如有些发行版使用 Alt-F1 作为切换到第 1 个终端的快捷键。

可以在系统正常运行时确认好终端切换快捷键，以备不时之需。

8.2　工作空间组织

通过 8.1 节的练习，你已经可以灵活地调度演员了。不过作为一名年轻有为的导演，你对自己提出了更高的要求：指导多个剧组工作，每个剧组可能有多个片场，每个片场又可能有多台摄像机同时工作。本节我们来看如何通过合理的组织和强大的工具，有序地管理多项并行工作——不论头绪多么繁杂，都能高效地解决问题，完成工作。

8.2.1　TWP 模型

4.3.5 节谈到了一个维护 Python 和 R 两个数据分析项目的场景，目录结构如代码清单 8-28 所示。

代码清单 8-28　包含两个数据分析项目的目录结构

```
> tree Documents
Documents
├── R-workspace
│   └── tidyverse-environment
│       └── hot-project
└── python-workspace
    └── data-science
        └── cool-project
```

虽然目录模糊匹配工具能够帮助我们解决跳转问题，但另一个问题仍然没有解决。对仍没有解决的问题的描述可以想象如下场景。

我们在 hot-project 项目下开启了一个代码编辑窗口、一个 R 交互会话窗口、一个 API 文档检索窗口。在 R 项目的工作完成之前，需要修复 python-workspace 里 cool-project 中的一个问题。由于 hot-project 使用的 3 个窗口中分别保存了重要的上下文信息，所以不能关闭这些窗口，于是我们又为 cool-project 开启了 3 个窗口：一个代码编辑窗口、一个 IPython 交互会话（Python 的 REPL）窗口，以及一个辅助工作窗口（在里面进行安装依赖包、分析已经完成的代码、更新分析报告等工作）。随着工作的进行，系统响应速度越来越慢，于是我们为上述两个项目分别打开一个日志监控窗口，观察日志中是否有异常情况的报告，最后开启一个窗口运行 `top` 命令收集各个应用资源消耗情况。

现在，9 个命令行窗口层层叠叠占满了你的计算机桌面。编写 Python 数据分析脚本时，如果想确认数据的特征，需要在这一大堆长相类似的窗口里翻找，好不容易找到了，可能又忘了要干什么。

为了解决工作内容庞杂导致的效率下降问题，人们想出了很多方法。其中比较常用的是 TWP 模型，即把所有会话窗口按**任务**（task）、**窗口**（window）和**面板**（pane）3 级架构组织起来。

其中最高一级任务代表一项工作、一个项目等，例如 R 数据分析项目 hot-project、Python 数据分析项目 cool-project、系统性能监控等。

第 2 级窗口表示一个任务中相对独立的一部分工作内容，比如 Python 数据分析项目中的辅助工作窗口、系统性能监控任务中的 top 交互会话等。

最下一级面板是窗口的一个部分，属于同一个窗口的各个面板之间不能互相遮盖，而是像马赛克一样共同拼接出一个窗口。比如在 R 数据分析项目中，代码编辑器和 R 交互会话一左一右将窗口分成两部分。

把上面的场景按 TWP 组织起来，就形成了如代码清单 8-29 所示的“任务树”。

代码清单 8-29　TWP 任务树示例

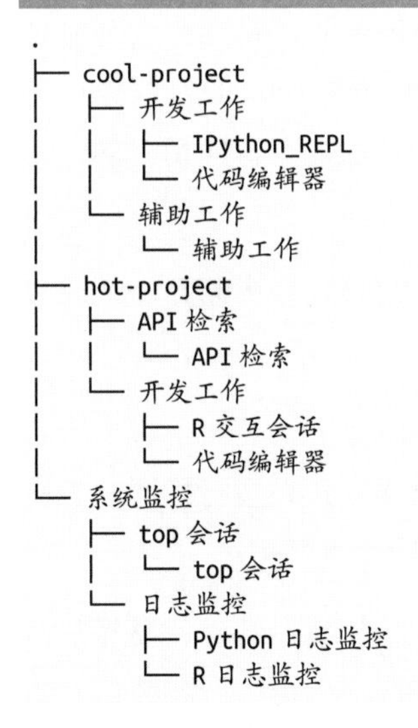

```
.
├── cool-project
│   ├── 开发工作
│   │   ├── IPython_REPL
│   │   └── 代码编辑器
│   └── 辅助工作
│       └── 辅助工作
├── hot-project
│   ├── API 检索
│   │   └── API 检索
│   └── 开发工作
│       ├── R 交互会话
│       └── 代码编辑器
└── 系统监控
    ├── top 会话
    │   └── top 会话
    └── 日志监控
        ├── Python 日志监控
        └── R 日志监控
```

有些窗口内容比较单一，只包含一个面板，这种情况下面板的名字和上一级窗口相同，例如 cool-project 的“辅助工作”窗口、hot-project 的“API 检索”窗口等。

任务树的结构没有标准答案，每个人有不同的理解，并且可能随着工作内容的变化不断调整。比如上面结构树的系统监控部分，既可以将 Python 和 R 日志监控作为两个面板放到日志监控窗口中，也可以将二者作为两个独立的窗口。

8.2.2 基于 tmux 组织工作空间

将多个命令行窗口按照 TWP 模型组织好后，需要通过工具将模型落地，毕竟单纯的概念模型并不能将散落在桌面上的命令行窗口组织起来。具体来说，应该提供以下功能：

- 方便地创建任务、窗口和面板；
- 合理地展示和隐藏任务、窗口和面板，使用户可以专注于当前任务，避免无关信息的打扰；
- 方便地调整任务树结构；
- 适用范围广，可以方便地移植到不同系统中；
- 按照个人习惯灵活地定制使用方法。

此类工具中使用比较广泛的是 tmux，它是老牌**终端复用器**（terminal multiplexer）GNU Screen 的现代改进版，提供了更强大的功能、更高的代码质量以及更宽松的 BSD **许可协议**（Berkeley Software Distribution license）。

tmux 的架构和 TWP 一致，不过最高一级的任务在 tmux 术语中叫作 session。tmux 采用 C/S（client/server，客户端 / 服务端）架构。当我们执行 tmux 命令创建新任务时，就会在后台启动了一个 tmux **服务**（server），在命令行窗口中看到的 tmux 则是它的**客户端**（client）。服务可以通过客户端和我们交互，接收我们的指令，就像任何一个前台运行的普通命令行应用一样，此时当前运行的任务处于**连接**（attached）状态。

当我们不再需要与 tmux 中的会话交互，而是让它们在后台运行时，可以将服务**断开**(detach)，类似于 8.1 节中把一个应用放入后台。

当需要重新与 tmux 中的会话交互时，可以再次**连接**（attach）到服务上，类似于将一个后台进程调到前台。如果把单个应用比作一台机器，tmux 就是一个包含多个正在运行机器的工作间。虽然不能用管理机器的方法来管理这个房间，但它们都可以在前后台间切换。

命令行应用通过运行命令来实现功能，tmux 也不例外。不过此类应用有些特殊，要经常做切换窗口、移动面板、连接 / 断开服务等动作。如果每个动作都要执行一个命令，需要在输入命令上花费很多时间，反而不能专注于工作本身。这个问题的解决方法是给常用命令指定快捷键，使一条命令变成一个或几个按键组合。这些快捷键最终会变成肌肉记忆固定下来，降低工具的使用成本。

作为内部运行命令行应用的容器，tmux 的快捷键配置颇有挑战性。命令行应用基本依赖键盘输入，有些还是快捷键消费大户（例如 Vim），因此如何避免与内部应用的快捷键冲突是必须解决的问题。在一个只用鼠标控制的图形应用中，可以简单地将每个字母或数字作为快捷键和某项功能连在一起。但在 tmux 环境中输入字母或者按键组合时，它到底是输入命令的一部分，还是该应用定义的快捷键，还是 tmux 的快捷键呢？

解决这个问题的方法是使用**前缀**（prefix）。所谓前缀，就是一个按键组合，tmux 的默认前缀是 Ctrl-b。一个标准的 tmux 快捷键由两部分组成：前缀和主体。以前面提到的服务断开为例，可以通过执行 `tmux detach` 完成，对应的快捷键是 prefix d，即先按 prefix 组合键，松开后再按 d 键。前缀告诉 tmux：后面跟着的输入是发给你的，而不是发给你内部的命令行应用的。而 d 键默认与 `detach` 命令绑定，所以 tmux 收到 d 后执行 `detach`，完成断开动作。当我们看到文档中提到 tmux 的快捷键是 prefix d 时，要在脑海里把它替换成 Ctrl-b d。

你可能会问，为什么不直接写成 Ctrl-b d 呢，这样不是更清楚吗？这是由于 tmux 高度的可定制性，可以方便地把 prefix 定义成你喜欢的其他组合键。当 prefix 为 Ctrl-b 的时候可以直接写成 Ctrl-b d，当 prefix 为其他的情况时（诸如 Shift-b），就不如写成 prefix b 准确了。

随着时间的流逝，tmux 默认的快捷键已经不适合大部分人的使用习惯了，所以使用 tmux 的第一步是修改默认配置，下面我们就从这里说起。

1. 安装和配置

tmux 应用得十分广泛，几乎包含在所有主流发行版的软件仓库里。在 Linux Mint 上，它的安装和配置方法如代码清单 8-30 所示。

代码清单 8-30 安装并下载 tmux 配置文件

```
> sudo apt install tmux    ❶
> wget https://gitee.com/charlize/tsg_source_code/raw/master/.tmux.conf -O ~/.tmux.conf  ❷
```

❶ macOS 用户把 `apt` 换成 `brew`，Fedora 用户换成 `dnf`

❷ 下载配置文件

应该安装哪个版本？

大多数开源软件会提供两个版本：**最新发布版**（latest release 或者 current stable）和**预发布版**（pre-release）。比如 tmux 的发布页面显示（本书写作时）tmux 的最新发布版本是 3.1b，预发布版本是 3.2-rc2。

最新发布版经过了严格的代码评审和测试，功能比较稳定，但由于质量保证工作需要时间，所以最新功能往往不会包含在这个版本里发布。预发布版则包含最新功能，但没有经过严格检验。如果你对稳定性的要求比较高，并不急于使用新功能，选择最新发布版；反之，如果愿意承担一定的风险想先睹为快，那就选择预发布版。

Linux 发行版对收录软件的新版本更加谨慎，除了软件本身的质量，还要考虑不同软件包之间的版本兼容问题，所以用包管理器安装的版本往往比官方的最新发行版要旧一些，比如用 apt 安装的 tmux 是 2.6 版本。

作为新手用户，建议先用发行版的包管理器安装软件。当发现需要新版本中的功能时，可以再用 asdf 等工具安装需要的版本。

tmux 所有的功能都可以通过执行命令来实现，比如修改外观、定义快捷键等。通过精心选择这些命令的参数，就可以把 tmux 调整到最符合个人口味的状态。但是每次使用前都执行一遍这些命令未免太麻烦了，于是人们把需要执行的命令写在一个约定好的文件里。应用启动时，发现这个文件存在，就自动执行一遍。这样的文件叫作配置文件。按照 Unix 命名习惯，配置文件是 HOME 目录下的一个隐藏文件（所以有时候人们叫它们 dot files），文件名是应用名后面加上 rc 或者 .conf。比如 Zsh 的配置文件 ~/.zshrc、Vim 的配置文件 ~/.vimrc，等等。tmux 的默认配置文件是 ~/.tmux.conf，正是上面代码第 2 步下载后保存的文件名（通过 `wget` 命令的 `-O` 选项指定）。它主要定义了以下几方面内容。

- prefix：删掉了默认的 Ctrl-b，改成了 Alt-q。
- 快捷键：包括创建新窗口和面板、在不同窗口 / 面板间跳转、重命名窗口、打开 tmux 控制台等。
- 复制模式（copy mode）：类似于 vi 的 normal 模式，在该模式下可以进行浏览命令历史、搜索、选择和复制文本等操作。
- 整体样式和颜色：设置终端颜色模式、默认窗口名称、快捷键风格、窗口 / 面板初始下标等。
- 状态栏内容和样式：包括状态栏左 / 中 / 右侧各显示哪些内容，各自的前景 / 背景颜色、刷新频率等。

为什么不用默认的 Ctrl-b 呢？

前面说到 tmux 是 Screen 的改进版，Screen 的默认前缀是 Ctrl-a，受此影响 tmux 把前缀默认值定义为 Ctrl-b。

可能你仍然感到疑惑，Ctrl-a 也不比 Ctrl-b 方便多少嘛！关键不在于 a 还是 b，而是 Ctrl 键离键盘中心太远了。

确实如此。原来在现代 PC 键盘出现前的终端键盘上，Ctrl 键并不在现在的位置上，而是在字母 A 的左侧，即现代键盘 Caps Lock 键所在位置。对于使用这种键盘的程序员来说，Ctrl 和其他字母的组合键非常方便按；但对于使用现代键盘的我们，就完全不是这样了。

不过话又说回来，虽然这里我们用 Alt-q 替换了 Ctrl-b，但并不是所有使用 Ctrl 的快捷键都可以修改。另外，对于 Vim 真爱粉，重要按键 ESC 也很“偏远”，这促使我们想方设法对这种不友好的键位布局重新进行设计。具体方法见附录 A.2 节。

这里所说的“跳转”，是指将代表当前活动窗口 / 面板的光标移动到新的窗口 / 面板上，从而达到改变当前活动窗口 / 面板的目的。上述快捷键定义遵循下面两个原则。

- 简单方便：去掉按起来比较麻烦的快捷键，换成简单的按键，比如把 Ctrl-b 换成 Alt-q。
- 符合 vi 习惯：vi 风格快捷键是命令行世界里的通用语言。

下面我们边操作边看配置文件，理解各种定义的实现方法。

2. 管理任务、窗口和面板

安装 tmux 并准备好配置文件后，先创建一个监控任务，如代码清单 8-31 所示。

代码清单 8-31　创建一个新 tmux 任务

```
> tmux new -s monitor
```

这是我们接触的第一个 tmux 命令，它的一般格式是：

```
tmux <command> [<option1> <option1-value> <option2> <option2-vaule> ...]
```

这里 `new` 是命令名称，它是 `new-session` 的简写，表示创建一个新任务（tmux 术语是 session）。`-s monitor` 是第 1 组参数定义，其中 `-s` 表示后面的值用来设置 session 的名称，`monitor` 是我们自定义的任务名称，也可以换成其他任何方便理解的名字。命令后面的参数数量不固定，有些命令不带参数定义，有些带一对以上的参数定义。

执行上面的命令后，屏幕被清空，出现如代码清单 8-32 所示的内容。

代码清单 8-32 进入 monitor 任务

```
achao@starship ~ 2020/7/29  7:55AM Ret: 0
>




session: monitor 1 1                 1:zsh*                07:55 2020-07-29  ❶
```

❶ tmux 状态栏

屏幕顶部是我们熟悉的命令行，底部多了一个状态栏，它由以下 3 部分组成。

- 左侧：任务名 monitor、当前窗口和面板编号，这里都是 1（而不是 0）。
- 中间：窗口列表编号 1 和名称 zsh，后面的星号表示它是当前窗口。
- 右侧：显示当前时间和日期，中间用空格分隔。

下面我们执行 `less ~/.tmux.conf` 命令，查看 tmux 配置文件。然后按下快捷键 Alt-n，效果如代码清单 8-33 所示。（PC 键盘上的 Alt 键默认对应 macOS 的 Option 键，默认情况下与很多其他按键的组合被系统占用作为输入 Unicode 字符的快捷键，无法被 tmux 接收，需要在系统设置中将 Meta 映射到其他按键上）。

代码清单 8-33 创建新窗口

```
achao@starship ~ 2020/7/29  8:04AM Ret: 0
>




session: monitor 2 1                 1:less- 2:zsh*        08:06 2020-07-29
```

屏幕顶部出现了新的命令行提示符。底部状态栏中，左侧变成了 `monitor 2 1`，表明我们目前处于 monitor 任务的第 2 个窗口中第 1 个面板。同时中间的窗口列表变成了 `1:less- 2:zsh*`，1 号窗口名称从 zsh 变成了 top，表明目前正在运行 less 命令，后面的 - 表示 1 号窗口是前一个当前窗口[①]。2 号窗口名称后面的星号与左侧的当前窗口编号一致，表明它是当前窗口。下面我们在当前窗口中执行 `vmstat 3 5` 命令，每隔 3 秒打印一次系统虚拟内存使用情况，共打印 5 次（macOS 用户可以用 `vm_stat 3` 命令代替，但需要使用 Ctrl-c 快捷键手动停止运行），然后按下快捷键 Alt-/。效果如代码清单 8-34 所示。

① 关于窗口名称标志的详细说明，请参考 tmux 用户手册的 STATUS LINE 一节。

代码清单 8-34 在当前窗口中新建面板

```
achao@starship ~ 2020/7/29  8:44AM Ret: 0   | achao@starship ~ 2020/7/29  8:44AM Ret: 0
> vmstat 3 5                                 | >
procs -----------memory---------- ---swap    |
 r  b   swpd   free   buff  cache   si       |
 0  0      0 7892208      0 113616    4      |
 3  0      0 7892420      0 113616    0      |
 5  0      0 7892420      0 113616    0      |
 1  0      0 7892376      0 113616    0      |
                                             |
                                             |
                                             |
session: monitor 2 2           1:less- 2:vmstat*          08:44 2020-07-29
```

现在屏幕被分成了左右两半，表示两个面板，中间用竖线隔开。状态栏左侧变成了 `monitor 2 2`，表示我们处于 monitor 任务的 2 号窗口的 2 号面板中，在这里执行一下 `top` 命令。

创建新面板时，1 号窗口中的 `less` 命令和 2 号窗口左侧面板中的 `vmstat` 命令仍然在前台运行，不需要先放入后台再启动其他命令，这就是终端复用工具的核心用途之一：在一个命令行会话内部同时运行多个应用。

我们已经创建了 1 个任务、2 个窗口和 3 个面板，并在其中同时运行了 `less`、`vmstat` 和 `top` 命令。要跳转到其他窗口，只要按住 Alt 键然后输入窗口编号即可，比如跳转到 1 号窗口是 Alt-1，从 1 号窗口跳转回 2 号窗口是 Alt-2。还可以用 Alt-n 快捷键多创建几个窗口，然后用 Alt-3 快捷键跳转到 3 号窗口，等等。2 号窗口里有两个面板，用 Alt-h 快捷键跳转到左侧面板，Alt-l 快捷键跳转到右侧面板。还可以用 Alt-- 快捷键（按住 Alt 键然后输入 0 右边的 - 符号）进一步对面板做上下分割，然后用 Alt-j 快捷键和 Alt-k 快捷键分别跳转到下边和上边的面板。

一口气说了这么多，可能你在考虑怎么才能记住这么多快捷键，不用担心，因为它们都是我们自定义的。下面我们用 Alt-1 快捷键跳转到 1 号窗口看看配置文件是如何定义的（可以用搜索技术在文件里快速定位到下面的代码片段，如果忘了怎么操作，请参考 5.2 节），如代码清单 8-35 所示。

代码清单 8-35 tmux 配置文件中有关跳转的快捷键定义

```
# quick window switching
bind -n M-1 select-window -t 1
bind -n M-2 select-window -t 2
bind -n M-3 select-window -t 3
bind -n M-4 select-window -t 4
bind -n M-5 select-window -t 5
bind -n M-6 select-window -t 6
bind -n M-7 select-window -t 7
bind -n M-8 select-window -t 8
bind -n M-9 select-window -t 9
```

```
# quick pane switching
bind -n M-k select-pane -U
bind -n M-j select-pane -D
bind -n M-h select-pane -L
bind -n M-l select-pane -R
```

前面说过 tmux 的配置文件是由一条一条命令组成的，在代码清单 8-35 里，以 `#` 开头的是注释，其他每一行都是一条快捷键定义命令。以第 1 句 `bind -n M-1 select-window -t 1` 为例：

(1) `bind` 是 bind-key 的缩写，是用来绑定快捷键的命令；

(2) `-n` 表示这个快捷键不使用前缀；

(3) `M-1` 中的 `M` 是 Meta 的意思，在 PC 键盘上对应 Alt 键，所以 `M-1` 在 PC 键盘上就是 Alt-1；

(4) `select-window -t 1` 是一条 tmux 命令，执行后跳转到 1 号窗口。

所以执行这条命令的效果是将跳转到 1 号窗口的命令绑定到快捷键 Alt-1 上。这就是为什么按下快捷键 Alt-1 后我们会跳转到 1 号窗口，如果在 2 号窗口里执行 `tmux select-window -t 1`，和 Alt-1 的效果完全一样。

同理，tmux 命令 `select-pane -U` 的 `-U` 参数是 upper 的简写，所以命令的效果是选择当前面板上方的面板作为新的当前活动面板。上面的配置里，`bind -n M-k select-pane -U` 把这个命令和快捷键 M-k 连在一起，实现通过快捷键 Alt-k 向上跳转的功能。

现在我们暂时离开一下监控任务，开始一个新的数据分析任务。首先用 Alt-q d **断开**（detach）与当前任务的连接，这时监控任务中正在运行的 3 个进程仍然是一个整体，包裹在 tmux 的 session 里在后台运行。断开后我们回到了刚才执行 `tmux new -s monitor` 的会话中，执行 `tmux new -s dataAnalysis`，屏幕再次被清空，但底部状态栏左侧不再是 `session: monitor 1 1`，变成了 `session: dataAnalysis 1 1`，表明我们在 `dataAnalysis` 任务中。

接下来首先进入 Python 数据分析项目 cool-project 目录，然后启动 Vim 编辑一个 Python 脚本，并在右侧创建新面板，作为数据分析交互环境，如代码清单 8-36 所示。

代码清单 8-36 创建包含脚本编写和交互会话的数据分析环境

```
                                         |achao@starship ~ 2020/7/30  3:00AM Ret: 0
~                                        |> z cool
~                                        |achao@starship ~/Documents/python-workspace/data-
                                           science/cool-project ...
~                                        |> python
~                                        |Python 3.8.1 (default, Apr  9 2020, 23:16:43)
~                                        |[GCC 7.5.0] on linux
~                                        |Type "help", "copyright", "credits" or "license" ...
~                                        |>>>    ❶
```

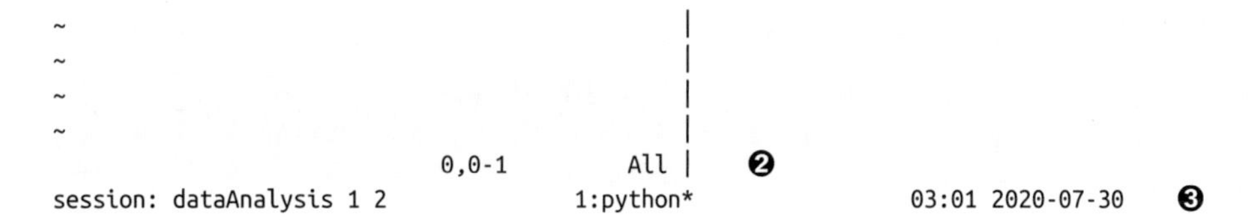

❶ Python 交互环境

❷ Vim 状态栏

❸ tmux 状态栏

左侧是 Vim 启动后的编辑界面（下面的状态栏显示了它的存在），右侧是 Python 交互环境标志性的 >>> 提示符。

下面我们从 `dataAnalysis` 任务断开，通过 tmux 命令查看一下整棵任务树，如代码清单 8-37 所示。

代码清单 8-37　列出所有已创建的任务、窗口和面板

```
> tmux list-sessions        ❶
dataAnalysis: 1 windows (created Thu Jul 30 02:52:03 2020) [211x56]
monitor: 2 windows (created Wed Jul 29 07:55:19 2020) [211x56]

> tmux list-windows -a      ❷
dataAnalysis:1: python* (2 panes) [211x56]
monitor:1: less- (1 panes) [211x56]
monitor:2: top* (2 panes) [211x56]

> tmux list-panes -a        ❸
dataAnalysis:1.1: [105x56] [history 51/2000, 24132 bytes] %8
dataAnalysis:1.2: [105x56] [history 1/2000, 557 bytes] %9 (active)
monitor:1.1: [211x56] [history 75/2000, 27930 bytes] %0 (active)
monitor:2.1: [106x56] [history 19/2000, 6213 bytes] %1
monitor:2.2: [104x56] [history 284/2000, 83540 bytes] %7 (active)
```

❶ 列出所有任务

❷ 列出所有任务中的窗口

❸ 列出所有窗口中的面板

这 3 个命令提供了不同粒度的任务树情况。要回到 `dataAnalysis` 任务，只要执行 `tmux attach -t dataAnalysis` 即可。

如果要切换到监控任务，当然可以先从当前任务断开，再 attach 到目标任务上。不过这样未免有些麻烦，tmux 提供了在当前 session 内直接跳转的方法。

- prefix s：跳转到其他 session。

- prefix w：跳转到其他 session 里的其他窗口。

前者适合只想切换任务，并回到上次断开时的活动窗口，执行后出现如代码清单 8-38 所示的选单。

代码清单 8-38 切换 session 选单

```
(0)  + dataAnalysis: 1 windows (attached)
(1)  + monitor: 2 windows
```

用 j/k 键上下移动光标，选好后按回车键就跳转到了对应的 session 里。

后者适合明确知道要去其他任务的哪个窗口，执行后出现如代码清单 8-39 所示选单。

代码清单 8-39 切换 window 选单

```
(0)  - dataAnalysis: 1 windows (attached)
(1)  └─> + 1: python* (2 panes)
(2)  - monitor: 2 windows
(3)  ├─>   1: less- (1 panes) "starship"
(4)  └─> + 2: top* (2 panes)
```

跳转方法与上面相同。

一项任务完成后，只要关闭其中所有窗口、面板中运行的命令行会话，整个 session 就会被关闭。当一个 tmux 服务里的所有 session 都关闭后，服务本身就关闭了，不需要用户手动管理。

3. 帮助系统

上面介绍了 tmux 的使用和配置方法，其中一部分定义在配置文件中，另一部分则没有出现在配置文件中，比如与服务断开、跳转到其他任务等，那么这些命令和快捷键就只能死记硬背了吗？不需要，因为 tmux 有一套友好且细致的帮助系统。

在命令行应用中，打印列表是个非常有用的工具，至于具体打印什么，要看这个应用提供了哪些功能。初识一款命令行应用（假设叫 myapp），常见的方法是先执行 `myapp --help` 或者 `myapp help` 查看它的命令列表，在里面找 `list` 或者 `ls` 有关的命令执行一下，如果该应用提供参数补全，那就更方便了。tmux 就属于这种比较友好的命令行应用。下面我们在 tmux 任务环境里新建一个窗口，输入 `tmux list` 然后按两次 Tab 键可以看到如代码清单 8-40 所示的命令列表。

代码清单 8-40 tmux 与 `list` 相关的命令

```
> tmux list-
list-buffers    -- list paste buffers of a session
list-clients    -- list clients attached to server
list-commands   -- list supported sub-commands
list-keys       -- list all key-bindings
```

```
list-panes     -- list panes of a window
list-sessions  -- list sessions managed by server
list-windows   -- list windows of a session
```

注意其中的 `list-keys` 命令，输入完整然后执行一下，如代码清单 8-41 所示。

代码清单 8-41　tmux list-keys 的命令输出

```
> tmux list-keys | less
bind-key    -T copy-mode    C-Space          send-keys -X begin-selection
bind-key    -T copy-mode    C-a              send-keys -X start-of-line
bind-key    -T copy-mode    C-b              send-keys -X cursor-left
bind-key    -T copy-mode    C-c              send-keys -X cancel
bind-key    -T copy-mode    C-e              send-keys -X end-of-line
...
```

比如输入 `/detach` 可以找到如代码清单 8-42 所示内容。

代码清单 8-42　关于断开连接和跳转的命令

```
...
bind-key    -T prefix       d                detach-client
...
```

说得很清楚了，prefix d 关联 `detach-client` 命令，跳转到前面创建的 `less ~/.tmux.conf` 窗口，搜索 prefix 可以找到如代码清单 8-43 所示的 prefix 的定义。

代码清单 8-43　配置文件中关于 prefix 的定义

```
...
set -g prefix M-q
...
unbind C-b
...
```

将 prefix 设置为 Alt-q，并通过 `unbind` 命令删除默认的 Ctrl-b。

上面讲了通过命令查找对应的快捷键，能不能通过快捷键查绑定命令呢？当然可以，回到 `tmux list-keys | less` 窗口，搜索 `␣s␣`（s 前后各有一个空格）以及 `␣w␣`，看如代码清单 8-44 所示的说明。

代码清单 8-44　根据快捷键搜索命令

```
...
bind-key    -T prefix       s                choose-tree -s
...
bind-key    -T prefix       w                choose-tree -w
...
```

原来 `prefix s` 和 `prefix w` 分别关联 `choose-tree -s` 和 `choose-tree -w` 命令，这两个命令

又是什么意思呢？再打开一个窗口，输入 man tmux 并搜索 choose-tree，看到如代码清单 8-45 所示的说明。

代码清单 8-45 tmux 用户手册中对 choose-tree 的说明

```
choose-tree [-Nsw] [-F format] [-f filter] [-O sort-order] [-t target-pane] [template]
        Put a pane into tree mode, where a session, window or pane may be chosen interactively from a list.
        -s starts with sessions collapsed and -w with windows collapsed.  The following keys may be
        used in tree mode:
        ...
```

当然，搜索 ␣s␣ 是一种比较偷懒的方法，严格来说，应该搜索 prefix\s+s，即 prefix 后面跟着几个空格然后是 s。

好了，现在查查下面这些快捷键和命令的作用，然后实际操作验证一下：

- ❑ prefix z
- ❑ swap-pane
- ❑ break-pane
- ❑ prefix .
- ❑ prefix $
- ❑ prefix ,

4. 复制模式

第 7 章讲到模式编辑是 vi 的核心特色，tmux 也有模式，其中最常用的是**复制模式**（copy mode）。类似于 vi 的标准模式，复制模式主要用于浏览命令历史、搜索文本、选择和复制等操作。

Linux 系统中的 tmux 借助 xsel 或者 xclip 实现复制、粘贴操作，所以体验复制模式之前，请首先执行 sudo apt install xsel 或者 sudo apt install xclip。

好，下面进入正题，~/.tmux.conf 中复制模式的定义如代码清单 8-46 所示。

代码清单 8-46 配置文件中关于复制模式的定义

```
setw -g mode-keys vi         ❶

unbind [
unbind ]
bind -n M-c copy-mode        ❷

bind-key -T copy-mode-vi v send-keys -X begin-selection          ❸
bind-key -T copy-mode-vi y send-keys -X copy-selection-and-cancel ❹
bind-key -T copy-mode-vi r send-keys -X rectangle-toggle         ❺
bind p paste-buffer          ❻
```

❶ 设置复制模式采用 vi 风格快捷键

❷ 按 Alt-c 快捷键进入复制模式

❸ 按 v 键进入文本选择模式

❹ 按 y 键复制选中的文本

❺ 按 r 键切换列选择状态

❻ 使用 prefix p 粘贴文本

这里首先删掉了 tmux 默认的复制模式快捷键（毕竟 [、] 都不太好按），改成了相对好按也容易记忆的字母，比如 c 代表 copy mode，r 代表 rectangle，v 和 y 则与 Vim 的 visual 模式以及复制文本快捷键相同。

下面我们在 tmux 窗口里按 Alt-c 快捷键进入复制模式，如代码清单 8-47 所示。

代码清单 8-47　进入 tmux 复制模式

```
# Set the default terminal mode to 256color mode      [0/215]    ❶
set -g default-terminal "tmux-256color"

# disable mouse scroll
set-option -g mouse off

# fix the window name
set-option -g allow-rename off
...
```

❶ 复制模式标志

注意屏幕右上角的 `[0/215]` 标志，它表明目前处于复制模式，其中第 1 个数字表示当前光标位置，第 2 个数字表示命令历史的总长度，随具体情况下命令历史的长度而定，不一定是 215。现在你可以像使用 Vim 一样移动光标了。首先输入 `gg` 跳到历史顶端，这时右上角标记变成了 `[215/215]`，说明目前光标处于历史最顶端。此时常用的快捷操作如表 8-1 所示。

表 8-1　常用快捷操作

快捷操作	实现功能
J/K	向下 / 上滚动屏幕
Ctrl-b/Ctrl-f	向前 / 后翻页（也可以用 PgUp/PgDn）
j/k	向下 / 上移动光标
/	搜索文本
N/n	查找上 / 下一处匹配
v	进入文本选择模式
V	按行选择文本
y	复制选中的文本并退出复制模式

完整的快捷键列表，请查看 `tmux list-keys` 输出文本中以 `bind-key -T copy-mode-vi` 开头的行。

有了这些，再配合 prefix p 粘贴文本，即使在图 5-1 那样的“上古神器”上工作，也可以实现像图形化终端那样浏览命令输出，搜索和复制、粘贴文本了。

5. 定制 tmux

tmux 提供了丰富的设置选项，可以定制 tmux 的方方面面。这里选出比较常用的一些设置，分为全局属性和状态栏相关属性两部分分别介绍。

首先来看 tmux 全局属性设置，如代码清单 8-48 所示。

代码清单 8-48　tmux 全局属性设置

```
set -g default-terminal "tmux-256color"    ❶
set-option -g mouse off                    ❷
set -g prefix M-q                          ❸
setw -g mode-keys vi                       ❹
set -g base-index 1                        ❺
setw -g pane-base-index 1                  ❻
```

❶ 设置默认终端类型

❷ 关闭鼠标支持

❸ 设置 prefix 快捷键

❹ 使用 vi 风格快捷键

❺ 窗口标号从 1 开始

❻ 面板标号从 1 开始

tmux 的窗口和面板默认从 0 开始标记，不符合日常计数习惯，键位与后面的 1、2、3 等不相邻，不利于形成肌肉记忆，所以这里改为从 1 开始标记。

代码清单 8-49 是与状态栏相关的设置。

代码清单 8-49　tmux 状态栏相关设置

```
set -g status-interval 60          ❶

set -g status-left "#[fg=green]session: #S #[fg=yellow]#I #[fg=cyan]#P"    ❷
set -g status-left-length 40       ❸
set -g status-justify centre       ❹
set -g status-right "%R #[fg=black bg=white]%F"    ❺

set -g status-fg white             ❻
set -g status-bg black             ❼
```

```
setw -g monitor-activity on    ❽
set -g visual-activity off    ❾
set-window-option -g window-status-style fg=cyan,bg=default,dim    ❿
set-window-option -g window-status-current-style fg=white,bg=blue,bright    ⓫
set -g message-style fg=white,bg=black,bright    ⓬
```

❶ 设置状态栏信息刷新频率为每 60 秒刷新一次

❷ 设置左侧显示内容

❸ 设置左侧内容最大长度

❹ 设置中间内容居中显示

❺ 设置右侧显示内容以及前景 / 背景颜色

❻ 设置状态栏前景颜色

❼ 设置状态栏背景颜色

❽ 开启窗口内容变化监控

❾ 关闭窗口内容变化时的消息提示

❿ 降低非活动窗口标题对比度和亮度

⓫ 高亮显示当前窗口标题

⓬ 高亮显示状态栏消息

以上状态栏配置采用了简洁实用的风格，但实际上 tmux 的状态栏和 Zsh 提示符、Vim 状态栏一样，可以打造得极其炫酷。在搜索引擎里输入 tmux status bar，能找到很多颠覆你对命令行传统认知的配置脚本。分析把玩这些充满美感和创意的作品也是命令行爱好者的一大乐趣。

至此，我们的工作空间组织工具本身已经配置得比较好用了，美中不足的是每次启动和查看 tmux 都要敲一大串命令，可以用 4.6 节介绍的 shell alias 技术简化输入，比如笔者常用下面两个别名，如代码清单 8-50 所示。

代码清单 8-50　常用的 tmux 命令别名

```
> alias tn='tmux new -A -s'
> alias tl='tmux ls'
> alias ta='tmux attach -t'
```

现在你可以用 `tn mysession` 来创建新的 tmux 任务了。如果忘记了已经创建过哪些任务，用 `tl` 列出任务名称，然后用 `ta mysession` 回到上次离开时的状态。

如果连 `tl` 都懒得敲也不要紧，直接使用 `tn mysession` 即可。`tmux new` 的 `-A` 选项会帮你检查 `mysession` 是否存在，如果存在就连接（相当于 `attach` 命令），否则创建一个新任务。

tmux 目前处于活跃发展阶段，不断推陈出新满足开发者的各种需求。比如 tmux 服务很好解决了长时间运行一项任务，又不想放到后台的问题。但如果系统需要重启就比较麻烦了，要关闭所有 tmux 窗口，重启后再依次打开，为了让 tmux 服务能够跨越系统关闭这个界限，人们想出了很多方法，例如：

- tmux-plugins/tmux-resurrect
- tmuxinator/tmuxinator

另外，随着 tmux 功能越来越多，怎样合理组织代码，同时鼓励更多开发者参与进来呢？于是有人写了 tmux 的插件管理器 tpm……这样的创意还有很多，等着你去探索，并做出自己的贡献。

8.3 常用进程和服务管理命令一览

表 8-2 和表 8-3 分别列出了常用的进程管理命令和服务管理命令。

表 8-2 常用进程管理命令

命 令	实现功能
fg	将进程调入前台
bg	将进程调入后台
Ctrl-c	中断进程（向进程发送 SIGINT 信号）
Ctrl-z	暂停进程
&	让进程启动自动进入后台运行状态
kill	向进程发送信号
pgrep	按名称搜索进程
pkill、killall	按名称终止进程
jobs	打印作业状态
ps aux|grep <process-info>	打印某个进程的详细信息
pstree	打印进程树

表 8-3 常用服务管理命令

命 令	实现功能
disown	从作业列表中移除进程
nohup	进程启动后断开与当前 shell 的联系独立运行
systemctl start/stop/restart <service-name>	启动 / 停止 / 重启服务
systemctl enable/disable <service-name>	开启 / 关闭系统时自动运行服务

8.4 小结

本章我们将焦点从使用工具转向管理和组织，尤其是针对运行中应用的管理和组织。

在管理部分，我们首先介绍了 *nix 系统运行时管理的几个核心概念：进程、进程树、信号、前后台等，以及基于信号管理进程的各种工具和使用方法。

接下来我们认识了一种特殊类型的进程：服务，介绍了它的使用场景、如何与普通进程互相转化，以及如何借助 systemd 提供的工具管理服务。

第 1 部分的最后我们讨论了监控系统状态工具的使用方法，以及解决桌面环境卡顿甚至崩溃的方法。

第 2 部分的主题是如何组织工作环境：将手头的所有工作按任务（task）、窗口（window）和面板（pane）进行分解（对于简单任务，窗口下面往往不需要再分解为面板），也就是 TWP 模型。然后我们了解了如何基于终端复用应用 tmux 实现 TWP 模型，如何在 tmux 中管理任务、窗口和面板，以及它的帮助系统和定制方法。

TWP 模型不依赖于任何特定的系统或者工具，虽然 tmux 是目前 *nix 平台上最好的工作组织工具，但当技术的进步为我们提供了更好的工具后，依然可以方便地在新平台上实现 TWP 的原则。这是我们一贯坚持的从一般到特殊，但并不被特殊束缚的工作原则。

附录 A
盲打指南

A.1 键盘

许多人不习惯使用命令行的原因是没有养成正确使用键盘的习惯，使用键盘输入时非常慢，而鼠标、触摸板和触摸屏则没有什么使用门槛，久而久之形成了能不用就不用键盘的思维定式。

作为信息消费者，这样的选择无可厚非。但对于以收集、处理、创造信息为职业的数据分析师或者应用开发者，键盘仍然是目前效率最高的输入设备，用好它是成功职业生涯的基础之一，也是体验职业乐趣的关键所在。

提高键盘使用效率的关键在于盲打，即打字时眼睛只看屏幕，不看键盘，凭一套定位方法（F键、J键上的凸起）和肌肉记忆，以基本和思维同步的速度向计算机输入信息。

现在最流行的是 QWERTY 键盘，如图 A-1 所示。

图 A-1　QWERTY 键盘[①]

① 该图片由 OpenClipart-Vectors 在 Pixabay 上发布。

另外还有 Dvorak 等布局方式，但都不如 QWERTY 布局流行。

QWERTY 键盘上，字母键区第 2 行的“ASDFJKL;”这 8 个键叫作 home row keys，即左右手 8 个手指（不包括拇指）在键盘上的初始位置。每次按键如果需要移动手指，按键结束后返回初始位置，再进行下一次按键动作。每个按键分配给一个固定的手指，以形成固定的按键动作，如图 A-2 所示。

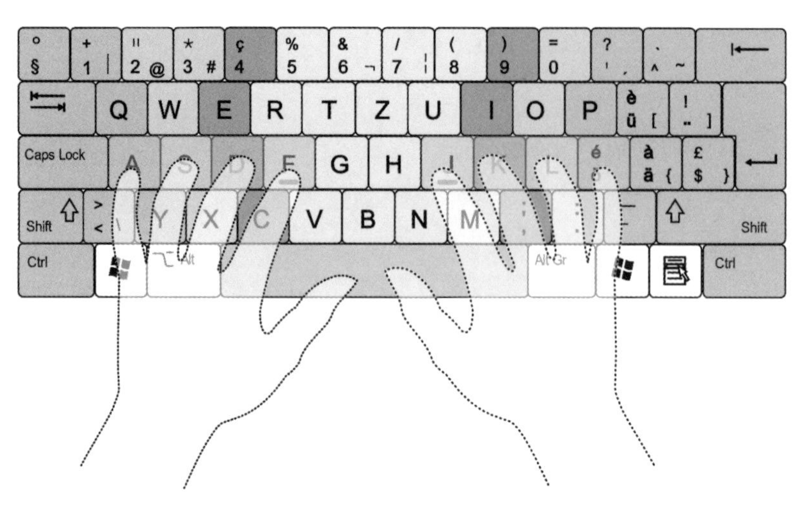

图 A-2 盲打时按键的手指分工①

了解了手指分工后，可以通过盲打练习应用进行专门训练，例如 GNU Typist，执行 `sudo apt install gtypist` 安装，然后执行 `gtypist` 启动。如果不想安装应用，也可以搜索 touch typing online（或者“在线盲打练习”）在网站上在线练习。当然，最重要的是在日常工作中坚持正确的打字方法，即使开始慢一点儿，也会很快形成肌肉记忆，越打越流畅。

A.2 调整键盘布局

由于键盘布局种类繁多，而人手有大有小，手指长短和灵活程度不同，因此，有时候有必要根据我们自己的需求调整键盘布局（钢琴演奏家表示完全不需要改键位）。不存在所有人在所有场景下都适用的修改方案，总的原则是：手腕和其他手指不动，只移动小指就能轻松按到 Ctrl 键和 ESC 键。

比如在 Linux 系统中使用 104 键键盘，最后一排键位从左到右依次为：Ctrl、Win、Alt、空格、Alt、Win、Menu、Ctrl。我们要将左侧的 Ctrl 键和 Win 键对调位置，右侧的 Ctrl 键和 Win

① Cy21, CC BY-SA 3.0, via Wikimedia Commons。

对调，这样蜷曲小指就能方便地按到左右 Ctrl 键，然后将 ESC 键和 Caps Lock 键对调，通过 setxkbmap 能够方便地实现上述要求：

```
echo "setxkbmap -option caps:swapescape -option ctrl:swap_lwin_lctl -option ctrl:swap_rwin_rctl" >>
~/.xsessionrc
```

再比如 Windows 10 笔记本电脑上，空格键变短，不需要对调 Ctrl 键和 Win 键，只需对调 ESC 键和 Caps Lock 键，这可以通过开源应用 AutoHotkey 实现。

安装 AutoHotkey 后，编写文件 hotkeys.ahk，内容为：

```
Capslock::ESC
ESC::Capslock
```

然后打开 Windows 的“启动”目录（快捷键 Win+R 打开“运行”对话框，输入 `shell:startup` 并按回车键），将 hotkeys.ahk 文件复制到“启动”目录下。

这样每次系统启动时会自动执行脚本 ~/.xsessionrc（Linux 系统）或者 hotkeys.ahk（Windows 系统），调整键位布局。

附录 B 推荐资源

B.1 常用生产力工具

下面列出了几款开源、跨平台的图形应用，与命令行环境配合，共同构建便捷高效的工作环境。

- 浏览器：Chromium、Firefox。
- 浏览器 vi 模式插件：surfingkeys。
- 剪贴板管理：copyq[①]，它可以将每一次复制都保存下来，后续可以方便地选择其中一项粘贴。
- 英语字典
  - 本地词典（不需要联网）：GoldenDict。
  - 在线词典（需要联网）：Saladict。
- 管理和阅读电子书：calibre。

B.2 阅读书目和网络资源

如果你希望更详细地了解 shell 以及 shell 编程，推荐阅读以下图书。

- 《Linux 命令行与 shell 脚本编程大全（第 3 版）》（Richard Blum，Christine Bresnahan）[②]
- 《shell 脚本实战（第 2 版）》（戴夫·泰勒，布兰登·佩里）[③]

---

① 使用 `sudo apt install copyq` 安装。

② 本书已由人民邮电出版社出版，详见 ituring.cn/book/1698。——编者注

③ 本书已由人民邮电出版社出版，详见 ituring.cn/book/2485。——编者注

如果你希望了解 *nix 系统、开源运动、软件工程的发展历史和思维脉络，推荐阅读以下资料。

- “Unix Way”
- 《Linux/Unix 设计思想》（Mike Gancarz）[①]
- 《大教堂与集市》（Eric Raymond）
- 《黑客与画家》（Paul Graham）[②]
- 《人月神话》（Fred Brooks）

如果你对命令行中的数据分析特别感兴趣，不妨阅读 Jeroen Janssens 的《命令行中的数据科学》[③]。

如果你对计算机、编程、信息处理的历史，以及作为人类所有科技发展基石的科学哲学发展史感兴趣，不妨阅读以下图书。

- 《计算机简史（第三版）》（马丁·坎贝尔–凯利，威廉·阿斯普雷，内森·恩斯门格，杰弗里·约斯特）[④]
- 《编码》（Charles Petzold）
- 《信息简史》（詹姆斯·格雷克）[⑤]
- 《世界观（原书第 3 版）》（Richard DeWitt）

最后，对冲基金公司桥水的创始人 Ray Dalio 将算法和数据分析技术引入投资领域，把经验总结成算法，再通过不断积累的事实和数据修正并完善算法，在管理风格上强调极度求真和极度透明，与开源运动的精神高度契合。他的《原则》一书是采用这种方式工作和生活的精彩总结，有很高的参考价值。

---

① 本书已由人民邮电出版社出版，详见 ituring.cn/book/800。——编者注
② 本书已由人民邮电出版社出版，详见 ituring.cn/book/39。——编者注
③ 本书已由人民邮电出版社出版，详见 ituring.cn/book/1539。——编者注
④ 本书已由人民邮电出版社出版，详见 ituring.cn/book/2829。——编者注
⑤ 本书已由人民邮电出版社出版，详见 ituring.cn/book/731。——编者注

后记：让我们一起创造历史

本书的写作始于 2019 年 11 月，当时本书的两位作者就职于一家数据分析公司，开发主要面向能源领域的数据分析和人工智能算法，工作充实，岁月静好。然而随之而来的 2020 年却意外频发、动荡不安。和无数普通人一样，我们也猝不及防地见证并参与了这个注定写入人类历史的关键年份。20 世纪 90 年代以来，以互联网为代表的开放合作、科技创造美好未来的乐观气氛日渐消散，取而代之的是商业巨头主导的信息壁垒高筑，以及贸易保护主义、种族主义和激进的民族主义逐渐抬头，这些都让我们这个并不宽敞的地球村愈发窘迫。

但我们始终坚信只有真诚合作和科技进步才是解决人类所面临的问题的出路。作为一本技术普及书，我们希望本书能够让更多对命令行感兴趣的读者，以非常低的成本享受科技进步在知识收集、提炼和生产方面带来的巨大红利。

本书使用了多种工具完成工作目标，这些工具的选择原则如下。

- 在满足功能的前提下，尽量简单、透明，避免使用者被沉没成本锁定。
- 开源优于闭源：开源代码不属于任何特定的组织和个人，是全人类的知识财富。
- 对于不强调性能的应用，脚本优于二进制文件。
- 简单脚本优于复杂应用，例如在不考虑其他因素的前提下，asdf 优于 Homebrew。

开放和包容是开源社区活力的源泉，我们不是历史的旁观者，我们正在参与和塑造历史。在此，我郑重邀请正在阅读本书的各位参与进来，贡献你的力量，让世界变得更美好！最后，如果本书在你成为创造者和开发者的道路上起到了一点儿作用，乃至为开源社区做出些许贡献，这将是笔者最大的荣幸。

TURING
图灵教育
站在巨人的肩上
Standing on the Shoulders of Giants

TURING
图灵教育
站在巨人的肩上
Standing on the Shoulders of Giants